普通高等教育"十三五"规划教材

Excel 高级应用实验指导

主　编　卢　山

副主编　江　成　杨艳红　闫　瑾

中国水利水电出版社
www.waterpub.com.cn

·北京·

内 容 提 要

本书结合企业管理以及公司人员在工作中进行各种信息处理和数据管理时的需求，全面介绍电子表格处理软件 Excel 2016 的使用方法和技巧，通过案例引导读者学习，轻松上手、快速提高。

全书共分 4 部分：第 1 部分为基础实验，介绍 Excel 2016 的基本技能，采用案例方式叙述，按零起点设计；第 2 部分为项目实验，借助多个具有代表性和针对性的实例展开讲解，包括人事信息、工资管理、财务管理、分析决策、差旅费报销等内容；第 3 部分为综合项目实验，通过三个综合应用案例，系统地讲解 Excel 2016 在日常办公中的实战应用技能；第 4 部分为习题。

本书可作为高等院校各专业师生和财务管理应用培训的教材，也可作为初、中级 Excel 用户以及需要使用 Excel 进行商务办公的人员的自学指导用书。

图书在版编目（CIP）数据

Excel高级应用实验指导 / 卢山主编. -- 北京 : 中国水利水电出版社, 2020.2
普通高等教育“十三五”规划教材
ISBN 978-7-5170-8417-4

Ⅰ. ①E… Ⅱ. ①卢… Ⅲ. ①表处理软件－高等学校－教材 Ⅳ. ①TP317.3

中国版本图书馆CIP数据核字(2020)第027438号

策划编辑：周益丹　　责任编辑：石永峰　　加工编辑：高　辉　　封面设计：李　佳

书　　名	普通高等教育“十三五”规划教材 Excel 高级应用实验指导 Excel GAOJI YINGYONG SHIYAN ZHIDAO
作　　者	主　编　卢　山 副主编　江　成　杨艳红　闫　瑾
出版发行	中国水利水电出版社 （北京市海淀区玉渊潭南路 1 号 D 座　100038） 网址：www.waterpub.com.cn E-mail：mchannel@263.net（万水） sales@waterpub.com.cn 电话：（010）68367658（营销中心）、82562819（万水）
经　　售	全国各地新华书店和相关出版物销售网点
排　　版	北京万水电子信息有限公司
印　　刷	三河市航远印刷有限公司
规　　格	184mm×260mm　16 开本　12.5 印张　307 千字
版　　次	2020 年 2 月第 1 版　2020 年 2 月第 1 次印刷
印　　数	0001—3000 册
定　　价	32.00 元

前　言

Excel 是功能强大的电子表格应用软件，目前广泛应用于经济、金融、工程、科研、教学等领域。使用 Excel 管理及分析数据、制作报表及图表、编写程序等已经成为人们日常工作内容之一。

Excel 内容非常丰富，许多人学了很长时间，感觉只是见到冰山一角。其实，学习 Excel 的目的是为了应用 Excel 解决问题，而不是为了精通 Excel 所有功能。对 Excel 知识既要能“浓缩”又要能“扩展”，了解 Excel 常识、掌握学习及使用它的方法，将其浓缩成知识点，当解决实际问题时，查找、学习细节内容，以解决问题为目的，扩展相关知识。

本书根据实际工作岗位对电子表格技能的要求，采用任务驱动的方式，对实验、项目进行详细的解析，帮助读者高效掌握 Excel 2016 的核心操作技巧，快速解决常见问题。全书共分 4 部分，具体结构如下：

第 1 部分为基础实验。介绍 Excel 2016 的基本技能，主要内容包括电子表格的基本操作、数据的基本操作、工作表的格式化、公式与函数、数据分析与统计、数据图表、打印工作表以及 Excel 2016 综合练习等。

第 2 部分为项目实验。介绍 Excel 2016 的高级应用，主要内容包括制作员工基本信息表、处理人事信息表、制作员工工资表、制作公司销售分析表、处理特殊表格、编制财务报表等。

第 3 部分为综合项目实验。介绍 Excel 2016 综合应用案例，主要内容包括企业车间数据统计与管理、学生成绩统计分析、员工工资管理与分析等。系统地讲解 Excel 2016 在日常办公中的实战应用技能。

第 4 部分为习题。包括填空题、选择题、判断题，并配有参考答案。通过习题练习，可以对学习的知识点进行进一步巩固。

本书易学易用，具有以下特点：

案例实用，代表性强：本书内容丰富，讲解全面，实战案例是从日常办公的实践中提炼而成；书中的每一个知识点都具有很强的实用性和代表性，读者学习后很容易举一反三，独立解决更多同类问题。

步骤精练，图文并茂：本书以简明扼要的操作步骤对各个问题进行解析，并配合操作截图进行直观展示，让零基础的读者也可以轻松学习和掌握。

本书由卢山任主编，江成、杨艳红、闫瑾任副主编。其中，卢山编写第 3 部分综合项目实验，杨艳红编写第 1 部分基础实验，江成编写第 2 部分项目实验，闫瑾编写第 4 部分习题及参考答案。参与本书编写的还有李欣午、田瑾、于丽娜、曹海青。首都经济贸易大学管理工程学院张军教授、陈文瑛副教授以及房永明老师对本书的编写给予了很大的帮助，提出了许多宝贵意见和建议，在此编者向他们表示衷心感谢。

由于编者水平有限，加之创作时间仓促，书中难免有不妥和疏漏之处，敬请广大读者批评指正。

编　者

2019 年 10 月

目　　录

基础实验篇

项目实验篇

综合项目实验篇

习题篇

基础实验篇

实验 1　电子表格的基本操作

1．熟练掌握电子表格的启动和退出方法。

2．了解电子表格的操作界面。

1．电子表格的启动方法

（1）通过开始菜单启动，单击 Windows 任务栏左侧的“开始”按钮，选择“所有程序”→“Excel 2016”，即可启动 Excel 2016。

（2）双击桌面上 Excel 2016 的快捷图标，如图 1-1 所示。

图 1-1　快捷图标启动

（3）通过任务栏启动，如图 1-2 所示。常用软件锁定到任务栏，可以通过单击任务栏快速按钮启动。

图 1-2　任务栏启动

2．Excel 2016 的退出方法

（1）使用标题栏右侧的“关闭”按钮退出。

（2）使用菜单退出：单击“文件”→“关闭”选项即可。

（3）使用快捷键退出：在键盘上按 Alt+F4 组合键即可。

3．认识 Excel 2016 操作界面

启动 Excel 2016 后，打开操作界面，如图 1-3 所示。各组成部分的名称如下：

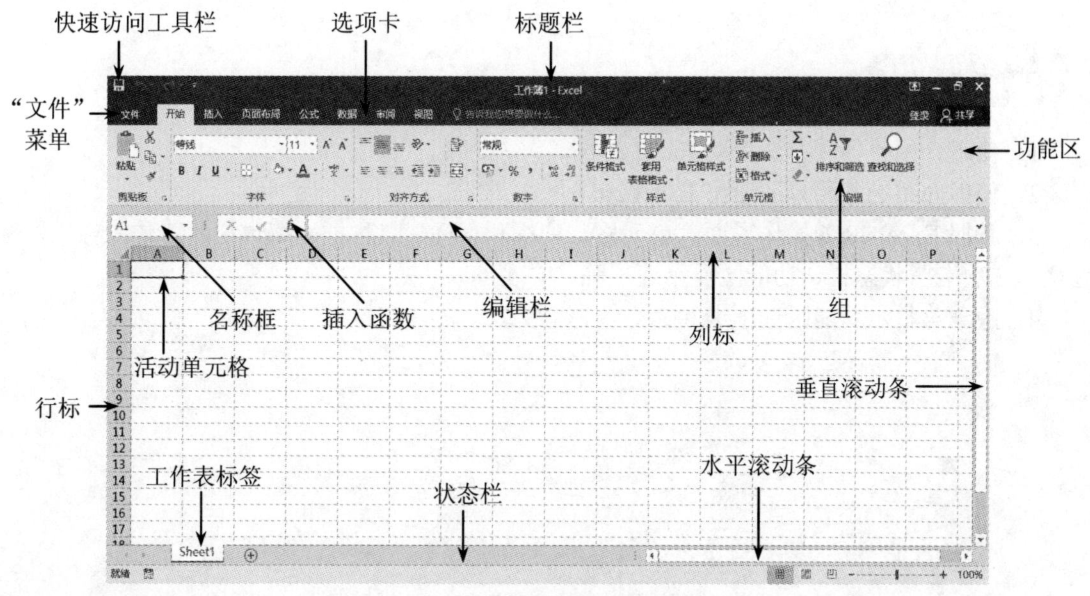

图 1-3 Excel 2016 操作界面

1. 启动 Excel 2016

单击“开始”→“程序”→“Excel 2016”命令，即可启动 Excel 2016，并新建一个工作簿，如图 1-4 所示。

2. 退出 Excel 2016

单击“文件”→“关闭”命令，即可关闭 Excel 2016 正在打开的文件，如图 1-5 所示。

图 1-4 启动 Excel 2016

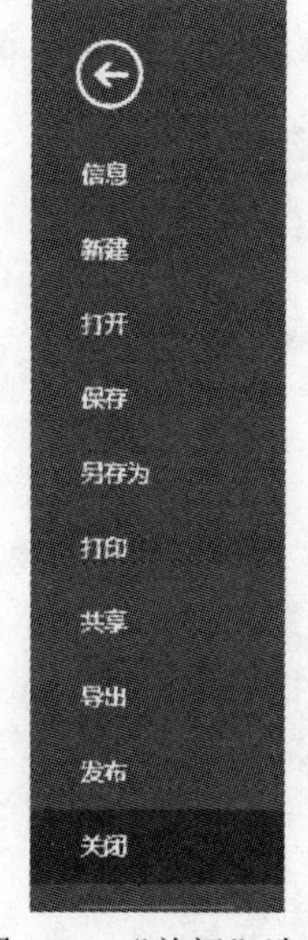

图 1-5 “关闭”选项

1．使用介绍的各种方法启动 Excel 2016。

2．使用介绍的各种方法退出 Excel 2016。

3．掌握 Excel 2016 操作界面：单元格、列标和行标、名称框、编辑栏、工作表标签、标题栏、选项卡、状态栏、功能区显示选项等。

4．隐藏与显示功能区选项卡和命令。

实验 2　工作簿、工作表与数据的基本操作

实验目的

1．掌握工作簿、工作表的创建、打开和保存方法。
2．掌握选定单元格的方法。
3．掌握插入行、列、单元格的方法。
4．掌握删除行、列、单元格的方法。
5．掌握隐藏/显示行、列的方法。
6．掌握选择、插入、删除、复制、移动工作表的方法。
7．掌握几种常用的数据类型。
8．熟练掌握在 Excel 2016 的工作表中输入不同类型数据的方法。
9．熟练掌握高效率输入数据的方法：自动填充、记忆式输入与选择列表输入。
10．掌握在工作表中修改、删除、复制及移动数据方法。
11．掌握数据有效性的设置方法。
12．掌握圈释无效数据的方法。
13．掌握添加批注的方法。

相关知识

1. 创建 Excel 工作簿

创建工作簿的常用方法如下：

（1）选择选项卡“文件”→“新建”命令。
（2）使用快捷键：按 Ctrl+N 组合键。
（3）单击“自定义快速访问工具栏”上的“新建”按钮。
（4）在文件夹内右击鼠标，选择“新建”→“Microsoft Excel 工作表”命令。

2. 保存 Excel 工作簿

保存工作簿的常用方法如下：

（1）选择选项卡“文件”→“保存”命令。
（2）单击“自定义快速访问工具栏”上的“保存”按钮。
（3）使用快捷键：按 Ctrl+S 组合键。

3. 打开 Excel 工作簿

打开工作簿的常用方法如下：

（1）选择选项卡“文件”→“打开”命令。
（2）单击“自定义快速访问工具栏”上的“打开”按钮。

（3）使用快捷键：按 Ctrl+O 组合键。

4. 关闭 Excel 工作簿

关闭工作簿的常用方法如下：

（1）选择选项卡“文件”→“关闭”命令。

（2）单击菜单栏右上方的“关闭”按钮✕。

5. 选择单元格

（1）选择单个单元格：单击相应的单元格，或用键盘方向键移动到相应的单元格。

（2）选择连续的多个单元格：单击选定该区域的第一个单元格，然后拖动鼠标直至选定最后一个单元格。

（3）选择不连续的多个单元格：先选定第一个单元格或单元格区域，然后按住 Ctrl 键再选定其他的单元格或单元格区域。

（4）选择整个工作表：单击“全选”按钮。

（5）较大的单元格区域：单击选定区域的第一个单元格，然后按住 Shift 键再单击该区域的最后一个单元格（若此单元格不可见，可以用滚动条使之可见）。

（6）整行：单击行标。

（7）整列：单击列标。

（8）相邻的行或列：沿行标或列标拖动鼠标；或选定第一行或第一列，然后按住 Shift 键再选定其他行或列。

（9）不相邻的行或列：先选定第一行或第一列，然后按住 Ctrl 键再选定其他的行或列。

6. 插入工作表、行、列、单元格的方法

（1）插入工作表：选择“开始”选项卡→“单元格”组→“插入”→“插入工作表”命令。

（2）插入行：选择“开始”选项卡→“单元格”组→“插入”→“插入工作表行”命令。

（3）插入列：选择“开始”选项卡→“单元格”组→“插入”→“插入工作表列”命令。

（4）插入单元格：选择“开始”选项卡→“单元格”组→“插入”→“插入单元格”命令，则弹出“插入”对话框，如图 1-6 所示，根据实际情况选择单选按钮，最后单击“确定”按钮。

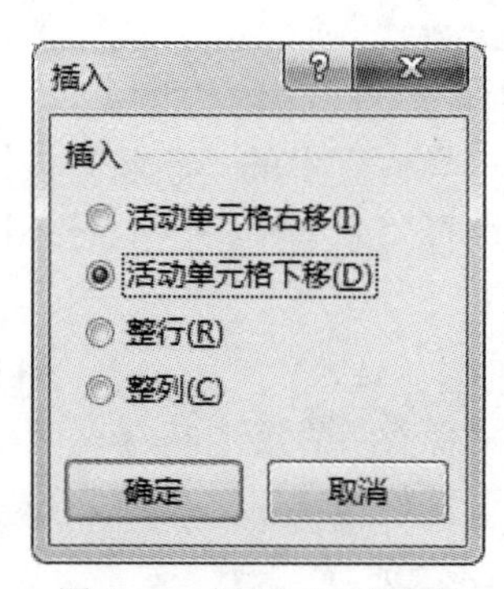

图 1-6 “插入”对话框

7. 删除工作表、行、列、单元格的方法

（1）删除工作表：选择需要删除的工作表，然后单击“开始”选项卡→“单元格”组→“删除”→“删除工作表”命令。

（2）删除行：选择需要删除的行，然后单击“开始”选项卡→“单元格”组→“删除”→“删除工作表行”命令。

（3）删除列：选择需要删除的列，然后单击“开始”选项卡→“单元格”组→“删除”→“删除工作表列”命令。

（4）删除单元格：选择需要删除的单元格，然后单击“开始”选项卡→“单元格”组→“删除”→“删除单元格…”命令，则弹出“删除”对话框，如图 1-7 所示，根据实际情况选择单选按钮，最后单击“确定”按钮。

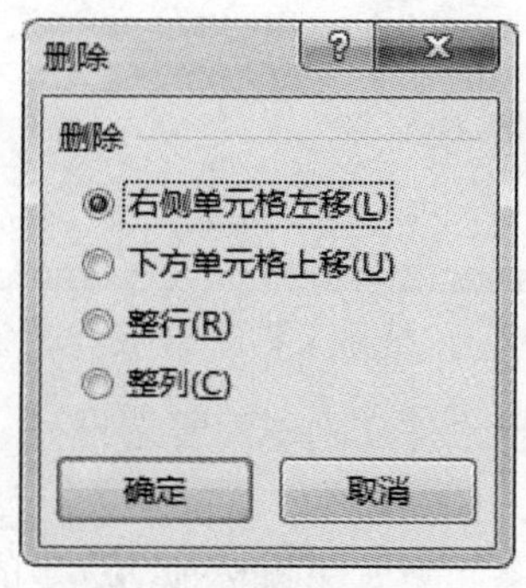

图 1-7　“删除”对话框

8. 隐藏/显示行、列的方法

（1）隐藏行、列：选择需要隐藏的行标或列标，然后单击“开始”选项卡→“单元格”→“格式”→“可见性”→“隐藏和取消隐藏”→“隐藏行、隐藏列、隐藏工作表”相应命令。

（2）显示行、列：直接单击“开始”选项卡→“单元格”→“格式”→“可见性”→“隐藏和取消隐藏”→“取消隐藏行、取消隐藏列、取消隐藏工作表”相应命令。

9. 选择工作表的方法

（1）选择单个工作表：使用鼠标单击其工作表标签即可。

（2）选择多个连续工作表：首先选择第一个工作表，然后按 Shift 键单击最后一个工作表即可。

（3）选择多个不连续工作表：按住 Ctrl 键，单击所要选择的工作表即可。

10. 重命名工作表的方法

（1）双击要重命名的工作表标签，标签名突出显示，输入新名即可。

（2）在工作表标签上右击，在弹出的快捷菜单中选择“重命名”，输入新名即可。

11. 复制、移动工作表的方法

（1）在工作簿之间移动或复制工作表。

1）打开源工作簿和目的工作簿。

2）在源工作簿中选定要移动或复制的工作表标签。

3）选择“开始”选项卡→“单元格”→“格式”→“组织工作表”→“移动或复制工作表…”命令，弹出“移动或复制工作表”对话框，如图 1-8 所示。

4）在“工作簿”下拉列表框中，单击选定目的工作簿。

5）在“下列选定工作表之前”列表框中，选择移动或复制的工作表在目的工作簿的位置，如放在最后可选择“移至最后”。

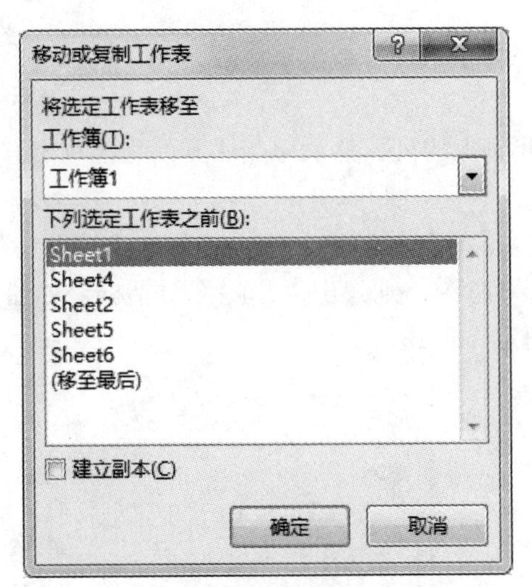

图 1-8 “移动或复制工作表”对话框

6）如果要复制工作表，需选择“建立副本”复选框。

（2）在工作簿内移动或复制工作表。

如果要在工作簿内移动工作表，可以使用鼠标拖动选定的工作表标签。如果是复制工作表，则需要在按下 Ctrl 键的同时，拖动工作表标签到目的位置，释放鼠标后，再释放 Ctrl 键。

12. 几种常用的数据类型

（1）数值型数据。在 Excel 2016 中输入的有效数值型数据可以是数字（0 1 2 3 4 5 6 7 8 9）或特殊字符（+、-、#、¥、$、‰、/等）。

输入数值型数据时需要注意的一些问题：

1）数值型数据在单元格中靠右对齐。

2）如果数据太长，以科学计数法表示。例如，222455299809870987 表示为 2.22E+17。

3）在 Excel 2016 中计算时以输入数值为准，不以显示数值为准。

4）输入负数：用括号括起的数为负数，例如，(15)表示-15。

5）在 Excel 中数字精度为 15 位，当数字长度超过 15 位时，会将多余的数字转换为 0。例如，123456789012345678 表示为 123456789012345000。

6）当前单元格显示不下数据时，则显示成“#”号。

7）输入分数大于 1 时：需要在整数与小数之间加入空格，例如 4 1/3。

8）输入分数小于 1 时：需在分数前加 0，且 0 后要加入空格，例如 0 1/4。

（2）文本型数据。在 Excel 2016 工作表中输入的文本型数据包括汉字、英文字母、字符、数字、空格等。

输入文本型数据时需要注意的一些问题：

1）文本型数据在单元格中靠左对齐。

2）如果在一个单元格中输入多行文本，则可以在换行处按 Alt+Enter 组合键来实现换行。

3）如果工作表中的数字不需要进行计算操作，则可以当作文本型数据处理，则需在数字前加上一个英文状态单引号以表明该数据不是数值型而是文本型。

（3）日期与时间型数据。在 Excel 2016 中，日期和时间不仅可以作为说明性文字，同时还可以用于计算和分析操作。

输入日期与时间型数据时需要注意的一些问题：

1）输入日期数据常用的格式有：YYYY-MM-DD、YYYY/MM/DD、YYYY 年 MM 月 DD 日。例如，2016-3-20、2016/3/20、2016 年 3 月 20 日。

2）如果要在同一单元格中输入日期和时间，在其间应用空格分隔。

3）如果要按 12 小时制输入时间，在时间后输入一空格，并输入 AM 或 PM，表示上午或下午。例如，输入 2016-3-20 10:30 PM，则显示为 2016-3-20 22:30。

如果要在公式中使用日期或时间，应用带引号的文本形式输入日期或时间值。例如，公式="2016/5/20"-"2016/3/10"。

13. 高效率输入数据的方法

（1）使用填充柄自动填充。

其操作方法是：首先在选定的单元格内输入初值，然后将鼠标移动到该单元格的右下角，当鼠标指针变成“+”时，按住鼠标左键并拖动至需要填充数据的最后一个单元格，释放鼠标即可。

使用填充柄自动填充时需要注意以下几点：

1）初值为纯数字型数据或文字型数据时，拖动填充柄在相应单元格中填充相同数据（即复制填充）。若拖动填充柄的同时按住 Ctrl 键，可使数字型数据自动增 1。

2）初值为文字型数据和数字数据混合体，填充时文字不变，数字递增减。如初值为 A1，则填充为 A2、A3、A4 等。

3）初值为 Excel 预设序列中的数据，则按预设序列填充。

4）初值为日期时间型数据及具有增减可能的文字型数据，则自动增 1。若拖动填充柄的同时按住 Ctrl 键，则在相应单元格中填充相同数据。

（2）使用菜单自动填充。其操作方法是：选中要填充的单元格，选择“开始”选项卡→“编辑”组→“填充”→“序列…”命令，弹出“序列”对话框，如图 1-9 所示。在该对话框中可以设置序列的产生方向、类型、步长、终止值等。

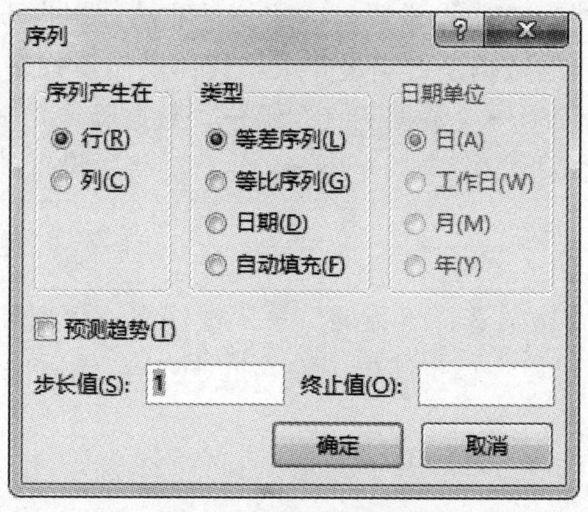

图 1-9 “序列”对话框

（3）记忆式输入与选择列表输入。

Excel 2016 能够记忆已经输入的数据，在输入数据过程中再次遇到相同的输入数据时会显示出数据，以便实现快速输入。

14. 数据有效性的设置

其操作步骤是：

（1）选择要进行数据有效性设置的单元格区域。

（2）选择“数据”选项卡→“数据工具”组→“数据验证”→“数据验证…”命令，则打开“数据验证”对话框，如图 1-10 所示。

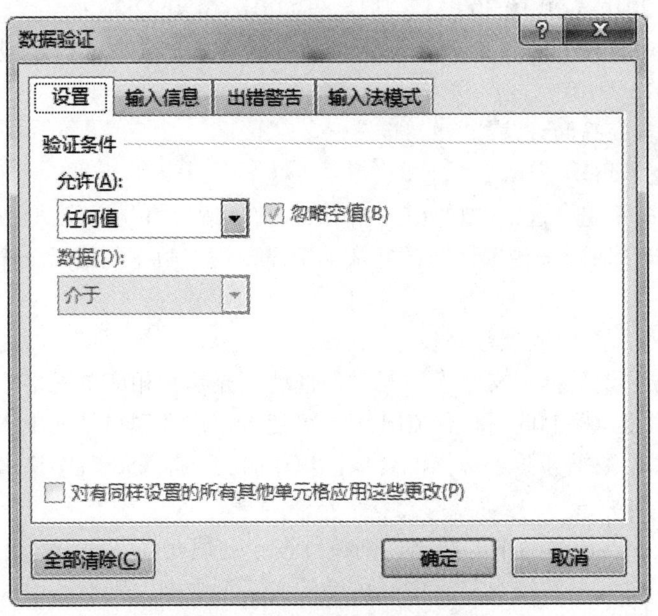

图 1-10 “数据验证”对话框

（3）编辑各个选项卡：“设置”选项卡、“输入信息”选项卡、“出错警告”选项卡等。

（4）单击“确定”按钮，完成设置。

15. 圈释无效数据

对已经填写好的数据进行有效性设置时，即使是非法数据也不会给出提示，这时可以用公式审核的方法来判定输入的数据是否满足要求。具体操作步骤是：

（1）选择“数据”选项卡→“数据工具”组→“数据验证”→“圈释无效数据”命令。

（2）使用“圈释无效数据”命令后，Excel 会自动将所设置的不符合有效性规则的错误单元格数据圈释出来。

16. 添加批注

选择要添加批注的单元格，选择“审阅”→“批注”→“新建批注”命令，在所选单元格附近会出现一个批注框，可以在该批注框中输入批注内容。最后单击批注框以外的其他地方，批注框将会隐藏起来。

例 1 创建一个新的工作簿并命名为“存款利息”，如图 1-11 所示。

各笔存款利息计算

入账信息	存款区域	存款金额	存款期限
CK001	华东地区	120,000.00	5
CK002	华南地区	260,000.00	3
CK003	华北地区	1,000,000.00	5
CK004	西南地区	100,000.00	2
CK005	西北地区	70,000.00	2
CK006	华北地区	80,000.00	1
CK001	华东地区	120,000.00	5
CK002	华南地区	260,000.00	3
CK003	华北地区	1,000,000.00	5
CK004	西南地区	100,000.00	2
CK005	西北地区	70,000.00	2
CK006	华北地区	80,000.00	1
CK001	华东地区	120,000.00	5
CK002	华南地区	260,000.00	3
CK003	华北地区	1,000,000.00	5
CK004	西南地区	100,000.00	2
CK005	西北地区	70,000.00	2
CK006	华北地区	80,000.00	1

图 1-11　“存款利息”工作簿

操作步骤如下：

（1）启动 Excel 2016 的时候，系统会自动创建一个空白的工作簿，名字为“工作簿 1”。可以单击“文件”→“新建”命令来创建一个新工作簿，如图 1-12 所示。

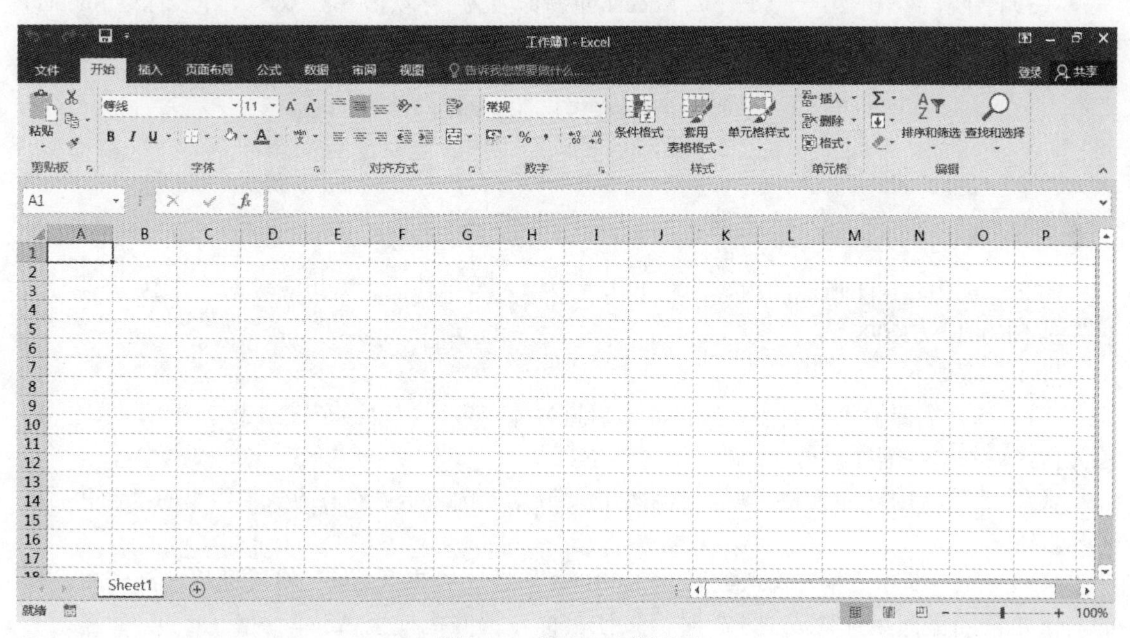

图 1-12　新建工作簿界面

（2）单击“文件”→“保存”命令或者单击按钮，则进入“另存为”界面，单击“这台电脑”或“浏览”命令，打开“另存为”对话框，如图 1-13 所示，在对话框“文件名”文本框中输入“存款利息.xlsx”，然后单击“保存”按钮即可将新创建的工作簿保存。

图 1-13 “另存为”对话框

（3）将工作簿中的第一个工作表 Sheet1 重新命名为“存款信息”，双击工作表标签 Sheet1，然后输入名称即可，如图 1-14 所示。

图 1-14 工作表 Sheet1 重命名

例 2 按照图 1-11 所示的内容，在工作表中输入“存款信息”相应数据。其中，“入账信息”是 CK001～CK006。

操作步骤如下：

（1）选择需要输入数据的单元格，然后直接输入数据，以回车键结束。例如，单击 A1 单元格，输入“各笔存款利息计算”数据内容。

（2）选中 A1:D1 单元格区域，然后单击“开始”选项卡“对齐方式”组里的“合并后居中”按钮。

（3）单击 A3 单元格，输入数据“CK001”，然后选中该单元格，将鼠标移动到该单元格的右下角，当鼠标指针变成“+”时，按住鼠标左键并拖拽至 A8 单元格。

（4）选择 A3:A8 单元格区域，按 Ctrl+C 组合键复制该区域数据。

（5）单击 A9 单元格，按 Ctrl+V 组合键，将 A3:A8 单元格区域的数据粘贴至 A9:A14 单元格区域。用相同的方法将 A3:A8 的数据粘贴到 A15:A20，结果如图 1-15 所示。

	A	B	C	D
1	各笔存款利息计算			
2	入账信息	存款区域	存款金额	存款期限
3	CK001		120,000.00	5
4	CK002		260,000.00	3
5	CK003		1,000,000.00	5
6	CK004		100,000.00	2
7	CK005		70,000.00	2
8	CK006		80,000.00	1
9	CK001		120,000.00	5
10	CK002		260,000.00	3
11	CK003		1,000,000.00	5
12	CK004		100,000.00	2
13	CK005		70,000.00	2
14	CK006		80,000.00	1
15	CK001		120,000.00	5
16	CK002		260,000.00	3
17	CK003		1,000,000.00	5
18	CK004		100,000.00	2
19	CK005		70,000.00	2
20	CK006		80,000.00	1

图 1-15　输入结果

例 3　使用选择列表输入的功能在 B3:B20 单元格区域中输入存款地区：华东地区、华南地区、华北地区、西南地区、西北地区。

操作步骤如下：

（1）在“存款区域”中选择 B3 单元格，输入“华东地区”；在 B4 单元格中输入“华南地区”；在 B5 单元格中输入“华北地区”；在 B6 单元格中输入“西南地区”；在 B7 单元格中输入“西北地区”。

（2）当鼠标选中 B8 单元格时按 Alt+↓组合键，则单元格下会显示已经输入数据的列表，如图 1-16 所示，只要从列表中选择某个值即可完成输入。

	A	B	C	D
1	各笔存款利息计算			
2	入账信息	存款区域	存款金额	存款期限
3	CK001	华东地区	120,000.00	5
4	CK002	华南地区	260,000.00	3
5	CK003	华北地区	1,000,000.00	5
6	CK004	西南地区	100,000.00	2
7	CK005	西北地区	70,000.00	2
8	CK006		80,000.00	1
9	CK001	存款区域	120,000.00	5
10	CK002	华北地区 华东地区	260,000.00	3
11	CK003	华南地区	1,000,000.00	5
12	CK004	西北地区	100,000.00	2
13	CK005	西南地区	70,000.00	2
14	CK006		80,000.00	1
15	CK001		120,000.00	5
16	CK002		260,000.00	3
17	CK003		1,000,000.00	5
18	CK004		100,000.00	2
19	CK005		70,000.00	2
20	CK006		80,000.00	1

图 1-16　选择列表输入数据

例 4 在“存款利息”工作簿中单击工作表标签 Sheet2，选择 Sheet2 工作表，在 A 列生成一个初始值为 1，步长为 2 的等差序列。

操作步骤如下：

（1）选择单元格 A1，输入数字 1。

（2）选择单元格 A2，输入数字 3。

（3）选择 A1:A2 单元格区域，将鼠标移动到该单元格的右下角，如图 1-17 所示，当鼠标指针变成“+”时，按住鼠标左键并拖拽，即可生成一个等差序列，如图 1-18 所示。

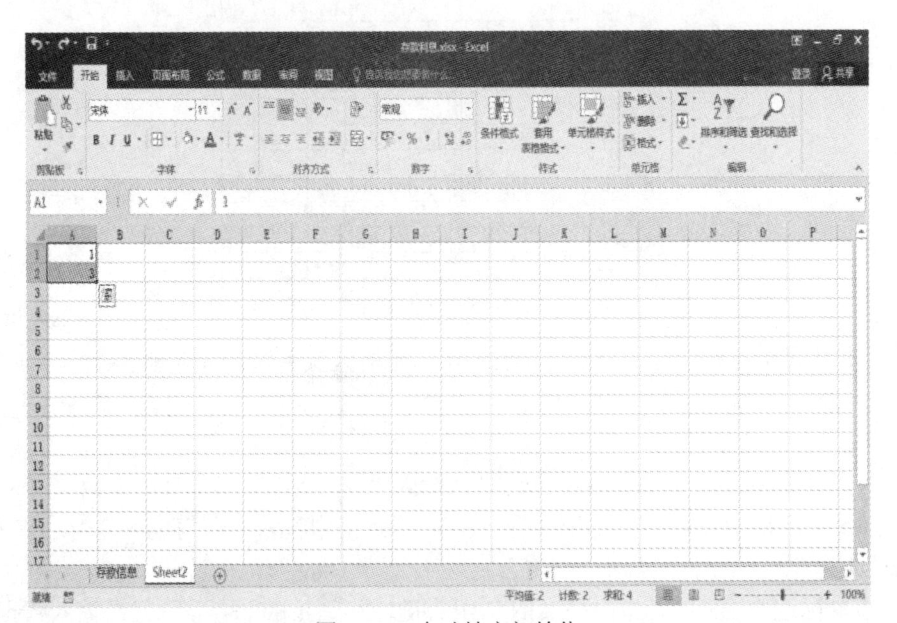

图 1-17 自动填充初始值

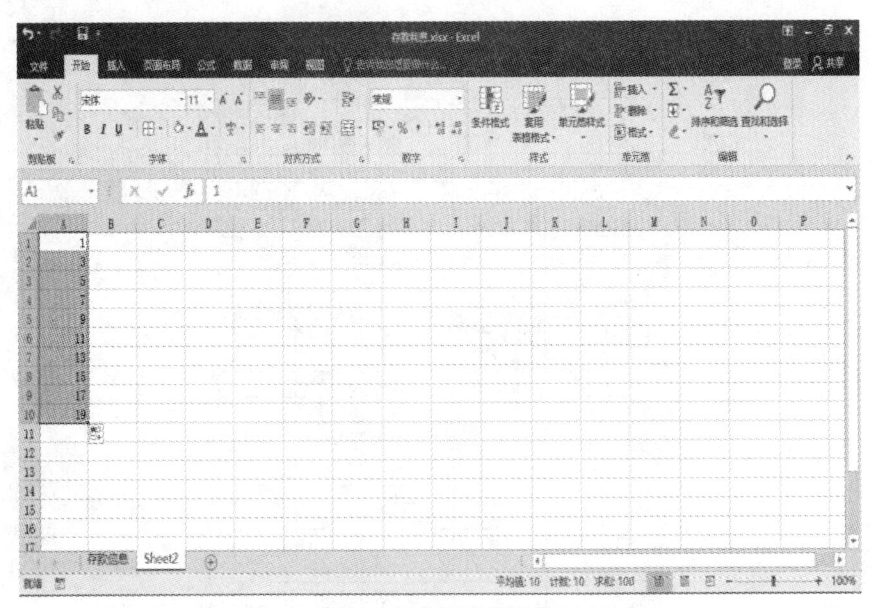

图 1-18 自动填充结果

例 5　在 B 列生成一个等比序列，要求初始值为 2，步长为 2，终止值为 1000。

操作步骤如下：

（1）选择单元格 B1，输入初始值 2，然后选中该单元格。

（2）单击“开始”选项卡中的“编辑”→“序列”命令，打开“序列”对话框，如图 1-19 所示。

（3）在对话框的“序列产生在”区域选择“列”，选择的序列类型为“等比序列”，然后在“步长值”中输入 2，“终止值”中键入 1000，最后单击“确定”按钮，产生等比序列，如图 1-20 所示。

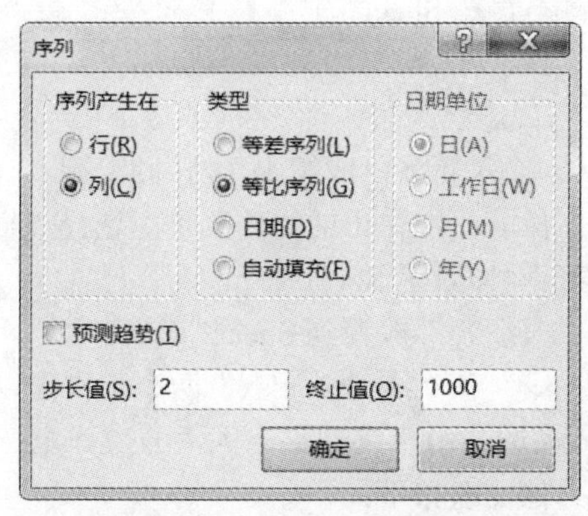

图 1-19　“序列”对话框

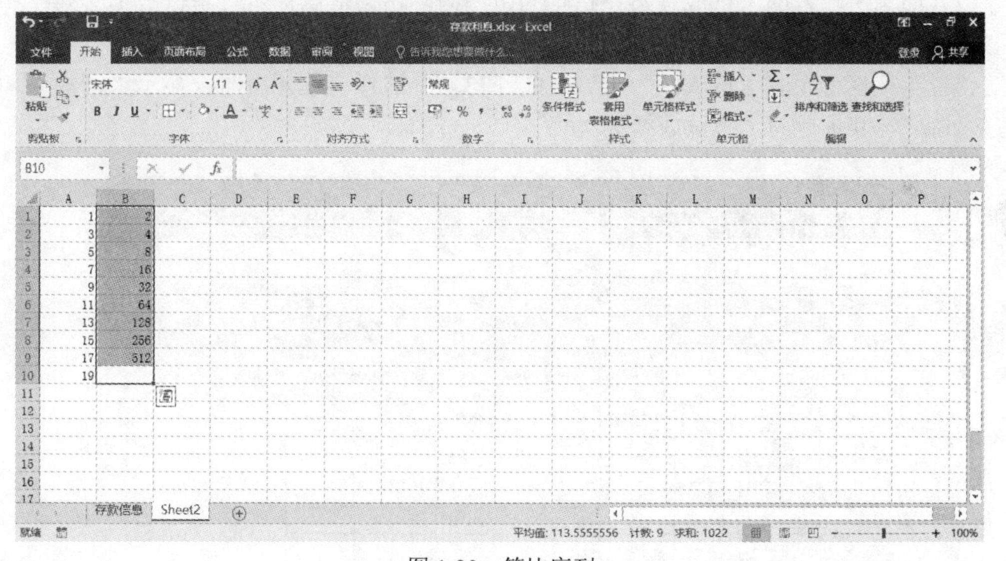

图 1-20　等比序列

例 6　新建两个工作簿，“练习 1.xlsx”和“练习 2.xlsx”，将“练习 1. xlsx”的 Sheet2 和 Sheet3 删除；将 Sheet1 更名为“成绩表”，并复制一份到“练习 2.xlsx”工作簿。在“练习 2. xlsx”工作簿中插入新工作表 Sheet4。最后将“练习 1. xlsx”和“练习 2.xlsx”都保存。

具体操作步骤如下：

（1）新建“练习 1. xlsx”和“练习 2. xlsx”两个工作簿。

（2）在“练习 1. xlsx”的工作表标签上右击 Sheet2 工作表。

（3）在弹出的快捷菜单中选择“删除”命令。

（4）在弹出的系统提示框中单击“确定”按钮，确认删除该工作表。

（5）同样，右击 Sheet3 工作表，在弹出的快捷菜单中选择“删除”命令。在弹出的系统提示框中单击“确定”按钮，确认删除该工作表。

（6）右击 Sheet1 工作表，在弹出的快捷菜单中选择“移动或复制工作表”命令。

（7）在“移动或复制工作表”对话框中，单击“工作簿”下拉列表，选择“练习 2. xlsx”，在“建立副本”复选框前面打上“√”。如果不选择“建立副本”，则 Sheet1 工作表移动到新工作簿中，原“练习 1. xlsx”将不存在 Sheet1 工作表了。

（8）在“练习 2. xlsx”工作簿中，右击 Sheet1 工作表，在弹出的快捷菜单中选择“重命名”。

（9）Sheet1 将反亮显示，输入新名“成绩表”，按回车键。

（10）右击“成绩表”工作表，在弹出的快捷菜单中选择“插入”，在“插入”对话框中选择“工作表”。在“成绩表”前插入了 Sheet2。

（11）然后用鼠标拖动“成绩表”放置到 Sheet2 前面。

（12）最后将“练习 1. xlsx”和“练习 2. xlsx”两个工作簿以原名保存后关闭。

例 7 打开“Excel 2016 实验素材”文件夹下的“分数评定.xls”工作簿，为图 1-21 中的学生成绩设置数据有效性，具体要求如下：

（1）所有成绩都在 0-100 之间。

（2）如果所输入的考试成绩不在指定的范围内，错误信息提示“考试成绩必须在 0-100 之间”，“停止”样式，同时标题为“数据非法”，忽略空值。

（3）当鼠标移至“考试成绩”区域（C2:F13）中的任一单元格时，显示“请输入 0-100 的有效数据”，其标题为“考试成绩”。

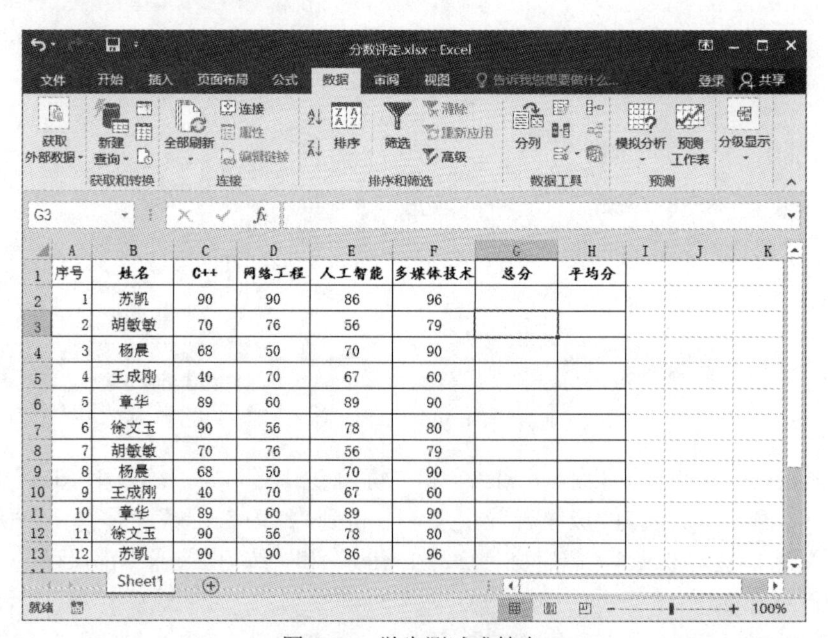

序号	姓名	C++	网络工程	人工智能	多媒体技术	总分	平均分
1	苏凯	90	90	86	96		
2	胡敏敏	70	76	56	79		
3	杨晨	68	50	70	90		
4	王成刚	40	70	67	60		
5	章华	89	60	89	90		
6	徐文玉	90	56	78	80		
7	胡敏敏	70	76	56	79		
8	杨晨	68	50	70	90		
9	王成刚	40	70	67	60		
10	章华	89	60	89	90		
11	徐文玉	90	56	78	80		
12	苏凯	90	90	86	96		

图 1-21 学生测试成绩表

具体操作方法步骤：

（1）选择 C2:F13 单元格区域。

（2）单击“数据”选项卡→“数据验证”→“数据验证…”，打开“数据验证”对话框。

（3）单击“设置”选项卡进行如下设置：“允许”选择“整数”；“数据”选择“介于”，“最小值”输入 0，“最大值”输入 100，如图 1-22 所示。

（4）单击“输入信息”选项卡进行如下设置：在标题中输入“考试成绩”，在“输入信息”中输入“请输入 0-100 的有效数据”，如图 1-23 所示。

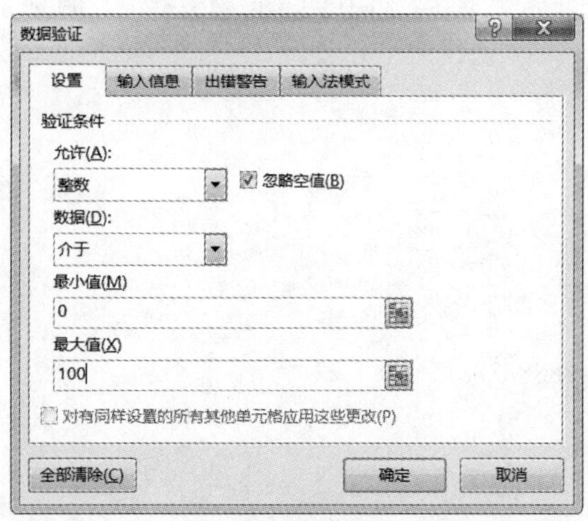

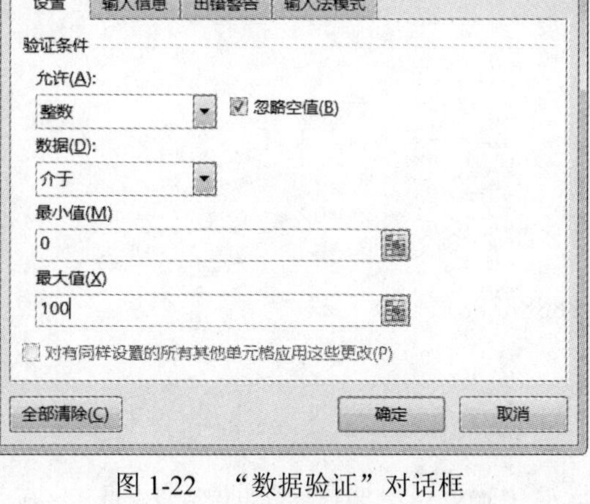

图 1-22　“数据验证”对话框

图 1-23　输入提示信息设置

（5）单击“出错警告”选项卡进行如下设置：在标题中输入“数据非法”，在“错误信息”中输入“考试成绩必须在 0-100 之间”，在“样式”下拉列表中选择“停止”，如图 1-24 所示。

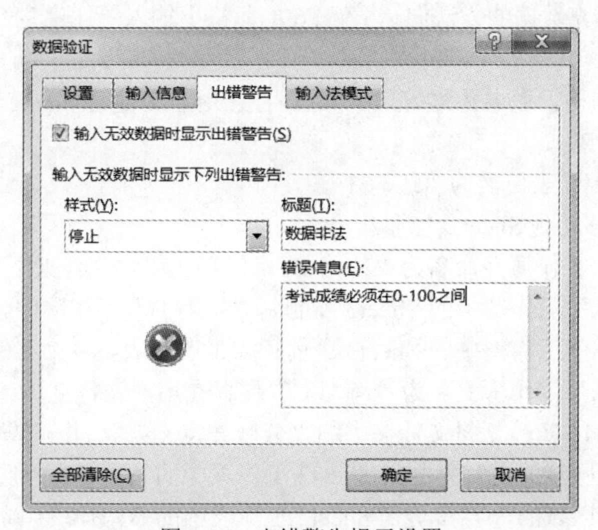

图 1-24　出错警告提示设置

例 8　打开“Excel 2016 实验素材”文件夹下的“分数评定.xlsx”工作簿，并完成如下操作：

（1）在“总分”单元格 G1 中插入批注，内容为“总分=C 语言+网络工程+人工智能+多媒体技术”。

（2）在“平均分”单元格 H1 中插入批注，内容为“平均分=总分/4”。

（3）将“平均分”单元格的批注显示出来。

具体操作步骤如下：

（1）鼠标定位“总分”单元格，选择“审阅”选项卡“批注”组中“新建批注”命令。

（2）在弹出的批注文本框中输入“总分=C 语言+网络工程+人工智能+多媒体技术”。

（3）用相同的方法为“平均分”添加批注。

（4）鼠标定位 H1 单元格，选择“审阅”选项卡“批注”组中“显示/隐藏批注”命令，然后将批注的文本框移动到适合的位置即可。

实验要求

1．新建一个工作簿，并完成如下操作：

（1）在 Sheet 工作表中输入如下内容：

1）在 A1 单元格中输入：中华人民共和国。

2）以数字字符的形式在 B1 单元格中输入：88888888。

3）在 A2 单元格中输入：12345678912345。

4）在 A3 单元格中输入：2016 年 12 月 12 日。

5）在 A3 单元格中输入：32。

（2）用智能填充数据的方法向 A4 至 G4 单元格中输入：星期日、星期一、星期二、星期三、星期四、星期五、星期六。

（3）先定义填充序列：车间一、车间二、车间三、……、车间七，向 A5 至 G5 单元格中输入：车间一、车间二、车间三、……、车间七。

（4）利用智能填充数据的方法向 A6 至 F6 单元格中输入等比序列数据：6、24、96、384、1536。

2．新建一个工作簿，命名为“练习 A”，保存在用户文件夹下。打开“练习 A”工作簿，并完成如下操作：

（1）将 Sheet1 工作表更名为“练习 1”。

（2）将 Sheet3 移动到 Sheet2 之前。

（3）新建另一个工作簿并命名为“练习 B”，保存在用户文件夹下。

（4）将“练习 A”工作簿中的 Sheet3 复制到“练习 B”工作簿中。

（5）在“练习 A”工作簿中的 Sheet3 之前插入一工作表，并命名为“练习 A”。

（6）将“练习 A”工作簿更名为“练习 C”保存在用户文件夹下。

3．打开 Excel 2016 实验素材文件夹中的“分数评定.xlsx”，并完成如下操作：

（1）将 A1:A13 区域的内容复制到 Sheet2 工作表中的 A1:A13 区域中。

（2）将 D1:D13 区域的内容移动到 Sheet2 工作表中的 B1:B13 区域中。

（3）清除 A4 单元格中的内容。

（4）清除 B1 单元格中的格式。

（5）在第 3 行之前插入一空行。

（6）在第 5 列之前插入一空列。

（7）在 A5 单元格上方插入一空单元格。

（8）在 C5 单元格左方插入一空单元格。

（9）将第 5 行删除。

（10）将第 5 列删除。

（11）将 C5 单元格删除。

（12）将“分数评定.xlsx”工作簿更名为“学生成绩表.xlsx”，保存在用户文件夹下。

4．打开“Excel 2016 实验素材”文件夹下的“分数评定.xlsx”工作簿，并完成如下操作：

（1）将“学生测试成绩表”工作表移动到最后，为该表生成一个副本“学生测试成绩表（2）”，并将其改名为“测试成绩”。

（2）在“测试成绩”中“林晓红”处插入批注。在出现的批注文本框中输入“党员”。

（3）将“林晓红”处批注复制并选择性粘贴到“赵杰”“陈明聪”，并将“赵杰”处批注设为“显示批注”。

（4）在第一行的上方插入一个新行，选择 A1:H1 区域合并后居中，输入“学生测试成绩表”，将该单元格的图案设置为 12.5%灰色。

（5）保存文件。

5．新建一个工作簿，命名为“成绩.xlsx”，然后按要求完成下列操作：

（1）在 Sheet2 工作表中输入如图 1-25 所示的数据。

（2）在第一列前方插入一列，在 A1 单元格中输入“学号”。

（3）在第一行上方插入一行，在 A1 单元格中输入“成绩表”，并将 A1:G1 区域合并后居中。

（4）在“总会”单元格中插入批注，内容为“总分=语文+数学+英语+物理+化学”。

（5）在“学号”列前后插入一个“序号”列，用填充柄的方法输入 1、2、…，顺序填充。

（6）将 Sheet1 工作表改名为“成绩表”。

（7）将 Sheet2 工作表中的内容复制到“成绩表”中。

（8）删除 Sheet3 工作表，将“成绩表”复制到 Sheet2 工作表的后面。

（9）保存文件。

6．新建一个电子表格文件，命名为“课程表.xlsx”，然后按要求完成以下操作。

（1）将 Sheet1 工作表改名为“课程表”。

（2）将 Sheet2 工作表改名为“课程表 2”。

（3）在“课程表”工作表中输入如图 1-26 所示的内容。

	A	B	C	D	E	F	G
1	姓名	语文	数学	英语	物理	化学	**总分**
2	谢小迎	122	140	84	139	145	
3	刘欣	134	137	91	142	98	
4	李香华	133	106	98	146	148	
5	刘帅	78	118	56	106	89	
6	陈志刚	78	87	84	137	139	
7	闻章	142	134	91	99	139	
8	张娟	83	136	84	137	142	

图 1-25　成绩表

	A	B	C	D	E	F
1		一	二	三	四	五
2	1	外语	生物	外语	物理	外语
3	2	外语	语文	语文	数学	外语
4	3	语文	体育	数学	化学	数学
5	4	语文	数学	物理	美术	劳技
6	5	电脑	政治	地理	体育	音乐
7	6	历史	班会	电脑	语文	化学
8						
9						

图 1-26　课程表

实验 3　工作表的编辑与格式化

1．掌握单元格行高、列宽的设置。
2．掌握单元格格式化的基本操作。
3．掌握套用格式的方法。
4．掌握条件格式的设置方法。
5．掌握格式的复制与删除方法。
6．了解工作表的网格线与背景的设置方法。

1．设置单元格行高、列宽

（1）使用鼠标设置行高：将鼠标指针移至两行的行标号之间，当鼠标指针变为上下箭头的形状时，按住鼠标左键上下拖动并释放鼠标即可完成行高设置。

（2）设置精确数值的行高：单击行标号或选择要设置行高的某行任意一个单元格，选择“开始”→“单元格”→“格式”→“行高”命令，则弹出“行高”对话框，如图 1-27 所示。在“行高”文本框中输入精确值，然后单击“确定”按钮，即可完成设置。

（3）使用鼠标设置列宽：将鼠标指针移至两列的列标号之间，当鼠标指针变为左右箭头的形状时，按住鼠标左键左右拖动并释放鼠标即可完成列宽设置。

（4）设置精确数值的列宽：单击列标号或选择要设置列宽的某列任意一个单元格，选择“开始”→“单元格”→“格式”→“列宽”命令，则弹出“列宽”对话框，如图 1-28 所示。在“列宽”文本框中输入精确值，然后单击“确定”按钮，即可完成设置。

图 1-27　“行高”对话框

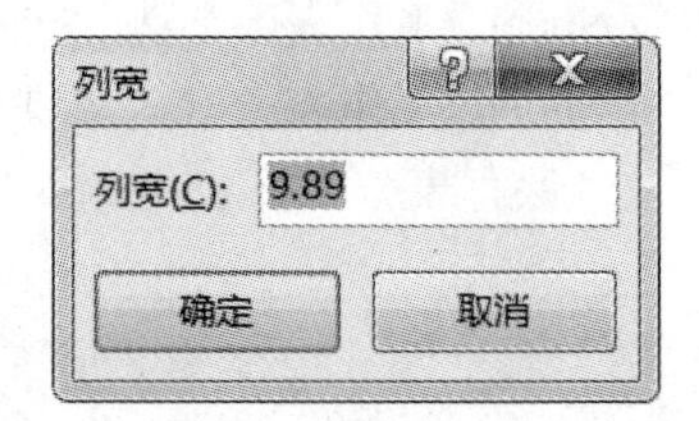

图 1-28　“列宽”对话框

（5）设置自动行高、列宽：将鼠标指针移至两行或者两列的中间位置，当鼠标指针变为双向箭头时，双击中间位置可以将表格调整为自动行高和列宽。

2．单元格格式化

（1）设置文本格式：在“开始”选项卡中的“字体”组可以设置字体、字号、加粗、下划线、字体颜色等。

（2）使用“设置单元格格式”对话框进行设置。单击“开始”→“单元格”→“格式”→“设置单元格格式…”，打开“设置单元格格式”对话框，如图 1-29 所示。

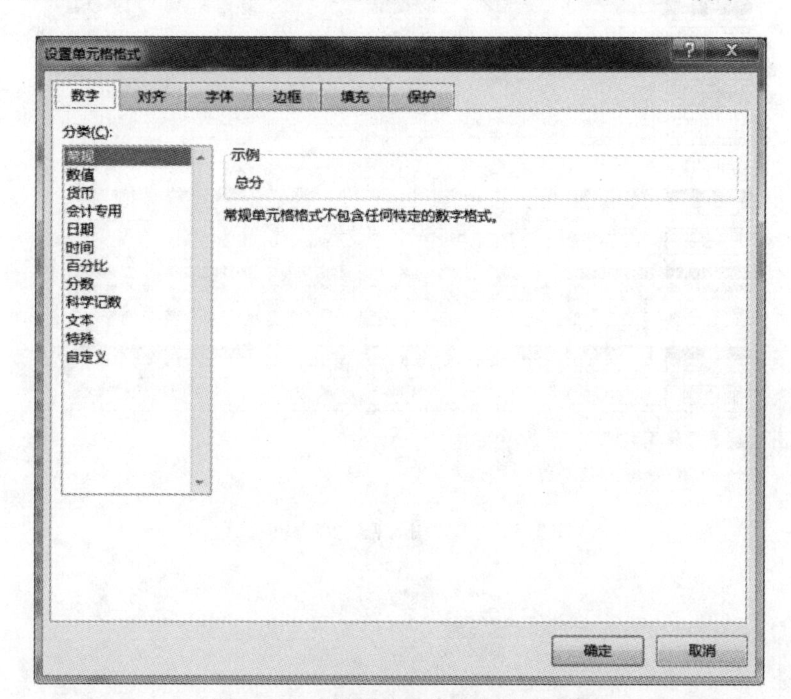

图 1-29　“设置单元格格式”对话框

1）设置保留小数位数：在“设置单元格格式”对话框中设置“数字”选项卡。

2）设置数据对齐方式：在“设置单元格格式”对话框中设置“对齐”选项卡。

3）设置合并单元格：在“设置单元格格式”对话框中设置“对齐”选项卡。

4）设置边框：在“设置单元格格式”对话框中设置“边框”选项卡。

5）设置填充色：在“设置单元格格式”对话框中设置“填充”选项卡。

3. 套用表格格式

操作方法：选择要使用套用表格格式的单元格区域，单击“开始”→“样式”→“套用表格格式”下拉菜单，打开“套用表格格式”的样式，如图 1-30 所示。

4. 条件格式

操作方法：选定需要进行条件格式设置的单元格，单击“开始”→“样式”→“条件格式”，打开“条件格式”下拉菜单，可以进行条件格式设置，也可以添加多个条件进行格式设置。

5. 复制与清除格式

（1）格式刷复制格式。首先选中要复制格式的单元格，然后单击“开始”选项卡，在“剪贴板”组找到“格式刷”按钮，鼠标变成后，刷需要粘贴格式的单元格即可。

单击“格式刷”按钮，只能粘贴一次格式；双击“格式刷”按钮，可以多次粘贴格式。

（2）选择性粘贴。在需要复制格式的单元格上右击鼠标，在弹出的快捷菜单中选择“复制”，然后将鼠标定位到待粘贴格式的单元格或区域，右击鼠标，在弹出的快捷菜单中选择“粘贴选项”中的“格式”按钮，即完成格式粘贴。“粘贴选项”快捷菜单如图 1-31 所示。

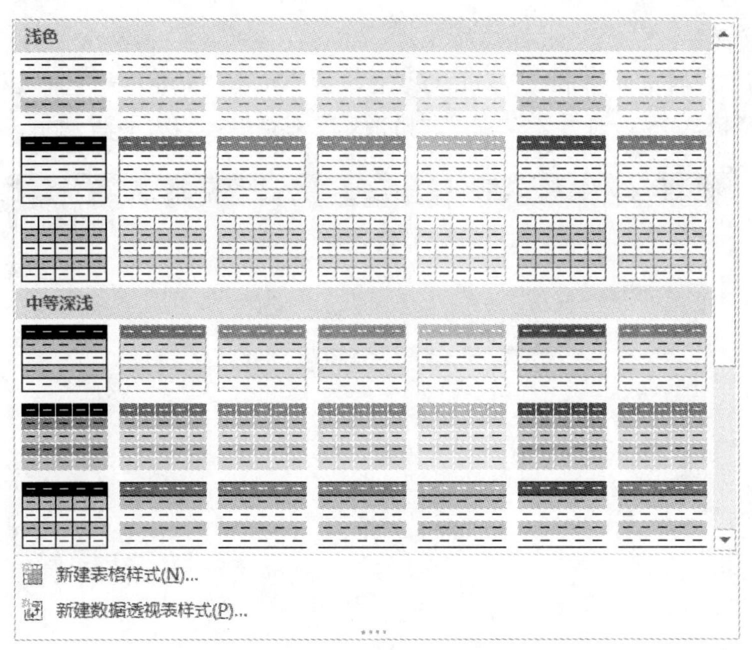

图 1-30 “套用表格格式”的样式

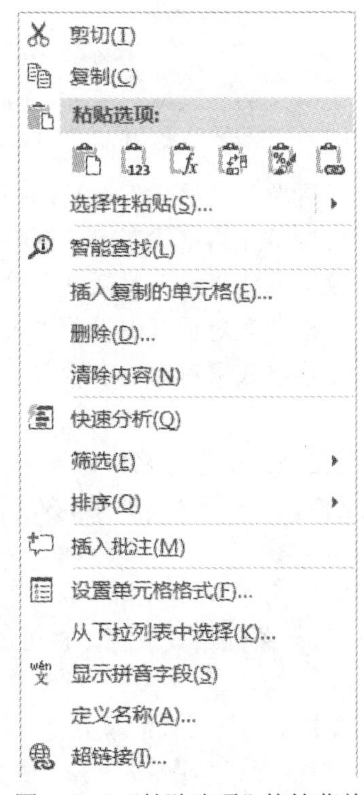

图 1-31 “粘贴选项”快捷菜单

（3）清除格式。

操作方法：选中要清除格式的单元格，单击“开始”→“编辑”→“清除”下拉菜单，根据需要选择“清除格式”，即可恢复成默认的格式。

例 1　新建一个电子表格文件，命名为“员工工资表.xlsx”，然后按要求完成以下操作：

（1）将图 1-32 所示的内容输入到“员工工资表.xlsx”的 Sheet1 工作表中。

（2）在第一行的上方插入一个空行，并输入标题“员工工资表”。

（3）将标题 A1:I1 区域合并后居中。

（4）将标题“员工工资表”的字体设置为隶书、字号 20、加粗、橙色。

（5）将整个表格设置为绿色内外边框，列宽设置为 12。

（6）设置标题底纹为浅绿色。

（7）使用条件格式，将基本工资大于等于 6000 的数值以粗体、红色显示出来。

（8）设置应发工资区域（I3:I22）数据小数位数保留 3 位，添加“¥”货币符号。

（9）在 Sheet1 前插入一个新的工作表，并命名为“员工工资表 2”；将 Sheet1 工作表中的 A2:I22 区域复制到“员工工资表 2”工作表中。

（10）在“员工工资表 2”工作表中，使用套用表格格式，设置表格的格式为“表格样式中等深浅 10”。

（11）在 Sheet1 中为“津贴”单元格添加批注，内容为“津贴=基本工资*2%”。

	A	B	C	D	E	F	G	H	I
1	职工号	姓名	基本工资	奖金	津贴	房租	水电费	扣发	应发工资
2	1001	胡欣月	2676.80	5.00	53.54	2.50	8.74	60.00	2664.10
3	1002	贾璐	2062.50	5.00	41.25	2.50	0.00	80.00	2026.25
4	1003	任洁	7568.35	114.87	151.37	11.00	6.00	0.00	7817.59
5	1004	郭海英	7600.75	195.15	152.02	18.00	8.00	0.00	7921.92
6	1005	苏艳波	2558.00	61.74	51.16	8.00	3.74	0.00	2659.16
7	1006	李国强	3294.90	81.00	65.90	8.00	4.00	0.00	3429.80
8	1007	李英红	4149.40	103.68	82.99	10.00	5.00	20.00	4301.07
9	1008	琳霞	2514.20	60.24	50.28	6.00	3.00	0.00	2615.72
10	1009	张子伟	3922.85	97.77	78.46	10.00	5.00	0.00	4084.08
11	1010	贾建彬	3156.20	77.64	63.12	10.00	4.00	0.00	3282.96
12	1011	刘慧敏	2605.00	63.00	52.10	8.00	4.00	80.00	2628.10
13	1012	李雯	3410.00	84.00	68.20	8.00	4.00	0.00	3550.20
14	1013	刘慧娜	5592.45	142.89	111.85	18.00	9.00	60.00	5760.19
15	1014	王辉	6686.25	170.25	133.73	12.00	6.00	0.00	6972.23
16	1015	宋佳琪	6600.00	168.00	132.00	12.00	6.00	40.00	6842.00
17	1016	乌兰	6830.00	174.00	136.60	12.00	6.00	0.00	7122.60
18	1017	杨冉	5529.00	67.00	110.58	17.00	0.00	20.00	5669.58
19	1018	闫玉荣	7621.10	80.00	152.42	20.00	6.90	0.00	7826.62
20	1019	杨杰	6692.55	99.00	133.85	17.89	10.00	20.00	6877.51
21	1020	于海	5280.00	69.00	105.60	28.00	9.00	0.00	5417.60

图 1-32　员工工资表.xlsx

具体操作步骤如下：

（1）单击“开始”→“程序”→“Excel 2016”命令，创建一个空白的工作簿，单击“文件”→“保存”命令或者单击保存按钮，则打开“另存为”对话框，在对话框“文件名”后的文本框中输入“员工工资表”，然后单击“保存”按钮即可将新创建的工作簿保存，然后将图

1-32 的内容输入到 Sheet1 工作表中，并保存。

（2）在行标号 1 上右击鼠标，在弹出的快捷菜单中选择“插入”选项，如图 1-33 所示。然后在 A1 单元格中输入标题“员工工资表”，如图 1-34 所示。

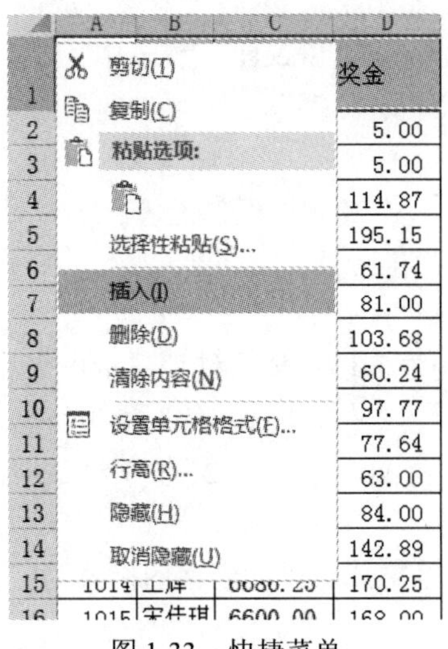

图 1-33　快捷菜单

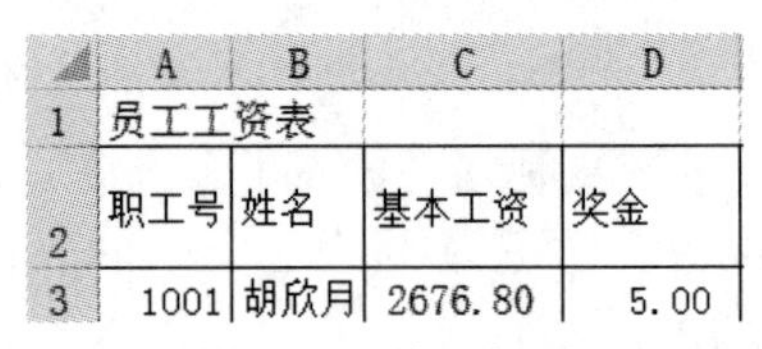

图 1-34　输入标题

（3）单击 A1 单元格，然后按住 Shift 键，同时单击 I1 单元格，选中 A1:I1 区域，然后单击格式工具栏上的“合并后居中”按钮。

（4）选中第一行合并后的单元格，单击“开始”→“字体”组右下角的导航按钮，打开“设置单元格格式”对话框，默认“字体”选项卡，如图 1-35 所示。将字体设置为隶书、字号 20、加粗、橙色，单击“确定”按钮。

图 1-35　“设置单元格格式”对话框“字体”选项卡

（5）选中整个表格，单击“开始”→“单元格”→“格式”→“设置单元格格式…”，打开“设置单元格格式”对话框，选择“边框”选项卡，如图1-36所示。将整个表格设置为绿色内外边框。

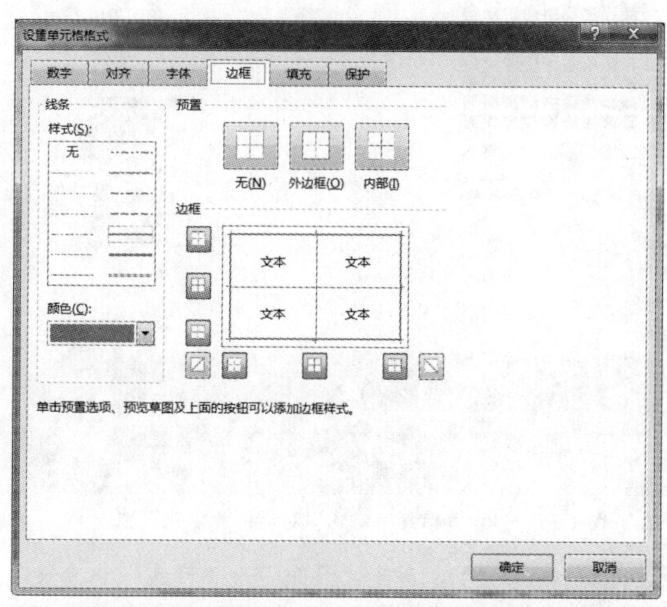

图1-36 “设置单元格格式”对话框“边框”选项卡

选择所有列，单击“开始”→“单元格”→“格式”→“列宽…”，如图1-37所示。打开“列宽”对话框，输入值12，如图1-38所示。

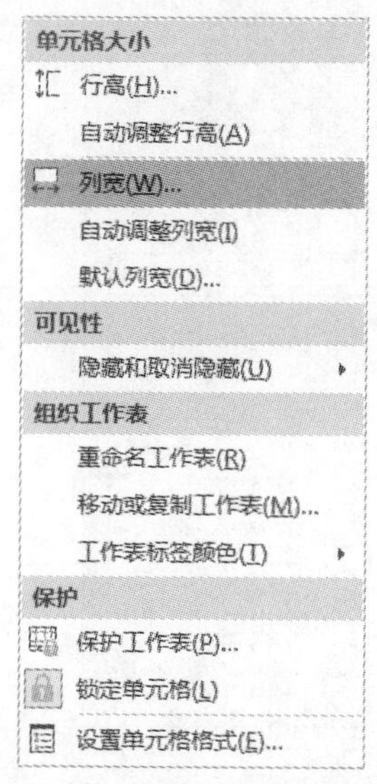

图1-37 “格式”下拉菜单

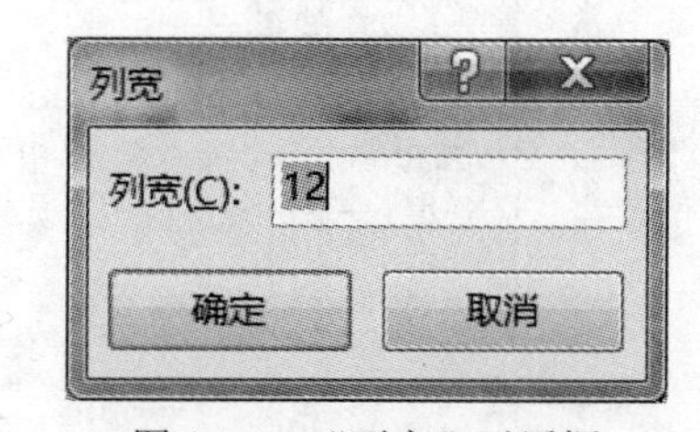

图1-38 “列宽”对话框

（6）选择标题行，单击“开始”→“单元格”→“格式”→“设置单元格格式…”，打开“设置单元格格式”对话框，选择“填充”选项卡，如图1-39所示，选择浅绿色，然后单击“确定”按钮。

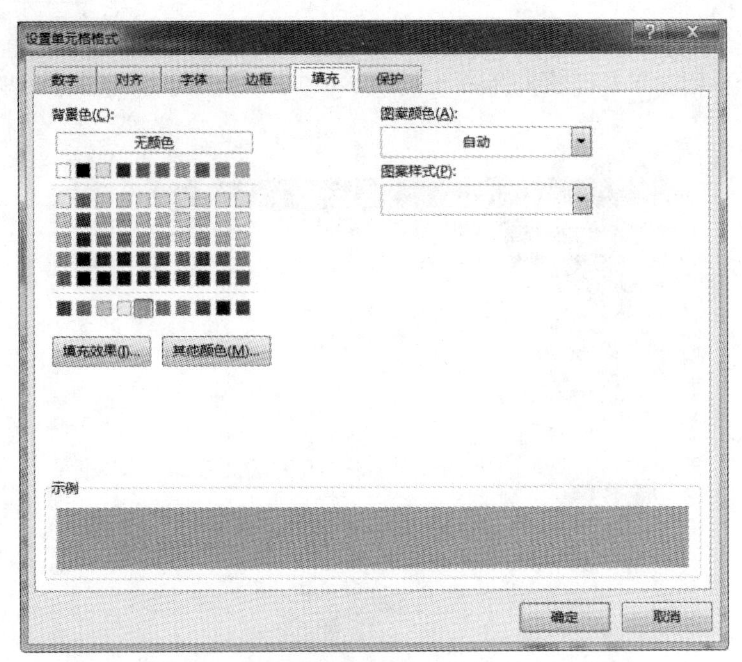

图 1-39 “设置单元格格式”对话框“填充”选项卡

（7）选择单元格区域（C3:C22），单击“开始”→“样式”→“条件格式”下拉菜单，然后选择“突出显示单元格规则”→“其他规则…”，弹出“新建格式规则”对话框，进行相应设置，单击“格式”按钮设置数据以粗体、红色显示，如图 1-40 所示。

图 1-40 “新建格式规则”对话框

（8）选应发工资区域（I3:I22），单击“开始”→“数字”组右下角导航按钮，打开“设置单元格格式”对话框，默认“数字”选项卡，进行相应设置：分类选择“货币”，小数位数保留 3 位，添加货币符号“¥”，如图 1-41 所示。

图 1-41　“设置单元格格式”对话框“数字”选项卡

（9）在 Sheet1 工作表标签上右击鼠标，在弹出的快捷菜单中选择“插入”，在 Sheet1 工作表前插入一个新工作表，将其重命名为“员工工资表 2”。在 Sheet1 工作表中选择 A2:I22 区域，并将其复制到“员工工资表 2”工作表的 A1:I21 区域中。选择单元格区域 A1:I21，单击“开始”→“样式”→“套用表格格式”下拉菜单，找到“中等深浅 10”，如图 1-42 所示。

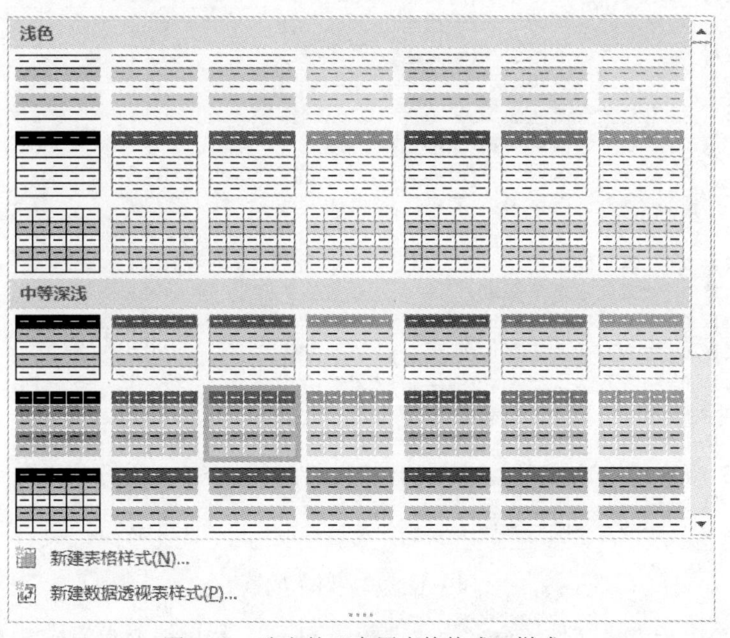

图 1-42　选定的“套用表格格式”样式

（10）在 Sheet1 中选择“津贴”单元格，然后右击鼠标，在弹出的快捷菜单中选择“插入批注”，在批注框中输入“津贴=基本工资*2%”。

1．新建一个电子表格文件，命名为“电影院票房表.xlsx”，然后按要求完成以下操作：

（1）将图 1-43 所示的内容输入到“电影院票房表.xlsx”的 Sheet1 工作表中。

（2）将 Sheet1 工作表重命名为“哈尔滨影院”，将 Sheet2 工作表标签颜色设置为橙色。

（3）将 Sheet1 工作表中的数据全部复制到 Sheet2 工作表中。

（4）在 Sheet1 工作表中设置票房、人次区域（D2:E27）的数据小数位数保留 2 位。

（5）在 Sheet1 工作表中设置表格的列宽为最适合的列宽。

（6）在 Sheet1 工作表中设置表格的行高为 15。

（7）在 Sheet1 工作表中设置表格内外边框为虚线、橙色，所有数据均靠右对齐。

（8）将 Sheet1 工作表的所有格式复制到 Sheet2 工作表中的数据上。

	A	B	C	D	E	F
1	时间	电影影院	所属院线	票房(万元)	人次(万)	平均票价(元)
2	2011年1月	哈尔滨华臣影院	辽宁北方	172.1	5.7	
3	2011年1月	哈尔滨金安高宝影城	北京新影联	83.3	2.7	
4	2011年1月	哈尔滨万达国际影城(衡山店)	万达院线	378.4	10.5	
5	2011年1月	哈尔滨万达国际影城(乐松店)	万达院线	176.4	5.1	
6	2011年1月	哈尔滨万达国际影城(中央店)	万达院线	389.8	10.9	
7	2011年2月	哈尔滨华臣影院	辽宁北方	169.1	5.7	
8	2011年2月	哈尔滨金安高宝影城	北京新影联	90.7	2.9	
9	2011年2月	哈尔滨万达国际影城(衡山店)	万达院线	349.8	9.7	
10	2011年2月	哈尔滨万达国际影城(乐松店)	万达院线	161.1	4.6	
11	2011年2月	哈尔滨万达国际影城(中央店)	万达院线	412.7	11.6	
12	2011年3月	哈尔滨华臣影院	辽宁北方	94.2	4.1	
13	2011年3月	哈尔滨金安高宝影城	北京新影联	60.1	2.5	
14	2011年3月	哈尔滨万达国际影城(衡山店)	万达院线	214.7	6.3	
15	2011年3月	哈尔滨万达国际影城(乐松店)	万达院线	104.3	3.1	
16	2011年3月	哈尔滨万达国际影城(中央店)	万达院线	252.1	7.5	
17	2011年3月	哈尔滨中影新东北影城	辽宁北方	68.3	2.7	
18	2011年4月	哈尔滨华臣影院	辽宁北方	103.1	4.1	
19	2011年4月	哈尔滨金安高宝影城	北京新影联	66.6	2.6	
20	2011年4月	哈尔滨万达国际影城(衡山店)	万达院线	230.6	6.2	
21	2011年4月	哈尔滨万达国际影城(乐松店)	万达院线	115.9	3.2	
22	2011年4月	哈尔滨万达国际影城(中央店)	万达院线	283.1	7.8	
23	2011年4月	哈尔滨中影新东北影城	辽宁北方	82.2	2.9	
24	2011年5月	哈尔滨华臣影院	辽宁北方	164.03	6.15	
25	2011年5月	哈尔滨万达国际影城(衡山店)	万达院线	302.22	7.57	
26	2011年5月	哈尔滨万达国际影城(乐松店)	万达院线	166.9	4.4	
27	2011年5月	哈尔滨万达国际影城(中央店)	万达院线	373.04	9.22	

图 1-43　电影院票房表

2．新建一个电子表格文件，命名为“课程表.xlsx”，然后按要求完成以下操作：

（1）将 Sheet1 工作表改名为“课程表”。

（2）将 Sheet2 工作表改名为“课程表 2”。

（3）在“课程表”工作表中输入如图 1-44 所示内容。

	A	B	C	D	E	F
1		一	二	三	四	五
2	1	外语	生物	外语	物理	外语
3	2	外语	语文	语文	数学	外语
4	3	语文	体育	数学	化学	数学
5	4	语文	数学	物理	美术	劳技
6	5	电脑	政治	地理	体育	音乐
7	6	历史	班会	电脑	语文	化学
8						
9						

图 1-44　课程表

（4）“课程表 2”工作表中，合并 A1:G2 单元格（格式工具栏中找）；在此单元格内输入标题：“高一（2）班课程表”；标题采用楷体、18 磅、蓝色字、黄色底纹。

（5）在“课程表”中，将所有数据居中对齐（水平及垂直均居中）。

（6）在“课程表”中，给整个表格加上实线边框。

（7）将“课程表”工作表中的 A1:F7 数据区域先复制，再用“粘贴选项”中的“转置”复制到“课程表 2”工作表的 A3:G8 区域中。效果如图 1-45 所示。

	A	B	C	D	E	F	G
1	高一（2）班课程表						
2							
3		1	2	3	4	5	6
4	一	外语	外语	语文	语文	电脑	历史
5	二	生物	语文	体育	数学	政治	班会
6	三	外语	语文	数学	物理	地理	电脑
7	四	物理	数学	化学	美术	体育	语文
8	五	外语	外语	数学	劳技	音乐	化学
9							
10							

图 1-45　课程表

3．打开“Excel 2016 实验素材”文件夹中的“分数评定.xlsx”，按要求完成如下操作：

（1）将工作表“分数评定”中的内容复制到工作表 Sheet3 中，并将 Sheet3 重命名为“编辑学生成绩单”。

（2）“编辑学生成绩单”的 A 列前插入 1 列，字段名为“序号”，值为文本型数字，第一个值为 1，以后的每一个比前一个大 1，用序列填充法得到所有序号。

（3）删除工作表“编辑学生成绩单”中的“C++”列。“编辑学生成绩单”效果如图 1-46 所示。

	A	B	C	D	E	F	G
1	序号	姓名	网络工程	人工智能	多媒体技术	总分	平均分
2	1	苏凯	90	86	96		
3	2	林晓红	76	56	79		
4	3	杨晨	50	70	90		
5	4	王成刚	70	67	60		
6	5	章华	60	89	90		
7	6	陈明聪	56	78	80		
8	7	胡敏敏	76	56	79		
9	8	杨晨	50	70	90		
10	9	赵杰	70	67	60		
11	10	章华	60	89	90		
12	11	徐文玉	56	78	80		
13	12	苏凯	90	86	96		

图 1-46　“编辑学生成绩单”效果

（4）第一行前插入一空白行，在 A1 中填入“学生成绩统计表”。

（5）将 A1 到 G1 单元格合并，设置为水平、垂直居中，“常规”型，字体为黑体，蓝色，18 号，行高为 30。

（6）各字段名的格式为：宋体，红色，12 号，行高 20，水平、垂直居中。

（7）全部数据格式：宋体，12 号，行高 18，垂直居中，列宽 8。

（8）设置内外边框线：内边框为单实线，红色；外边框为双实线，蓝色。

（9）将文件保存。

4．新建一个如图 1-47 所示的学生期末成绩表，然后完成下列操作。

姓名	年龄	数学成绩	语文成绩	外语成绩	总成绩	平均成绩
高红	16	95	90	58		
孙波	17	92	86	88		
赵松	16	62	99	80		
李春利	15	83	68	80		
刘丽娜	16	95	50	84		
高松涛	14	84	90	80		
王素娟	15	45	93	71		
何月星	16	71	98	91		

图 1-47　学生期末成绩表

（1）将标题字体设置为楷体、18 磅、加粗，置于表格正上方。

（2）将表中字段行的格式设置为：字体为宋体，字号 14 磅。

（3）计算每个学生的总成绩和平均成绩，分别放入总成绩和平均成绩栏中。

（4）为平均成绩保留一位小数。

（5）将表中所有的数据单元格水平居中。

（6）为表格添加边框线：外框线为粗线，内框线为细线。

5．新建一个电子表格文件，命名为“婚姻服务情况表.xlsx”，然后按要求完成以下操作：

（1）选择 Sheet1 工作表，将其重命名为“2001—2010 年婚姻情况表”，并将图 1-48 所示的内容输入。

婚姻服务情况							
年份	初婚（万人）	再婚（万人）	涉外及港澳台居民登记结婚（人）	内地居民登记结婚（人）	结婚登记（万对）	离婚（万对）	粗离婚率（‰）
2001	1481.74	112.49	7.87	797.11	804.98	125.05	0.98
2002	1440.30	117.10	7.28	778.80	786.08	117.70	0.90
2003	1483.90	123.30	7.83	803.50	811.33	133.00	1.05
2004	1569.60	152.00	6.35	860.80	867.15	166.50	1.28
2005	1483.00	163.10	6.43	816.60	823.03	178.50	1.37
2006	1705.60	184.40	6.82	938.20	945.02	191.30	1.46
2007	1779.70	203.10	5.11	986.30	991.41	209.80	1.59
2008	1972.50	224.10	5.10	1093.20	1098.30	226.90	1.71
2009	2168.80	256.00	4.92	1207.50	1212.42	246.80	1.85
2010	2200.90	281.10	4.90	1236.10	1241.00	267.80	2.00

图 1-48　婚姻服务情况表

（2）在 Sheet1 工作表中选择 A1:H1 区域的单元格，将其合并单元格，并水平垂直居中，且输入“婚姻服务情况”。

（3）设置 A2:H2 单元格为自动换行，并设置整个表格为最适合行高和最适合列宽。

（4）设置 A2:H2 单元格的底纹为浅蓝色，设置 A3:A12 单元格的底纹为浅黄色。

（5）为 F2 单元格添加批注：结婚登记（万对）＝涉外及港澳台居民登记结婚+内地居民登记结婚。

（6）利用条件格式将“粗离婚率”高于 1.5 的单元格加上红色水平条纹。

实验 4　公式与函数的基本操作

1．熟练掌握公式的基本操作，包括公式的创建、复制、粘贴、移动和删除。

2．熟练掌握几种常用的数据运算符及其优先级。

3．熟练掌握几个常用函数的操作方法。

4．掌握自动求和与快速计算的操作方法。

1．公式

公式以一个等号“=”开头，在一个公式中可以包含各种运算符、常量、单元格或区域引用、函数以及括号等，见表 1-1。

表 1-1　常用运算符及优先级

运算符	名称	功能	优先级
%、^	幂	两个数进行幂运算	1
*、/	乘号、除号	两个数进行乘或除运算	2
+、-	加号、减号	两个数进行加或减运算	3
&	连接符	将两个文本值连接起来生成一个新的文本值	4
<、>、<=、>=、<>、=	小于、大于、小于等于、大于等于、不等于、等于	将公式中的数据进行比较	5

2．函数

插入函数的方法：单击插入函数按钮 *fx*，打开“插入函数”对话框，如图 1-49 所示。

（1）SUM 函数：计算单元格区域中所有数值的和。

（2）AVERAGE 函数：求出所有参数的算术平均值。

（3）MAX 函数：求出一组数值中的最大值。

（4）MIN 函数：求出一组数值中的最小值。

（5）IF 函数：根据是否满足条件，判断逻辑真假结果，返回相对应的内容。

（6）COUNT 函数：计算包含数字的单元格的个数以及返回参数列表中的数字个数。

（7）COUNTIF 函数：统计某个区域中符合给定条件的单元格数目。

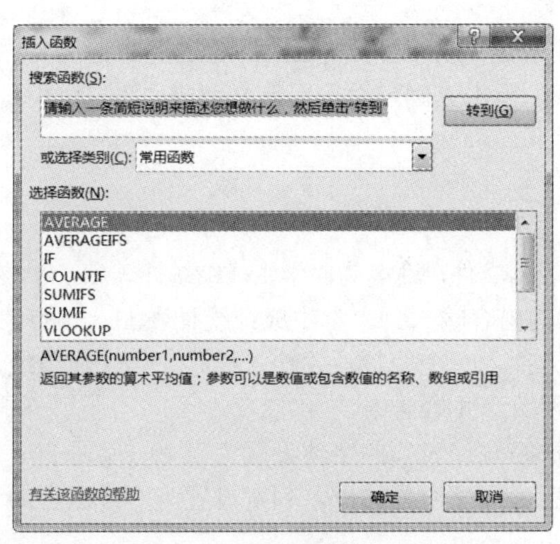

图 1-49　“插入函数”对话框

（8）LOOKUP 函数：从单行或单列或数组中查找一个值。

（9）VLOOKUP 函数：搜索表区域满足条件的数据。

（10）RANK 函数：某数字在一列数字中的排名。

（11）ROUND 函数：按指定的位数对数值进行四舍五入。

3. 单元格引用

（1）相对引用：随着公式的位置变化，所引用的单元格位置也变化的是相对引用。

（2）绝对引用：随着公式的位置变化，所引用的单元格位置没有变化的是绝对引用。在单元格行号和列号的前面分别加上“$”符号。

（3）混合引用：在行号或列号前加上“$”符号。

（4）三种引用的转换。三种引用的转换非常容易，按 F4 键，每按一次，引用方式就会按照下面的规则进行转换：A4→$A$4→A$4→$A4→A4。

4. 自动求和与快速计算

（1）自动求和：“开始”选项卡的“编辑”组中提供了一个“自动求和”按钮Σ。

（2）快速计算：在窗口状态栏上右击鼠标，在弹出的快捷菜单中选择计算。

5. 定义名称

为了方便数据操作，为一些数据区域定义名称。定义名称的步骤如下：

（1）选定待定义名称的工作表，单击“公式”→“定义的名称”→“定义名称”命令。

（2）弹出“新建名称”对话框，如图 1-50 所示。

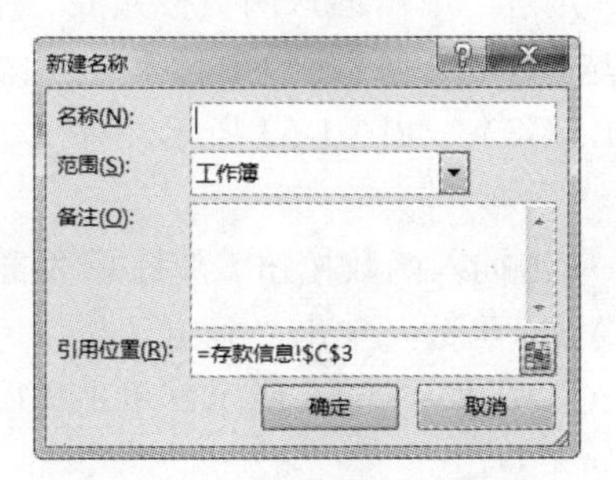

图 1-50　“新建名称”对话框

（3）“名称”框中输入定义的名字，“范围”选定需要定义名称的工作表，“引用位置”选择定义名称单元格区域，单击“确定”按钮定义完成。

例 1 新建一个电子表格文件，命名为“学生成绩统计表.xlsx”，然后按要求完成以下操作：

（1）将图 1-51 所示的内容输入到“学生成绩统计表.xlsx”的 Sheet1 工作表中。

（2）在第一行的上方插入一个空行，并输入标题“学生成绩统计表”。

（3）将标题 A1:J1 区域合并后居中。

（4）将标题“学生成绩统计表”的字体设置为隶书、字号 20、加粗、绿色。

（5）将整个表格设置为绿色内外边框，列宽设置为“最适合的列宽”。

（6）设置标题底纹为浅黄色。

（7）使用条件格式，将成绩区域（E3:G12）中不及格的成绩以浅黄色的底纹显示出来。

（8）使用函数计算总分、平均分。

（9）在“评价”列中平均分大于等于 60 分的显示及格，其他显示不及格。

（10）使用函数统计参加英语考试的人数。

（11）使用函数对平均分进行统计，统计优秀（大于等于 90 分）的人数。

（12）使用公式计算优秀率。

	A	B	C	D	E	F	G	H	I	J
1	学号	姓名	性别	年龄	英语	计算机	数学	总分	平均分	评价
2	20121101	李明	男	21	64	90	86			
3	20121102	张玉祥	女	20	90	92	91			
4	20121103	张小亮	男	22	89	65	78			
5	20121104	李勇	男	22	60	60	83			
6	20121105	何子民	男	21	88	71	92			
7	20121106	高广强	男	20	77	40	56			
8	20121107	孙晓燕	女	20	86	93	77			
9	20121108	赵丽华	女	21	81	73	81			
10	20121109	陈明军	男	21	55	77	91			
11	20121110	宋子新	男	20	89	87	91			
12	参加英语考试的人数：									
13	平均成绩优秀的人数：									
14	平均成绩的优秀率：									

图 1-51 学生成绩统计表

具体操作步骤如下：

（1）～（7）的操作步骤同实验 3 的实验范例。

（8）将鼠标定位在 H3 单元格，单击插入函数按钮 *fx*，打开“插入函数”对话框，如图 1-52 所示。在常用函数列表中选择 SUM 函数，单击“确定”按钮，弹出“函数参数”对话框，在该对话框中选择计算区域（E3:G3），如图 1-53 所示，单击“确定”按钮。最后使用复制函数的方法计算每个同学的总分。

将鼠标定位在 I3 单元格，单击插入函数按钮 *fx*，打开“插入函数”对话框，如图 1-54 所示。在函数列表中选择 AVERAGE 函数，单击“确定”按钮，弹出“函数参数”对话框，在该对话框中选择计算区域（E3:G3），如图 1-55 所示，单击“确定”按钮。最后使用复制函数的方法计算每个同学的平均分。

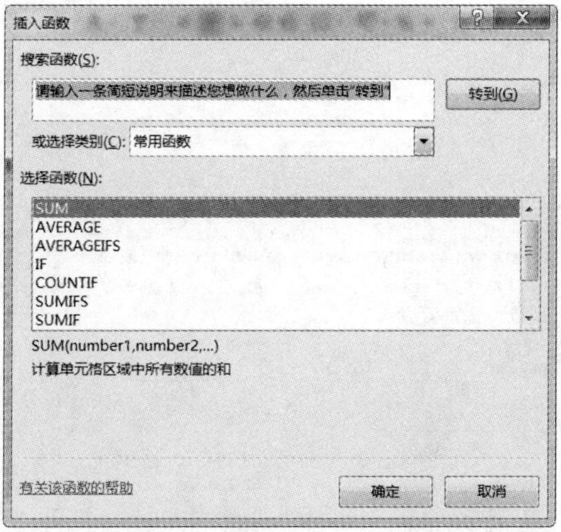

插入函数

搜索函数(S):

请输入一条简短说明来描述您想做什么，然后单击"转到"　　转到(G)

或选择类别(C): 常用函数

选择函数(N):

SUM
AVERAGE
AVERAGEIFS
IF
COUNTIF
SUMIFS
SUMIF

SUM(number1,number2,...)

计算单元格区域中所有数值的和

有关该函数的帮助　　确定　　取消

图 1-52　“插入函数”对话框

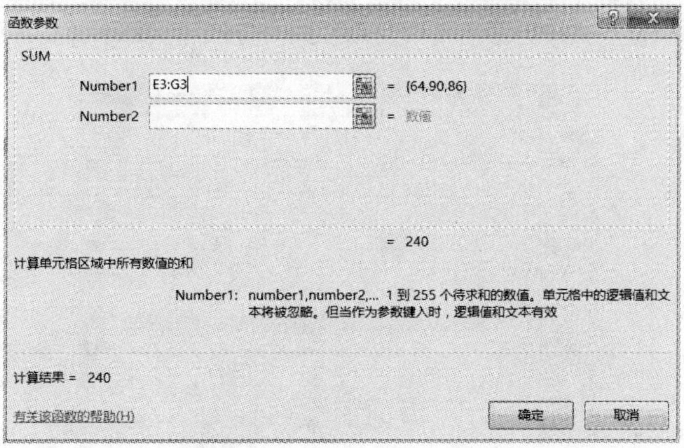

函数参数

SUM

Number1　E3:G3　= {64,90,86}

Number2　　= 数值

= 240

计算单元格区域中所有数值的和

Number1: number1,number2,... 1 到 255 个待求和的数值。单元格中的逻辑值和文本将被忽略。但当作为参数键入时，逻辑值和文本有效

计算结果 = 240

有关该函数的帮助(H)　　确定　　取消

图 1-53　“函数参数”对话框

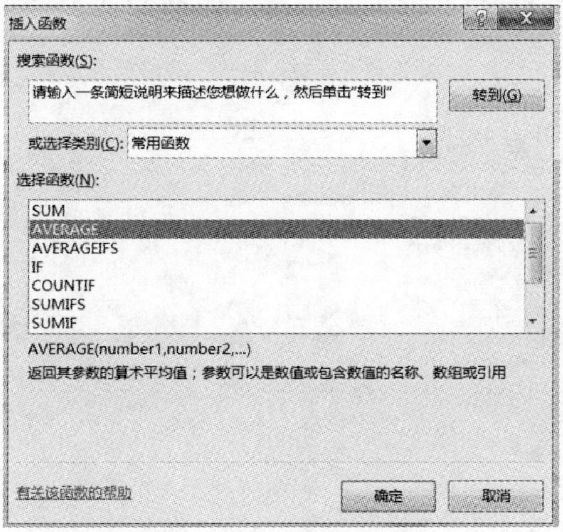

插入函数

搜索函数(S):

请输入一条简短说明来描述您想做什么，然后单击"转到"　　转到(G)

或选择类别(C): 常用函数

选择函数(N):

SUM
AVERAGE
AVERAGEIFS
IF
COUNTIF
SUMIFS
SUMIF

AVERAGE(number1,number2,...)

返回其参数的算术平均值；参数可以是数值或包含数值的名称、数组或引用

有关该函数的帮助　　确定　　取消

图 1-54　“插入函数”对话框

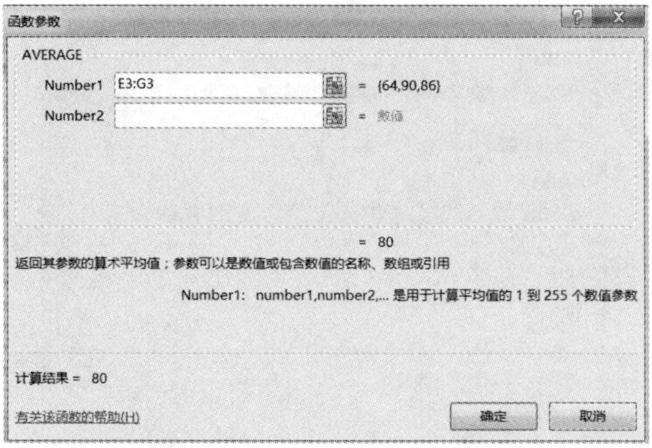

图 1-55 “函数参数”对话框

（9）将鼠标定位在 J3 单元格，单击插入函数按钮 *fx*，打开“插入函数”对话框，如图 1-56 所示。在函数列表中选择 IF 函数，单击“确定”按钮，弹出“函数参数”对话框，在该对话框中设置 Logical_test：I2>=60；Value_if_true："合格"；Value_if_false："不合格"，如图 1-57 所示，单击“确定”按钮。最后使用复制函数的方法计算每个同学的评价。

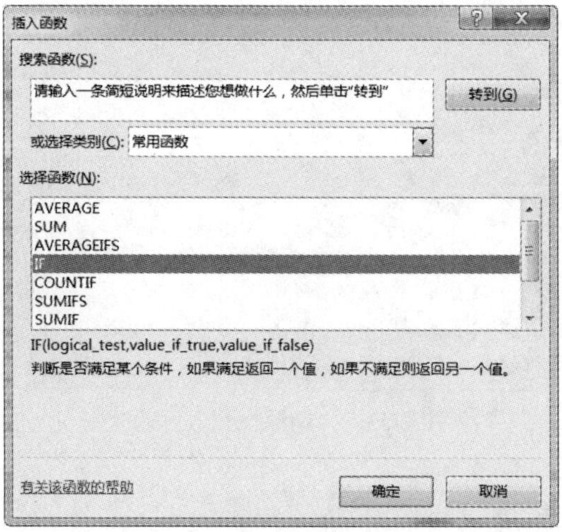

图 1-56 “插入函数”对话框

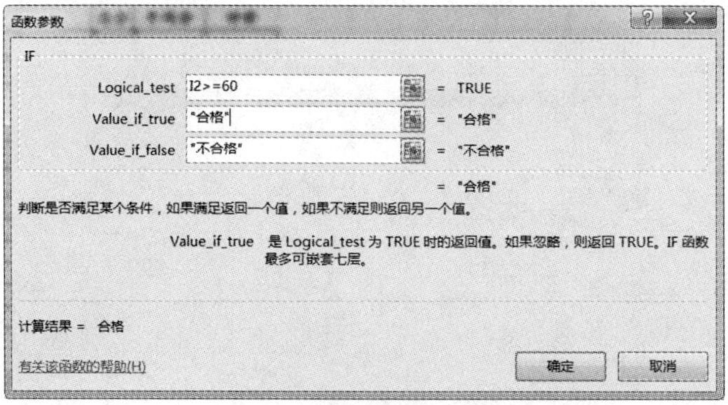

图 1-57 “函数参数”对话框

（10）将鼠标定位在 C13 单元格，单击插入函数按钮*fx*，打开“插入函数”对话框，如图 1-58 所示。如近期未用过的函数，不在常用列表中显示，可以在搜索函数框中输入 count，单击“转到”按钮，这时在“选择函数”列表框中显示出 COUNT 函数，选定后单击“确定”按钮，弹出“函数参数”对话框，选择计算区域（E3:E12），如图 1-59 所示，单击“确定”按钮。

图 1-58　“插入函数”对话框

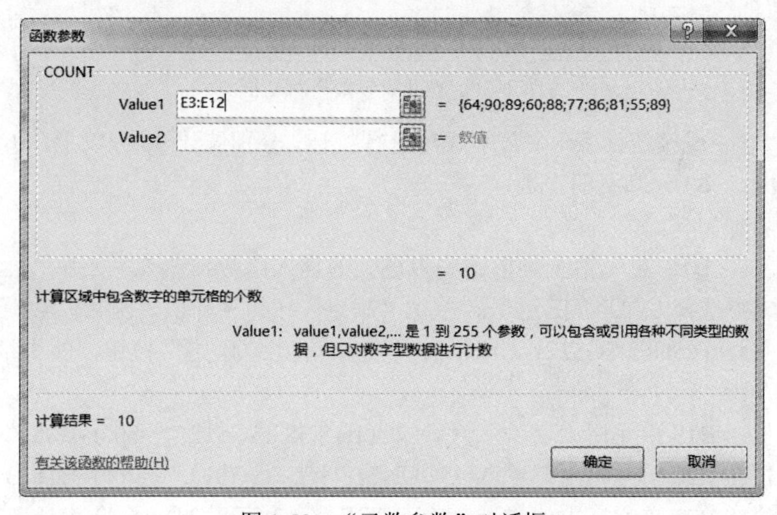

图 1-59　“函数参数”对话框

（11）将鼠标定位在 C14 单元格，单击插入函数按钮*fx*，打开“插入函数”对话框，如图 1-60 所示。在搜索函数框中输入 countif，单击“转到”按钮，这时在“选择函数”列表框中显示出 COUNTIF 函数，选定后单击“确定”按钮，弹出“函数参数”对话框，在该对话框中设置 Rage：I3:I12；Criteria：>=90，如图 1-61 所示，单击“确定”按钮。

（12）将鼠标定位在 C15 单元格，输入=C14/10，按 Enter 键即可。

图 1-60 “插入函数”对话框图

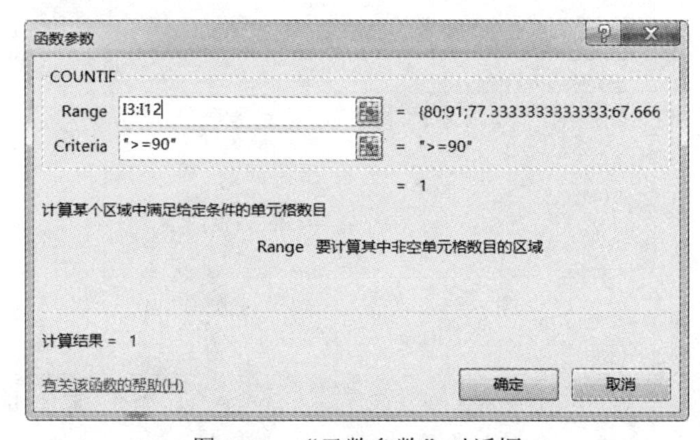

图 1-61 “函数参数”对话框

例 2 对“学生成绩统计表”中数学成绩进行统计，分别统计 90 分以上、80～89 分、70～79 分、60～69 分、60 分以下的人数。

具体操作步骤如下：

将鼠标定位在 B18 单元格上，单击编辑栏上的插入函数按钮 *fx*，打开“插入函数”对话框。在函数列表中选择 COUNTIF 函数，单击“确定”按钮，弹出“函数参数”对话框，在该对话框中设置 Rage：$G$3:$G$12；Criteria：>=90，单击“确定”按钮，即可统计 90 分以上的人数。

将鼠标定位在 B19 单元格上，输入=COUNTIF($G$3:$G$12,">=80") -B18。

将鼠标定位在 B20 单元格上，输入=COUNTIF($G$3:$G$12,">=70") -B18-B19。

将鼠标定位在 B21 单元格上，输入=COUNTIF($G$3:$G$12,">=60") -B18-B19-B20。

将鼠标定位在 B22 单元格上，输入=COUNTIF($G$3:$G$12,"<60")。

例 3 打开“Excel 2016 实验素材”文件夹中“月计件工资”工作簿，该工作簿为某电子配件公司采用的计件工资制，公司规定每月完成计件数为 70 件，每件工资为 25 元。完成下列操作：

（1）在“完成情况”列，利用函数自动计算出每个职工是否完成规定件数。（“完成”或“未完成”；D2:D289）

（2）计算出工资列每个职工的工资数。（E2:E289）

（3）计算奖金。依据是：超出公司规定计件数（70 件）的部分每件按 2 元计算，没有达到公司规定计件数的奖金为 0。（F2:F289）

具体操作步骤如下：

（1）将鼠标定位在 D2 单元格，单击插入函数按钮 *fx*，打开“插入函数”对话框，选择 IF 函数，单击“确定”按钮，弹出“函数参数”对话框，对该对话框各参数设置如图 1-62 所示。参数设置完成后单击“确定”按钮。其他职工的完成情况，可以通过向下拖动 D2 单元格右下角的填充柄完成。

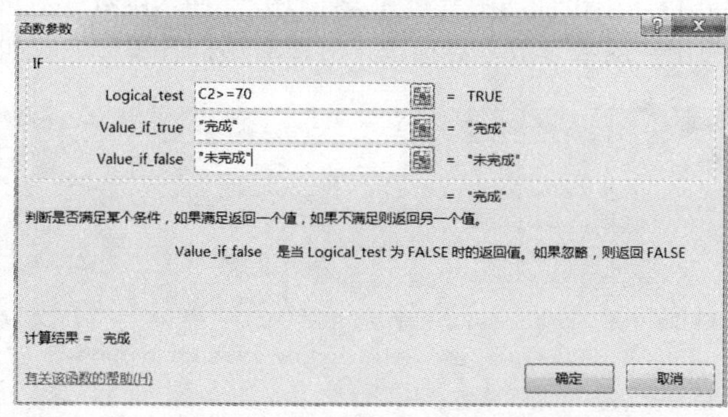

图 1-62　“IF 函数参数”对话框

（2）将鼠标定位在 E2 单元格，在单元格内输入=C2*25，如图 1-63 所示，C2 可以通过鼠标引用进入公式，输入完成后直接按 Enter 键即可生成结果。其他职工工资，可通过鼠标向下拖动填充柄完成。

A	B	C	D	E	F
职工号	姓名	本月实际完成件数	完成情况	工资	奖金
NMG2017001	杨杰	85	完成	=C2*25	

图 1-63　单元格内输入公式

（3）将鼠标定位在 F2 单元格上，单击插入函数按钮 *fx*，打开“插入函数”对话框，选择 IF 函数，单击“确定”按钮，弹出“函数参数”对话框，对该对话框各参数设置如图 1-64 所示。参数设置完成后单击“确定”按钮。其他职工奖金，可通过鼠标拖向下拖动填充柄完成。

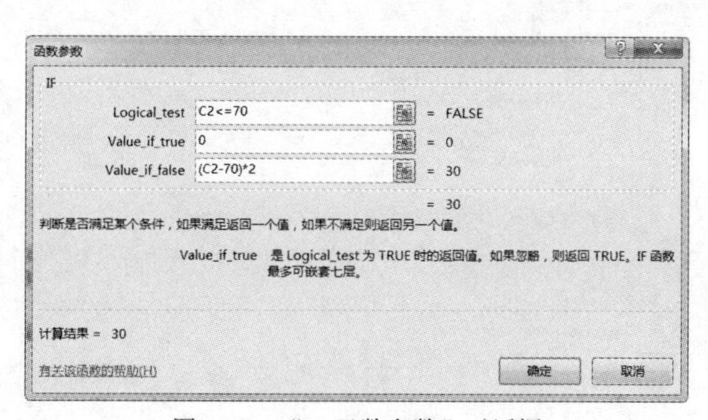

图 1-64　“IF 函数参数”对话框

例 4 打开“Excel 2016 实验素材”文件夹中“分数评定条件格式”工作簿，完成下列操作：

（1）为了做出最终的综合评定，设定按照各科平均分来判断该学生成绩是否合格的规则。如果各科平均分不低于 60 分则认为是合格的，否则为不合格。

（2）使用 IF 函数多层嵌套计算综合评定列，实现当各科平均分超过 90 时，评定为优秀；各科平均分在 60～90 分之间则认为是合格的，否则为不合格。

（3）将各科分数数据列低于 60 的设为浅粉色，综合评定一列合格的为绿色，不合格的为红色，优秀为黄色。

具体操作步骤如下：

（1）选择 H3 单元格，单击插入函数按钮 *fx*，打开“插入函数”对话框，选择 IF 函数，单击“确定”按钮，弹出“函数参数”对话框，对该对话框各参数设置如图 1-65 所示。

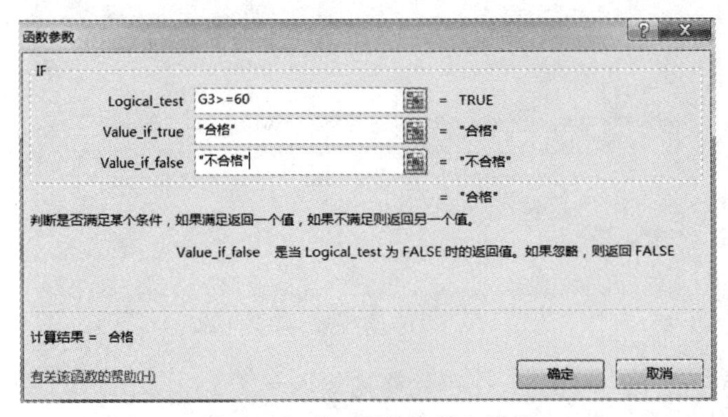

图 1-65 “IF 函数参数”设置

参数设置完成后单击“确定”按钮。其他同学的综合评定 1，用拖动填充柄的方式完成。

（2）将鼠标定位于 I3 中，单击插入函数按钮 *fx*，打开“插入函数”对话框，选择 IF 函数，单击“确定”按钮，弹出“函数参数”对话框，在该对话框中设置 Logical_test：G3>90；Value_if_true："优秀"；Value_if_false：有两种情况“合格”“不合格”，这样需要进行 IF 语句嵌套，如图 1-66 所示。将鼠标定位在 Value_if_false 参数里，在名称框中选取 IF 函数，再次弹出一个嵌套的“IF 函数参数”对话框，设置参数为 Logical_test：G3>60；Value_if_true："合格"；Value_if_false："不合格"。设置完成单击“确定”按钮。其他同学的综合评定 2，用拖动填充柄的方式完成。

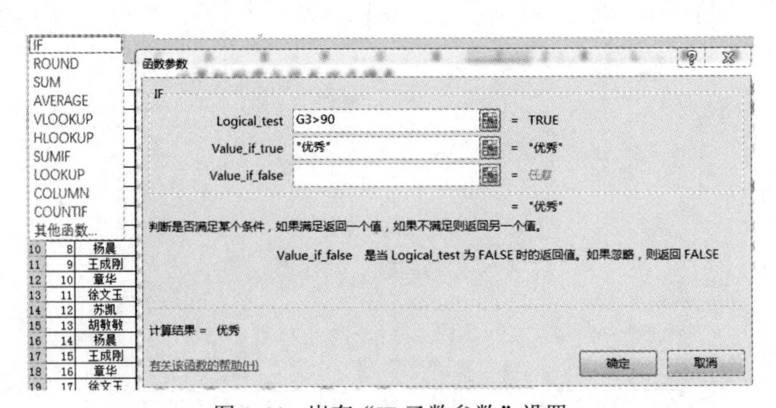

图 1-66 嵌套“IF 函数参数”设置

（3）用鼠标选中 C3 单元格，然后按住 Shift 键的同时选择 G1537 单元格。选中该区域后，单击“开始”→“样式”→“条件格式”→“突出显示单元格规则”→“小于…”，弹出“小于”对话框，如图 1-67 所示，在“为小于以下值的单元格设置格式”输入框中填写 60，在“设置为”下拉列表中设置颜色为浅粉色，然后单击“确定”按钮完成操作。

图 1-67　条件格式设置

用鼠标选中 H3 单元格，按住 Shift 键的同时选择 I1537 单元格，选中该区域后，单击“开始”→“样式”→“条件格式”→“突出显示单元格规则”→“等于…”，弹出“等于”对话框，如图 1-68 所示，在“为等于以下值的单元格设置格式”输入框中填写“合格”，在“设置为”下拉列表中设置颜色为绿色，然后单击“确定”按钮完成操作。

将“等于”对话框中“为等于以下值的单元格设置格式”输入框改为“不合格”，同时将颜色设置为自定义的红色，即不合格设置完成，用同样的方法设置优秀为黄色。

图 1-68　“合格”条件格式设置

例 5　打开“Excel 2016 实验素材”文件夹中“利用名称计算销量”工作簿，在 Sheet1 工作表中，某统计机构给出了国内智能手机市场某年上半年的销量排名情况，分为总体、线上和线下三个维度。其中，总体排名上，华为凭借 4377 万台的销量排名第一，OPPO、苹果、vivo、小米分列 2～5 位，销量为 2900 万、2766 万、2555 万和 2365 万台。通过定义名称并求出以下各值：

（1）用定义名称的方法，求出华为手机的销售总量。名称为 huawei。

（2）如苹果 iPhone 7 手机参考价格定为 5990 元，用定义名称的方法，求出苹果手机的前 6 个月份的销售金额。名称为 apple。

（3）用定义名称的方法，求出国内智能手机市场六月全国销售总量。名称为“六月”。

具体操作步骤如下：

（1）单击“公式”→“定义的名称”→“定义名称”，选择“定义名称…”菜单，弹出如图 1-69 所示的“新建名称”对话框，名称：huawei；范围：Sheet1；引用位置：=Sheet1!$B$3:$G$3，引用位置用鼠标拖拽 B3 到 G3 单元格区域实现，最后单击“确定”按钮，完成定义名称。

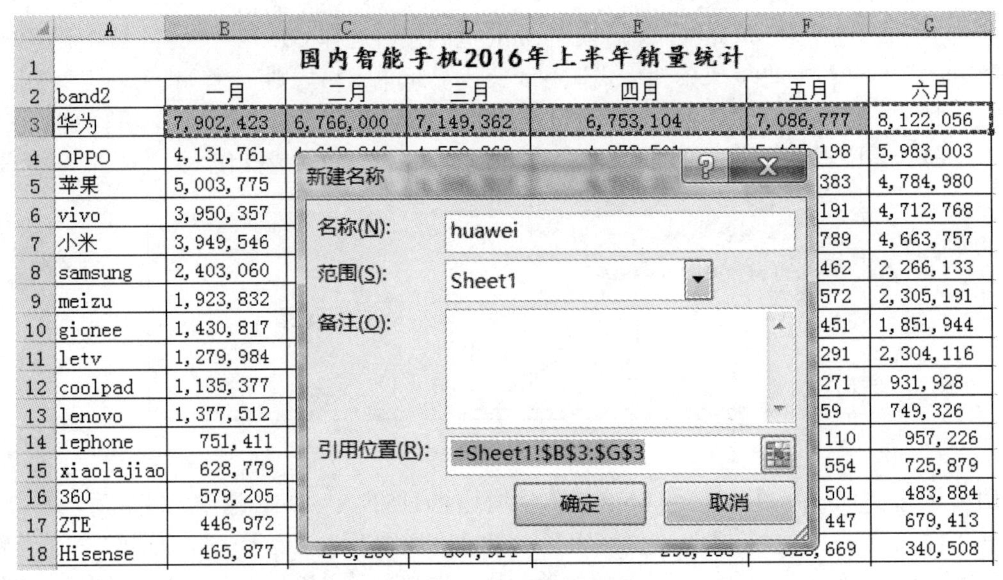

图 1-69 定义名称 huawei

将鼠标定位 E25 单元格，单击插入函数按钮 *fx*，打开“插入函数”对话框，选择 SUM 函数，单击“确定”按钮，弹出“函数参数”对话框，在该对话框设置中将鼠标放置 Number1 文本框中，然后单击“公式”选项卡→“定义的名称”→“用于公式”，在“用于公式”下拉菜单中选取定义的名称 huawei，如图 1-70 所示。返回函数参数设置中单击“确定”按钮即可。函数参数设置完成的对话框如图 1-71 所示。

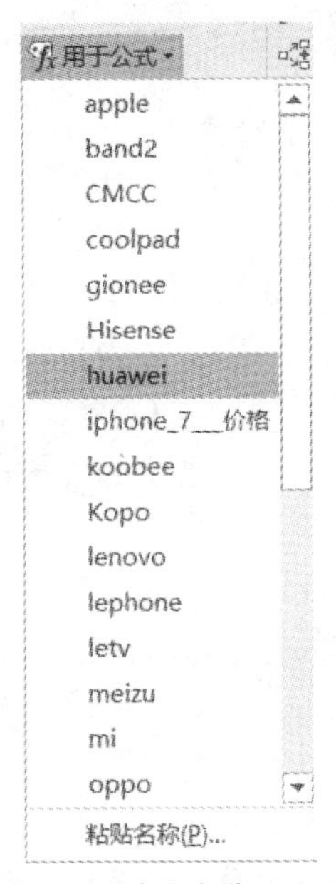

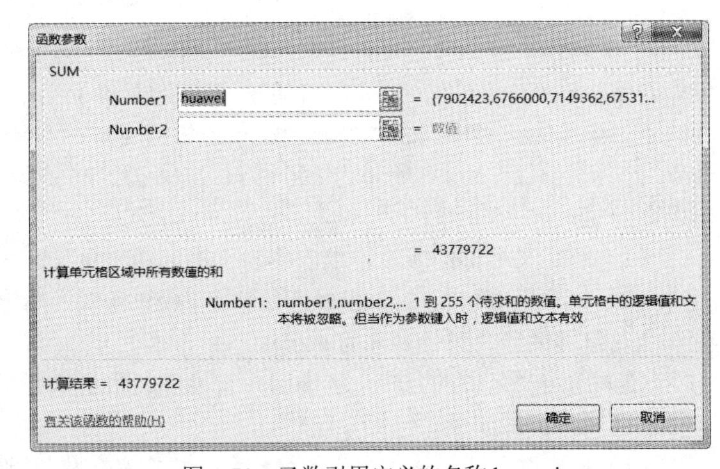

图 1-70 选取名称 huawei

图 1-71 函数引用定义的名称 huawei

（2）单击“公式”→“定义的名称”→“定义名称”，选择“定义名称…”菜单，弹出如图 1-72 所示的“新建名称”对话框，名称：apple；范围：Sheet1；引用位置：=Sheet1!$B$5:$G$5，引用位置用鼠标拖拽 B5 到 G5 单元格区域实现，最后单击“确定”按钮，完成名称定义。

	A	B	C	D	E	F	G
1	国内智能手机2016年上半年销量统计						
2	band2	一月	二月	三月	四月	五月	六月
3	华为	7,902,423	6,766,000	7,149,362	6,753,104	7,086,777	8,122,056
4	OPPO	4,131,761	4,618,846	4,550,863	4,272,501	5,467,198	5,983,003
5	apple	5,003,775	4,331,504	4,566,513	4,520,017	4,454,383	4,784,980
6	vivo	3,950,357				0,191	4,712,768
7	小米	3,949,546				7,789	4,663,757
8	samsung	2,403,060				9,462	2,266,133
9	meizu	1,923,832				8,572	2,305,191
10	gionee	1,430,817				6,451	1,851,944
11	letv	1,279,984				1,291	2,304,116
12	coolpad	1,135,377				0,271	931,928
13	lenovo	1,377,512				,259	749,326
14	lephone	751,411				09,110	957,226
15	xiaolajiao	628,779				21,554	725,879
16	360	579,205				73,501	483,884
17	ZTE	446,972				86,447	679,413
18	Hisense	465,877				28,669	340,508
19	koobee	270,358				00,417	308,295

新建名称
名称(N): apple
范围(S): Sheet1
备注(O):
引用位置(R): =Sheet1!$B$5:$G$5
确定　取消

图 1-72　定义名称 apple

将鼠标定位 E26 单元格，单击插入函数按钮 *fx*，打开“插入函数”对话框，选择 SUM 函数，单击“确定”按钮，弹出“函数参数”对话框。在该对话框设置中将鼠标放置 Number1 文本框中，然后单击“公式”选项卡→“定义的名称”→“用于公式”，在“用于公式”下拉菜单中引用定义的名称 apple，如图 1-73 所示。返回函数参数设置中单击“确定”按钮即可。函数参数设置完成的对话框如图 1-74 所示。

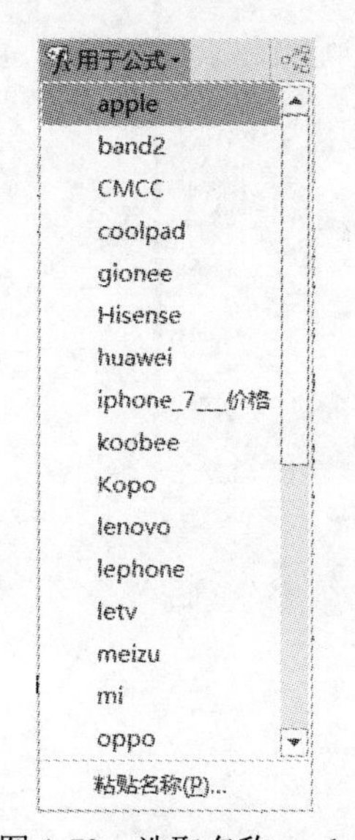

图 1-73　选取名称 apple

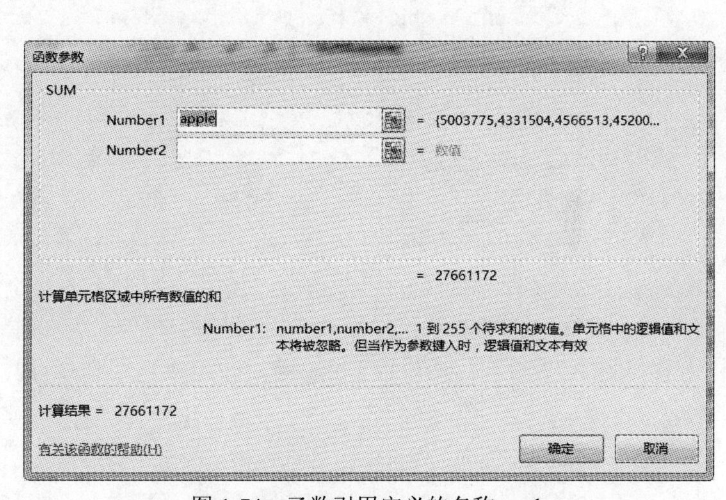

图 1-74　函数引用定义的名称 apple

返回后，继续选中 E26 单元格，双击编辑栏，如图 1-75 所示。在编辑栏=SUM(apple)后输入*25，最后按 Enter 键，计算完成。

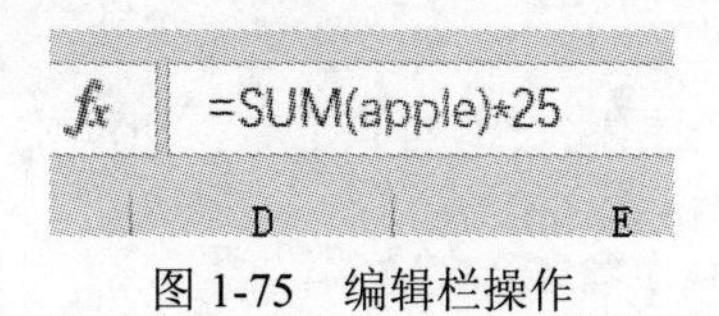

图 1-75　编辑栏操作

（3）用同样的方法给“六月”列数值定义名称，计算出六月份全国的销售总量。

例 6 打开“Excel 2016 实验素材”文件夹中“存款利息”工作簿，在“期限与利率”工作表中给出了某银行存款利率规定的存款期限和利率的数据，在“存款信息”工作表中给出了存款金额和存款期限信息，根据表中的内容完成如下操作：

（1）根据“存款信息”工作表中的存款期限，在“期限与利率”工作表中找到对应的利率。

（2）利用 Excel 函数计算出每笔的存款年利息（D3:D930）。

具体操作步骤如下：

（1）打开“存款利息”工作簿，选择“存款信息”工作表，将鼠标定位于 D3 单元格，单击插入函数按钮 *fx*，打开“插入函数”对话框，选择 VLOOKUP 函数，单击“确定”按钮。

（2）弹出“函数参数”对话框，如图 1-76 所示。Lookup_value：选择需要搜索的值“C3”；Table_array：选择搜索数据的信息表区域“期限与利率!A$2:B$8”；Col_index_num：满足条件的单元格在搜索区域中的列序号“2”；Range_lookup：设置查找时是精确匹配还是大致匹配。参数设置完成，单击“确定”按钮。

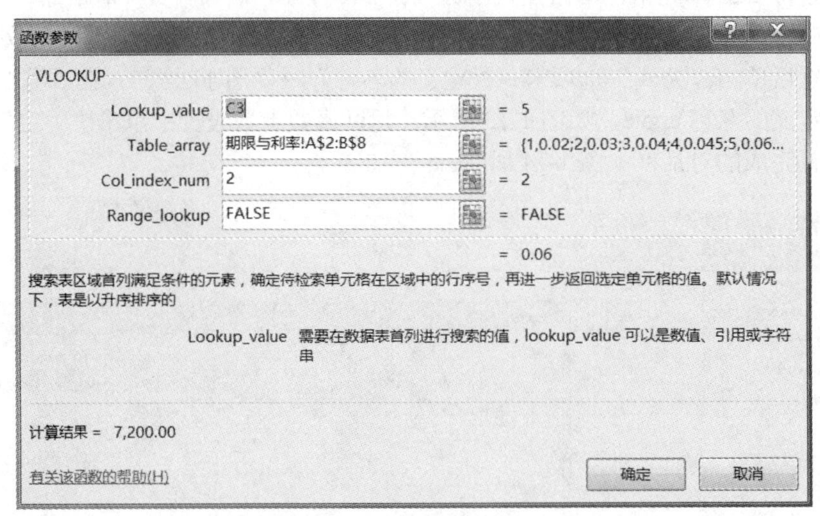

图 1-76 “VLOOKUP 函数参数”设置

（3）继续选择 D3 单元格，双击编辑栏，在“=”后选择存款金额 B3，输入“*”，编辑栏内容如图 1-77 所示。最后按 Enter 键，即完成当期利息计算。

图 1-77 编辑栏内容

（4）其他入账信息的当期利息，直接复制该公式函数就可以完成。

例 7 打开“Excel 2016 实验素材”文件夹中“职工号生成邮箱”工作簿，完成如下操作：

（1）在“电子邮箱”列，根据此表中的职工号，自动生成以职工号为用户名的网易 163 电子邮箱。例：NMG2017001@163.com。

（2）将“电子邮箱”列文字复制到“电子邮箱 2”列。

具体操作步骤如下：

（1）打开“职工号生成邮箱”工作簿，选中 C2 单元格，输入“=”，然后引用 A2 单元格，再输入“&”连接符号及“@163.com”，输入完成回车。编辑栏操作内容如图 1-78 所示。其他职工电子邮箱，拖动鼠标复制完成，根据职工号生成的电子邮箱完成。

图 1-78　编辑栏操作内容

（2）复制 C2:C289 单元格区域，然后右击 D2 单元格，在弹出的快捷菜单中选择粘贴选项里的“值”粘贴，“电子邮箱 2”列内容完成。

1．新建 Excel 工作簿，在 Sheet1 工作表中输入如图 1-79 所示的数据，然后以“学生期末成绩”保存，并完成以下所有操作：

	A	B	C	D	E	F	G	H	I
1	序号	姓名	政治	英语	计算机	数学	体育	总分	平均分
2	1	陶骏	75	88	90	77	100		
3	2	陈晴	80	83	90	70	95		
4		马大大	77	82	95	72	100		
5		夏小雪	66	84	90	78	100		
6		王晓伟	80	82	89	75	95		
7		王晴	68	85	94	67	95		
8		徐凝	78	85	90	69	98		
9		宋城	56	74	92	55	97		
10		郭小雨	89	88	93	89	95		
11		夏微	88	90	90	75	100		
12		曹晓宇	85	78	90	73	90		
13		马霏霏	82	80	95	79	90		
14		吴彤彤	68	70	89	80	95		
15		张芳虞	69	78	90	72	100		
16		李廷强	70	75	89	77	100		

图 1-79　学生期末成绩表

（1）将工作表 Sheet1 中的内容复制到工作表 Sheet2 中，并将 Sheet2 重命名为“学生成绩单”。

（2）在“学生成绩单”工作表中用填充柄或编辑下拉菜单中的填充项填充“序号”字段，递增，步长为 1。

（3）在“学生成绩单”工作表中利用公式或函数计算“总分”字段的值，并自动填充。

（4）在“学生成绩单”工作表中利用公式或函数计算“平均分”字段的值，并自动填充用小数点后两位表示。

（5）在“学生成绩单”工作表中利用公式或函数计算出各科目的最高分，分别放在相应列的第 17 行的对应单元格当中。

2．新建电子表格文件，在 Sheet1 工作表中输入如图 1-80 所示的数据，然后以“歌手大赛”保存，并完成以下所有操作：

学生歌手大赛成绩								
歌手编号	1号评委	2号评委	3号评委	4号评委	5号评委	6号评委	最后得分	名 次
1	9	8.8	8.9	8.4	8.2	8.9		
2	5.8	6.8	5.9	6	6.9	6.4		
3	8	7.5	7.3	7.4	7.9	8		
4	8.6	8.2	8.9	9	7.9	8.5		
5	8.2	8.1	8.8	8.9	8.4	8.5		
6	8	7.6	7.8	7.5	7.9	8		
7	9	9.2	8.5	8.7	8.9	9.1		
8	9.6	9.5	9.4	8.9	8.8	9.5		
9	9.2	9	8.7	8.3	9	9.1		
10	8.8	8.6	8.9	8.8	9	8.4		

图 1-80 歌手大赛成绩

（1）将标题设置：加粗、红色、楷体、字号 16，合并居中（在 A1:I1 中间）。

（2）将歌手编号用 001、002、003、...、010 来表示。

（3）求出每位歌手的最后得分，保留 2 位小数（最后得分为：去掉一个最高分、一个最低分后的所有评委的评分平均值）。

（4）1 号歌手的最后得分公式：=(SUM(B3:G3)-MAX(B3:G3)-MIN(B3:G3))/4。

（5）按最后得分从高到低将各歌手的名次（1、2、3、4…）填入相应的单元格内。

（6）1 号歌手的的名次公式：=RANK(H3,$H$3:$H$12)。

（7）将表格中的所有数据全部居中排列（水平方向和垂直方向都居中）。

（8）给整个表格加上双细实线作为表格线并把背景设为淡蓝色。

3．新建电子表格文件，在 Sheet1 工作表中输入如图 1-81 所示的数据，然后以“学生成绩信息”保存，并完成以下所有操作：

	A	B	C	D	E	F	G	H	I	J	K	L	M
1	学号	姓名	性别	语文	数学	英语	物理	化学	总分1	总分2	总分3	平均分	评价
2	1261101	程小明	男	78	89	92	49	78					
3	1261102	吴文武	男	89	92	94	88	95					
4	1261103	张天华	女	65	78	82	48	86					
5	1261104	韩未来	女	78	98	67	89	88					
6	1261105	黄文健	男	90	83	99	93	93					
7	1261106	陈明聪	男	88	89	91	88	92					
8	1261107	张立峰	男	96	65	78	64	89					
9	1261108	林晓红	女	85	57	79	83	79					
10	1261109	赵杰	女	58	89	71	90	88					
11	1261110	钱慧兰	女	68	78	50	86	82					
12	最大值												
13	最小值												
14	计算人数												
15	计算>80的人数												
16	计算<60的人数												
17	计算各科合格率												

图 1-81 学生成绩信息

（1）使用插入函数的方法计算总分 1。

（2）使用公式：语文+数学+英语+物理+化学，计算总分 2。

（3）使用公式：语文*150%+数学*150%+英语*150%+物理+化学，计算总分 3。

（4）使用插入函数的方法计算平均分。

（5）若总分 1 大于 400，就显示“优秀”，其他就显示“合格”。

（6）对该学生成绩信息表中的所有成绩统计最大值、最小值。

（7）统计该学生成绩信息表中有多少个学生。

（8）分别统计平均成绩大于 80 的人数、平均成绩小于 60 的人数。

（9）计算各科的合格率。

4．新建电子表格文件，在 Sheet1 工作表中输入如图 1-82 所示的数据，然后以“期中考试成绩统计表”保存，并完成以下所有操作：

	A	B	C	D	E	F	G	H	I
13	学号	姓 名	高等数学	数据结构	IT英语	Java语言	数据库	总 分	平均分
14	001	张宝亮	88	92	82	85	89		
15	002	王丽平	99	98	100	97	100		
16	003	宋宇峰	97	94	89	92	90		
17	004	郭天宇	86	76	98	95	80		
18	005	许松巍	85	68	79	74	88		
19	006	王迪	93	99	93	86	86		
20	007	于同涛	87	75	78	96	77		
21	008	徐丽雅	94	84	98	89	94		
22	009	张国强	88	77	69	80	78		
23	010	尹娇凤	80	69	79	79	83		
24	学科平均分								

图 1-82　期中考试成绩统计表

（1）求出每门学科的全体学生平均分，填入该课程的“学科平均分”一行中（小数取 1 位）。

（2）把第 13 行的行高改为 20，将 A13:I13 单元格区域内的字改为蓝色楷体字，字号 12，并垂直居中。

（3）求出每位同学的总分后填入该同学的“总分”一列中。

（4）求出每位同学的平均分后填入该同学的“平均分”一列中。

（5）将所有学生的信息按总分高低从高到低排序。

（6）将总分最高的一位同学的所有信息用红色字体表示。

5．新建电子表格文件，在 Sheet1 工作表中输入如图 1-83 所示的数据，然后以“某高校招收新生人数统计表”保存，并完成以下所有操作：

某高校2010、2011两年各专业招收新生人数统计表											
专业编号	10年招公费生总数	10年招自费生总数	10年招收新生总数	11年招收公费生数	11年招收自费生数	11年招收新生总数	两年共招收公费生数	两年共招收自费生数	两年共招收新生总数	招生总数增长率	11年招生总数比10年多多少
01	154	50		216	60						
02	155	33		205	35						
03	96	25		168	40						
04	121	31		150	40						
05	150	29		208	33						
06	28	0		25	5						
07	122	22		145	45						
08	52	10		65	25						
合　计											

图 1-83　某高校招收新生人数统计表

（1）设定 B 列至 G 列的列宽为 4.0，K 列的列宽为 6.5。

（2）求出各专业 2010、2011 两年的招收新生总数。

（3）求出各专业两年共招收公费生数、自费生数和新生总数。

（4）求出各专业招生总数增长率，即（2011 年招生总数-2010 年招生总数）/2010 年招生总数，带有百分号格式，保留 1 位小数。

（5）求出 8 个专业的各项合计人数，填入最后一行内。

6．新建电子表格文件，命名为“员工销售情况一览表”，并输入如图 1-84 所示的数据，请按如下要求进行操作：

	A	B	C	D	E	F	G	H	I	J	K	L	M	N
1	2012年下半年XX集团公司员工销售情况一览表												单位：万元	
2	职工编号	姓名	分部门	7月	8月	9月	10月	11月	12月	下半年销售合计	奖金	下半年奖金	销售业绩	特别奖
3	1511	王珏	A01	4.7	6.1	8.9	4.9	5.8	6.5					
4	1512	柳静怡	A01	5.5	5	7.8	5.2	4.9	6.9					
5	1513	孙杰	B02	3.8	7.6	7.3	7.3	7.7	6.6					
6	1514	李连俊	B01	7.5	11.7	8.6	11.9	12.8	7.2					
7	1515	张思博	A01	4.6	4.6	5.5	5.6	5.2	4.8					
8	1517	成功	B01	8.7	8.7	8.1	4.9	10.4	9.2					
9	1518	牛丽芳	B02	2.6	5.1	9	8.1	7.5	5.8					
10	1519	伍士博	A01	4.7	5.6	4	6.6	8.8	7.7					
11	1520	张波	B01	8.3	8.6	9.8	8.3	7.1	9.5					
12	1521	陈丽丽	B01	8.2	8.5	8.8	6.3	8.9	8.7					
13	1522	刘方圆	A01	5.5	5.3	3.6	4.9	6	4					
14	1523	李真	B02	7.7	7.2	7.8	9.6	8.7	9.1					
15	1524	刘菁菁	B02	5.5	4.8	7.7	6.1	5.8	10.2					
16		平均值												
17		最高值												

图 1-84　员工销售情况一览表

（1）销售业绩的评定标准“下半年销售合计”值在 60 万元以上（含 60）为优异，在 48 万到 60 万元之间（含 48）为优秀，在 36 万元到 48 万元（含 36）为良好。在 24 到 36 万元之间（含 24）为合格。24 万元以下为“不合格”。

（2）奖金的设置：“销售业绩”优异者的奖金为 20000 元；优秀者的奖金为 10000 元；良好者的奖金为 6000 元；合格者的奖金为 2000 元；不合格者没有奖金。

（3）特别奖的发放标准为：“下半年销售合计”值最高的销售人员奖励 5000 元。其余人员不奖励。

（4）“下半年奖金”值为“奖金”与“特别奖”之和。

（5）表中所有数值设为小数，保留 1 位。

（6）将表中所有销售额在 8.5 万元以上的数值显示为红色，同时将月销售额在 1 万元以下的数值显示为蓝色。

（7）将“姓名”和“部门”两列交换位置。

（8）将“分部门”所在列的列宽调整为 10，将每月销售额所在列的列宽调整为“最适合的列宽”。

7．新建电子表格文件，在 Sheet1 工作表中输入如图 1-85 所示的数据，然后以“公司员工 3 月工资表”保存，并完成以下所有操作：

编号	姓　名	基本工资	岗位津贴	奖励工资	应发工资	应扣工资	实发工资
001	王　敏	1200.00	600.00	644.00		25.00	
002	丁伟光	1000.00	580.00	500.00		12.00	
003	吴兰兰	1500.00	640.00	510.00		0.00	
004	许光明	800.00	620.00	450.00		0.00	
005	程坚强	900.00	450.00	480.00		15.00	
006	姜玲燕	750.00	480.00	480.00		58.00	
007	周兆平	1200.00	620.00	580.00		20.00	
008	赵永敏	1050.00	560.00	446.00		0.00	
009	黄永良	1800.00	850.00	850.00		125.00	
010	梁泉涌	1500.00	700.00	480.00		64.00	
011	任广明	800.00	550.00	580.00		32.00	
012	郝海平	900.00	350.00	650.00		0.00	
合计							

图 1-85　公司员工 3 月工资表

（1）在第一行上方插入一行，输入标题“公司员工 3 月份工资表”。

（2）将标题设为黑体、16 号字，并将 A1:H1 区域合并居中，标题与表格间插入一空行。

（3）计算出每个人的“应发工资”和“实发工资”，并填入相应的单元格内。（应发工资=基本工资+岗位津贴+奖励工资，实发工资=应发工资-应扣工资）

（4）求出除“编号”和“姓名”外其他栏目的合计，填入相应单元格中，并保留 2 位小数。

8．打开“Excel 2016 实验素材”文件夹中“利用定义名称进行数据验证”工作簿，在“部门名”表中对已给数据定义对应的名称，利用数据验证对已给出的“员工工资表”的字段名“部门”和“性别”两列填充数据。并要求输入错误时，弹出“输入错误”对话框。

9．打开“Excel 2016 实验素材”文件夹中“销售单价数量金额”工作簿，根据给出的“销售单价”工作表和“销售数量”工作表实现如下操作：

（1）在不同工作表中计算销售金额，并对每个员工的销售金额进行汇总。

（2）在不同工作表中计算销售利润，并对每个员工的销售利润进行汇总。

10．打开“Excel 2016 实验素材”文件夹中“三维引用”工作簿，根据各季度各地区的销售额完成如下操作：

（1）在销售额汇总工作表中，计算出全年按地区汇总额度。

（2）在销售额汇总工作表中，计算出全年总销售额汇总。

实验5　数据分析与统计

1．掌握数据清单相关概念。

2．熟练掌握数据排序的基本方法。

3．熟练掌握数据的筛选的操作方法。

4．熟练掌握数据分类汇总的操作方法。

5．掌握数据透视表的基本操作。

1．数据清单相关概念

数据清单由行和列组成，其中行表示记录，列表示字段。数据清单的第一行必须为文本类型，是相应列的名称，在此行的下面是连续的数据区域，每一列包含相同类型的数据。

（1）数据清单中的相关术语。

1）字段：数据清单的一列称为字段。

2）记录：数据清单的一行称为记录。

3）字段名：数据清单的每列都有字段名，字段名是字段内容的概括和说明。

（2）编辑数据清单。选定数据清单中的任意一个单元格，单击“数据”→“记录单”选项，打开“记录单”对话框，即可进行编辑。

2．数据排序

（1）按一个关键字排序。单击“数据”选项卡“排序和筛选”组的“升序排序”按钮或“降序排序”按钮即可。

（2）按多个关键字排序。单击“数据”选项卡“排序和筛选”组的“排序”命令，打开“排序”对话框，如图1-86所示。可以通过“添加条件”按钮，添加关键字的个数，如有需要删除的次要关键字，可以用“删除条件”按钮完成，在“主要关键字”和“次要关键字”的下拉列表中分别选择关键字段，同时设置好是升序还是降序排列。

3．数据的筛选

（1）自动筛选。选择“数据”选项卡→“排序和筛选”组→“筛选”命令。在数据清单中的每个字段名旁边都增加一个下拉按钮，表示数据清单已经进入自动筛选状态。

（2）显示全部记录。单击筛选字段后面的下拉按钮，从中选择“全选”即可显示全部记录。

（3）取消筛选。再次单击“数据”选项卡→“排序和筛选”组→“筛选”命令即可。

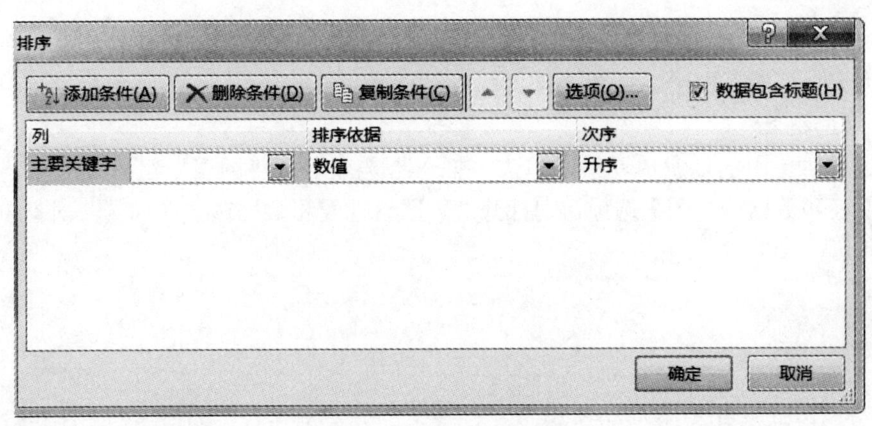

图 1-86　“排序”对话框

（4）高级筛选操作步骤如下：

1）在数据清单下方或右侧设置筛选条件。

2）选择“数据”选项卡→“排序和筛选”组→“高级筛选”命令，打开“高级筛选”对话框，进行相应设置即可。

4. 数据分类汇总

分类字段：分类的依据，需要按该字段进行排序。

汇总方式：汇总方式有求和、平均值、最大值、最小值等。

选定汇总项：是汇总的对象。

（1）分类汇总操作步骤如下：

1）单击“数据”选项卡里“升序排序”按钮或“降序排序”按钮，对数据进行排序。

2）单击“数据”选项卡→“分级显示”组→“分类汇总”命令，打开“分类汇总”对话框进行设置，如图 1-87 所示。

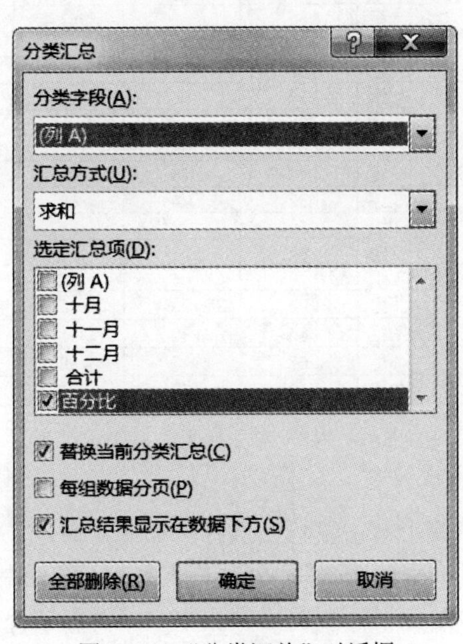

图 1-87　“分类汇总”对话框

（2）删除分类汇总。选择“数据”选项卡→“分级显示”组→“分类汇总”命令，在弹出的“分类汇总”对话框中单击“全部删除”按钮。

5. 数据透视表

选择数据清单中的任意单元格，单击“插入”选项卡→“图表”组→“数据透视图”→“数据透视表和数据透视图”选项，则打开“数据透视表和数据透视图向导”对话框，在该处进行编辑即可。

例 1 打开“Excel 2016 实验素材”文件夹下的“案例 5-1”工作簿，如图 1-88 所示。请按如下要求进行操作：

（1）在该工作表之前创建一个新的工作表，重命名为“排序”，将 Sheet1 工作表中的所有数据复制到“排序”工作表中。

（2）对表中的数据进行排序，首先按“性别”升序排序，然后按“一季度组装量”降序排序。

	A	B	C	D	E	F	G
1	姓名	性别	分组	一月	二月	三月	一季度组装量
2	员工1	女	1组	94	81	91	266
3	员工2	男	1组	76	79	67	222
4	员工3	男	1组	96	65	81	242
5	员工4	男	1组	84	65	90	239
6	员工5	男	1组	92	96	107	295
7	员工6	男	1组	88	95	67	250
8	员工7	女	1组	66	106	75	247
9	员工8	女	1组	102	92	86	280
10	员工9	女	1组	87	77	93	257
11	员工10	男	1组	53	72	89	214
12	员工11	女	1组	85	69	81	235
13	员工12	男	2组	96	81	85	262
14	员工13	男	2组	90	82	84	256
15	员工14	男	2组	76	86	92	254
16	员工15	女	2组	96	108	100	304
17	员工16	女	2组	65	90	77	232
18	员工17	女	2组	45	76	66	187
19	员工18	女	2组	82	79	68	229
20	员工19	女	2组	80	74	81	235
21	员工20	女	2组	82	75	71	228
22	员工21	女	2组	79	86	82	247
23	员工22	女	3组	94	73	85	252
24	员工23	男	3组	66	86	91	243
25	员工24	男	3组	67	95	88	250
26	员工25	男	3组	79	75	85	239

图 1-88 案例 5-1

具体操作步骤如下：

（1）在该表的工作表标签上右击鼠标，选择“插入”命令，插入一个新工作表，并重命名为“排序”，将 Sheet1 表中的所有数据复制到“排序”工作表中。

（2）将鼠标定位在 B2 单元格，单击“数据”→“排序和筛选”→“排序”命令，弹出“排序”对话框，进行相应设置，如图 1-89 所示。

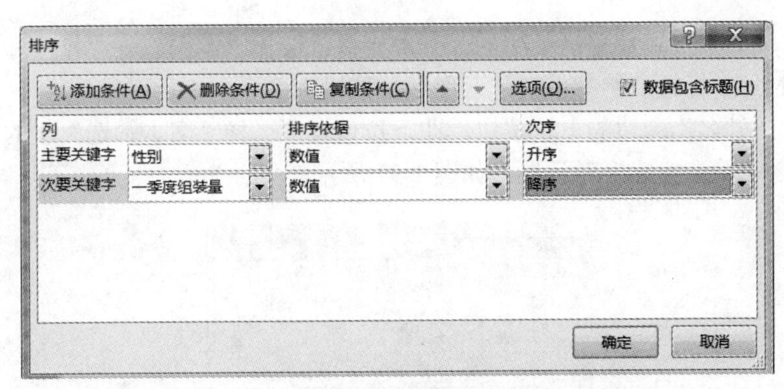

图 1-89　“排序”对话框

例 2　打开“Excel 2016 实验素材”文件夹下的“案例 5-2”工作簿，如图 1-90 所示。请按如下要求进行操作。

（1）创建一个新的工作表，重命名为“筛选”，并将“全年生产统计”工作表中的所有数据复制到“筛选”工作表中。

（2）在“筛选”表中筛选出姓“王”和“李”的职工信息。

	A	B	C	D	E	F
1	职工号	姓名	生产部门	件数	星级标准1	星级标准2
2	NMG001	陈秀	第1车间	941		
3	NMG002	窦海	第1车间	838		
4	NMG003	樊凤霞	第1车间	909		
5	NMG004	郭海英	第1车间	908		
6	NMG005	纪梅	第1车间	852		
7	NMG006	李国强	第1车间	785		
8	NMG007	李英	第1车间	909		
9	NMG008	琳红	第1车间	921		
10	NMG009	刘彬	第1车间	963		
11	NMG010	刘丰	第1车间	843		
12	NMG011	刘慧	第1车间	974		
13	NMG012	马华	第1车间	849		
14	NMG013	王红	第1车间	959		
15	NMG014	王辉	第1车间	978		
16	NMG015	王一一	第1车间	1008		
17	NMG016	乌兰	第1车间	788		
18	NMG017	徐天	第1车间	852		
19	NMG018	闫玉	第1车间	905		
20	NMG019	杨杰	第1车间	937		
21	NMG020	于海	第2车间	1045		
22	NMG021	于宏	第2车间	1029		
23	NMG022	翟丹	第2车间	889		
24	NMG023	张凤凤	第2车间	956		
25	NMG024	张培培	第2车间	795		
26	NMG025	张小霞	第2车间	930		

图 1-90　案例 5-2

具体操作步骤如下：

（1）在该表标签后单击新工作表按钮⊕，添加一个新工作表，并重命名为“筛选”，将“全年生产统计”工作表中的所有数据复制到“筛选”工作表中。

（2）单击“筛选”表数据清单中的任一单元格，选择“数据”→“排序和筛选”→“筛选”命令，此时每个标题右侧都出现了一个下拉按钮▼。

（3）单击“姓名”旁边的下拉按钮，在下拉列表中选择“文本筛选”里的“开头是…”，弹出“自定义自动筛选方式”对话框，如图 1-91 所示。

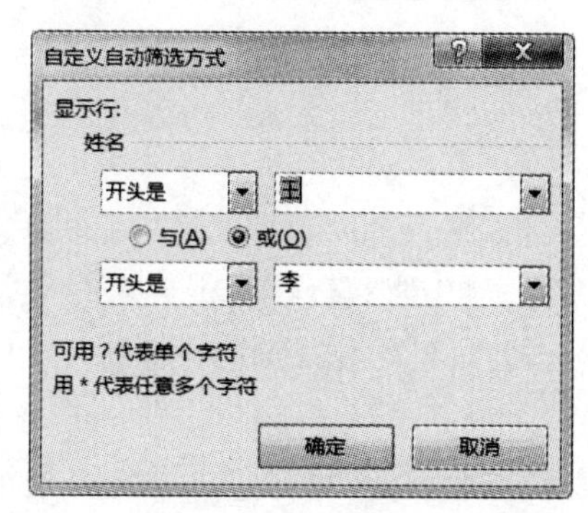

图 1-91 “自定义自动筛选方式”对话框

（4）在“姓名”下方的下拉按钮选择“开头是”，然后在后面的文本框里输入“王”，下一行左边的下拉列表中仍选择“开头是”，右边的文本框中输入“李”，筛选姓“王”和“李”的职工信息。筛选结果如图 1-92 所示。

	A	B	C	D	E	F
1	职工号	姓名	生产部	件数	星级标准	星级标准
7	NMG006	李国强	第1车间	785		
8	NMG007	李英	第1车间	909		
14	NMG013	王红	第1车间	959		
15	NMG014	王辉	第1车间	978		
16	NMG015	王一一	第1车间	1008		
29	NMG028	李明辉	第2车间	595		
31	NMG030	王凯丽	第2车间	923		
44	NMG043	王梦娇	第2车间	886		
47	NMG046	李晓娜	第3车间	940		
101	NMG100	王璐	第4车间	952		

图 1-92 姓“王”和“李”的职工信息

例 3 打开“Excel 2016 实验素材”文件夹下的“案例 5-2”工作簿，如图 1-90 所示。请按如下要求进行操作：

（1）创建一个新的工作表，重命名为“高级筛选”，将“全年生产统计”工作表的所有数据复制到“高级筛选”工作表中。

（2）筛选出所有生产部门为第 2 车间且件数大于 900 的职工信息。

具体操作步骤如下：

（1）在该表标签后单击新工作表按钮⊕，添加一个新工作表，并重命名为“高级筛选”。将“全年生产统计”工作表的所有数据复制到“高级筛选”工作表。

（2）在“高级筛选”工作表的 H2:I2 单元格区域中输入高级筛选的条件：生产部门=“第 2 车间”，件数>900。高级筛选条件如图 1-93 所示。

（3）单击数据清单中的任一单元格，选择“数据”→“排序和筛选”→“高级筛选”命令，弹出的“高级筛选”对话框，进行相应设置，如图 1-94 所示。

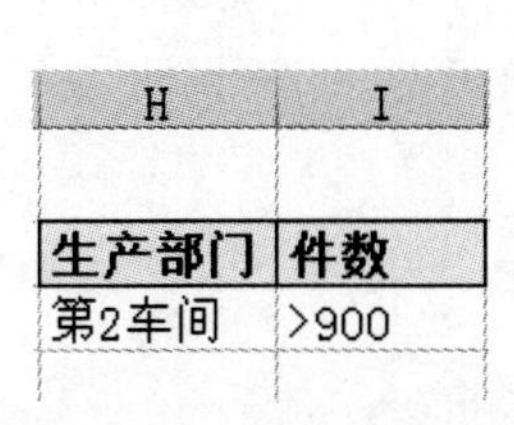

H	I
生产部门	件数
第2车间	>900

图 1-93　高级筛选条件

图 1-94　“高级筛选”对话框

（4）在弹出的“高级筛选”对话框中，“列表区域”为“高级筛选！$A$1:$F$101”，即 A1:F101 单元格区域；“条件区域”为“高级筛选！$H$2:$I$3”，即 H2:I3 单元格区域；“方式”选择“在原有区域显示筛选结果”；选中“选择不重复记录”复选框。

（5）单击“确定”按钮。高级筛选结果如图 1-95 所示。

	A	B	C	D	E	F
1	职工号	姓名	生产部门	件数	星级标准1	星级标准2
21	NMG020	于海	第2车间	1045		
22	NMG021	于宏	第2车间	1029		
24	NMG023	张凤凤	第2车间	956		
26	NMG025	张小霞	第2车间	930		
27	NMG026	朱小芳	第2车间	929		
28	NMG027	朱玉	第2车间	940		
31	NMG030	王凯丽	第2车间	923		
37	NMG036	张涛	第2车间	925		
38	NMG037	牛孟宇	第2车间	917		
41	NMG040	赵文强	第2车间	931		
42	NMG041	刘嘉欣	第2车间	909		
45	NMG044	孟瑞宇	第2车间	942		

图 1-95　高级筛选结果

例 4　打开“Excel 2016 实验素材”文件夹下的“案例 5-2”工作簿，如图 1-90 所示，请按如下要求进行操作。

（1）将“全年生产统计”工作表复制一份到本工作簿的 Sheet2 中，并将该工作表重命名为“分类汇总”。

（2）将该表数据按“生产部门”分类，求“件数”的平均值。

具体操作步骤如下：

（1）将“全年生产统计”工作表的所有数据复制到 Sheet2 工作表中，并重命名为“分类汇总”。

（2）在“分类汇总”工作表中，首先按“生产部门”排序。选择“数据”→“排序和筛选”→“排序”按钮，以生产部门为关键字排序（升序降序都可以）。

（3）单击“数据”→“分级显示”→“分类汇总”命令，弹出“分类汇总”对话框，在“分类字段”下拉列表中选择“生产部门”，“汇总方式”选择“平均值”，在“选定汇总项”中选中需要汇总的字段，本题只需汇总“件数”。

（4）选中“替换当前分类汇总”和“汇总结果显示在数据下方”复选框，最后单击“确定”按钮，分类汇总各项设置如图 1-96 所示。

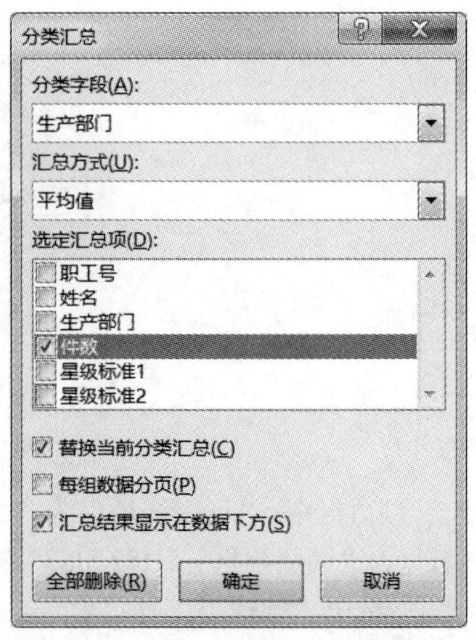

图 1-96 “分类汇总”对话框

例 5 打开“Excel 2016 实验素材”文件夹下的“案例 5-3”工作簿，根据“月销售金额统计”工作表的数据清单，作一个数据透视表，统计各生产部门男、女职工的销售金额。

具体操作步骤如下：

（1）单击数据区域任一单元格，单击“插入”选项卡“表格”组“数据透视表”按钮，打开“创建数据透视表”对话框，如图 1-97 所示。

（2）在“请选择要分析的数据”区域里，选择第一项“表/区域”直接引用“月销售金额统计!$A$1:$G$32”，在“选择放置数据透视表的位置”选择“新工作表”，然后单击“确定”按钮。

（3）跳转至新创建的工作表中，将数据透视表字段根据题目要求分别拖动到不同的区域，将“生产部门”拖到“行”，“性别”拖到“列”，“销售金额”拖到“值”域，如图 1-98 所示。

图 1-97 创建数据透视表

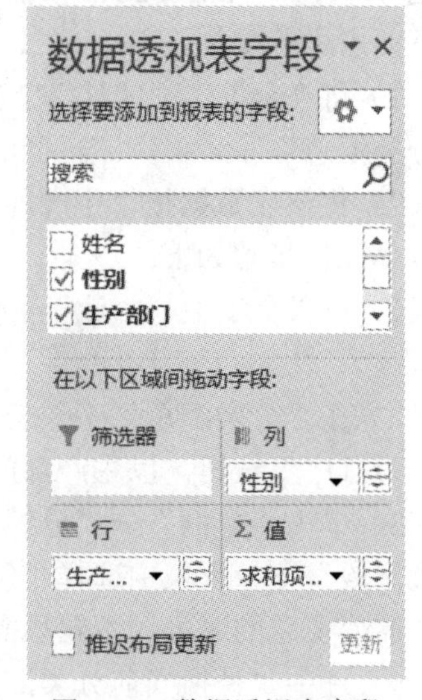

图 1-98 数据透视表字段

（4）最后生成数据透视表，结果如图 1-99 所示。

	A	B	C	D
1				
2				
3	求和项:销售金额	列标签		
4	行标签	男	女	总计
5	第1车间	31920	23640	55560
6	第2车间	53760		53760
7	第3车间	73080	51840	124920
8	第4车间	108120	13680	121800
9	总计	266880	89160	356040

图 1-99　数据透视表

1．打开“Excel 2016 实验素材”文件夹下的“案例 5-4”工作簿，完成如下操作：

（1）将“月销售明细表”中的“单价”字段运用 VLOOKUP 函数填写完整。

（2）使用公式计算出“月销售明细表”中的“销售金额”。

（3）将“月销售明细表”中 A3:E29 复制到“数据分析表”。

（4）将“数据分析表”所给的数据清单中的记录排序，要求销售员升序排列，销售员相同的按销售金额由高到低排列。

（5）将“数据分析表”的数据自动筛选：筛选出销售金额在 9000 以下的记录。

（6）取消自动筛选，显示全部记录。

（7）建立数据分析表副本。

（8）将“数据分析表副本”的数据进行高级筛选，完成后重命名工作表为“高级筛选”。

1）筛选条件：10000≤销售金额≤20000，且销售员=“刘子健”的所有记录。

2）条件区域：起始单元格定位在 G3，此区域若有边框则全部清除。

3）筛选结果：复制到 G6 开始的单元格。

（9）由“数据分析表”创建数据透视表。

1）要求：按照“部门”统计每个人和每个部门的销售总额。

2）位置：新建工作表，名称为“数据透视表”，如图 1-100 所示。

	A	B	C	D	E	F
3	求和项:销售金额	列标签				
4	行标签	销售1部	销售2部	销售3部	销售4部	总计
5	白志明	37800	9000			46800
6	程国栋			10500	41600	52100
7	侯治国		11985			11985
8	胡志敏	26986		28600		55586
9	李晓飞		20800			31600
10	刘子健	10800		24100		34900
11	孙倩宇				8640	8640
12	王子航	6392		25290		31682
13	张建宇		35500	9600		45100
14	张丽娜				22431	22431
15	赵亚楠	15600	26000			41600
16	总计	97578	103285	98090	83471	382424

求和项:销售金额
值: 无数值
行: 胡志敏
列: 销售4部

图 1-100　数据透视表

（10）将“数据分析表”中的数据进行分类汇总。

1）条件：分类字段为“部门”，汇总方式是平均值，汇总项是销售金额。

2）位置：“替换当前汇总结果”。

3）工作表重命名为“分类汇总表”。

（11）完成后保存文件。

2．打开“Excel 2016 实验素材”文件夹下的“案例 5-5”工作簿，完成如下操作：

（1）将“月销售业绩奖励表”填写完整，总销售额列的数据用 SUMIF 函数按销售员在“月销售明细表”中汇总。

（2）提成比例列数据通过 HLOOKUP 函数从“提成标准”表中获取。

（3）使用公式计算奖金：奖金=提成比例*总销售额。

（4）设置“月销售业绩奖励表”的格式：内边框设置为绿色，外边框线设为双实线、深绿色。

（5）将“月销售业绩奖励表”所给的数据清单中的记录排序，要求按部门升序排列，如果同一部门则按奖金降序排列。

（6）将 Sheet1 工作表的数据设置为自动筛选：筛选出奖金大于 5000 的记录。

（7）取消自动筛选，显示全部记录。

（8）建立“月销售业绩奖励表（2）”。

（9）对“月销售业绩奖励表（2）”的数据进行高级筛选，完成后将该工作表重命名为“高级筛选”。

1）筛选条件：奖金>=4500，或部门=“销售 1 部”。

2）条件区域：起始单元格定位在 G2。

（10）筛选结果：复制到 A20 开始的单元格。

（11）将“月销售业绩奖励表”工作表中的数据分类汇总。

1）条件：分类字段为“部门”，汇总奖金最高的销售员信息。

2）位置：“替换当前汇总结果”。

实验 6　数据图表的基本操作

1．熟练掌握数据图表的创建方法。

2．熟练掌握对数据图表的编辑操作。

3．熟练掌握对数据图表格式化的操作方法。

4．了解图表的各种分类。

1．图表的创建

创建方法：

（1）Excel 2016 创建图表无需选定区域，直接单击“插入”选项卡→“图表”组，选择需要的图表类型。

（2）单击“插入”选项卡→“图表”组右下角的导航按钮，弹出“插入图表”对话框，单击“所有图表”选项卡，选择需要的图表即可。

2．图表的编辑

（1）更改图表样式：单击“图表工具”→“设计”→“图表样式”组，可以更换图表样式。

（2）编辑数据源：单击“图表工具”→“设计”→“数据”→“选择数据”按钮，打开“选择数据源”对话框，如图 1-101 所示。在该对话框中可以设置图表数据区域，也可以对图表的行/列进行切换，同时还可以对数据源进行增加和删除操作。

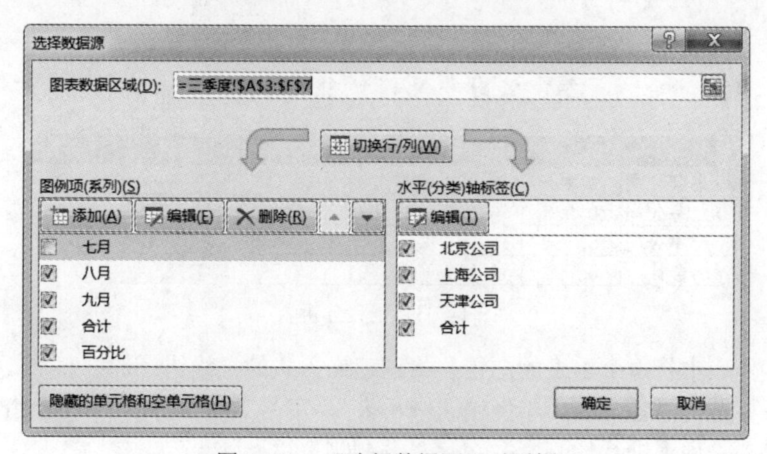

图 1-101　“选择数据源”对话框

（3）修改图表类型：选中要修改的图表，单击“图表工具”→“设计”→“类型”→“更改图表类型”命令，则打开“更改图表类型”对话框，如图 1-102 所示，在该对话框中更改图表类型即可。

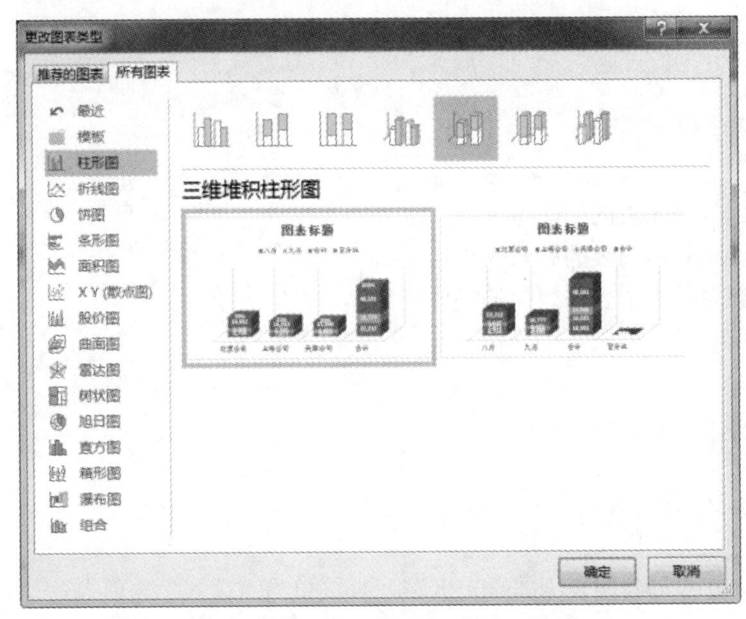

图 1-102 “更改图表类型”对话框

（4）移动图表：可以将图表放置在新工作表中，也可以将其作为对象位于当前工作表中。

（5）图表格式化：选择“图表工具”→“格式”选项卡，可以对图表中的各元素进行各种形状、艺术字、大小等的格式化操作。

例 1 打开“Excel 2016 实验素材”文件夹下的“销售分析表—三维引用”工作簿，如图 1-103 所示。完成如下操作：

	A	B	C	D	E	F	G
1	各分公司年度销售分析表						
2							
3		第一季	第二季	第三季	第四季	合计	百分比
4	北京公司	19,992	18,992	18,992	18,992	76,968	38.2%
5	上海公司	20,033	16,033	16,033	16,033	68,132	33.8%
6	天津公司	15,566	13,566	13,566	13,566	56,264	27.9%
7	合计	55,591	48,591	48,591	48,591	201,364	100.0%

图 1-103 销售分析表

（1）在工作表中将每个季度的总销售量创建嵌入式的三维饼图。

（2）图表标题为“各分公司年度销售分析表”，字号 20，隶书，加百分比数据标志。

（3）对第二季扇形进行切割，并设置“编制物”填充效果。

具体操作步骤如下：

（1）选取要图形化的数据区域：B3:E3 和 B7:E7。

1）按住鼠标左键不放，从 B3 拖动到 E3。

2）按下键盘上的 Ctrl 键，按住鼠标左键不放，从 B7 拖动到 E7，这样便选中了两个不连续的单元格区域。

3）选择“插入”→“图表”，单击“插入饼图”的下拉按钮，然后选择“三维饼图”。

4）单击“图表标题”选项卡，为图表添加标题“各分公司年度销售分析表”。

5）单击“设计”选项卡，在“图表布局”中选择“添加图表元素”下拉菜单中的“数据标签”，然后在右侧“设置数据标签格式”中的“标签选项”里，选择“百分比”复选框，为三维图饼添加百分比数据标签。

6）单击“设计”选项卡→“图表布局”→“添加图表元素”→“图例”，将图例放置到图表底部。

（2）编辑饼图。

1）选中图表标题“各分公司年度销售分析表”，单击“开始”选项卡，进行文字格式设置，字号 20，字体选择隶书。

2）鼠标单击第二季扇形，此时第二季的扇形边缘出现三个控点，表示已经选中了该扇形，按住鼠标左键往外拖，进行切割。

3）选择第二季扇形，单击“图表工具”→“格式”→“形状样式”→“形状填充”下拉按钮，选择“纹理”，然后选择“编制物”这种填充效果。

（3）保存文件。

例 2　打开“Excel 2016 实验素材”文件夹下的“分数评定”工作簿，对每位学生的“网络工程”和“多媒体技术”成绩创建独立的“三维簇状柱形图”。完成如下操作：

（1）更改图表中文字格式。将图表中的所有字体改为楷体，字号设为 18 号。

（2）取消数值轴网格线，添加数据值的标志。

（3）设置背景墙为“粉色面巾纸”填充效果，添加绿色粗线边框。

（4）基底填充淡黄色。

（5）在图表中取消“网络工程”成绩。

（6）改变“多媒体技术”柱体形状。

具体操作步骤如下：

（1）选取要图形化的数据区域：B1:B10、D1:D10、F1:F10，用 Ctrl 键选择不连续区域。

（2）在“插入”选项卡“图表”组中，单击插入柱形图或条形图下拉按钮，选取“三维簇状柱形图”，生成图表，此时可以看到图表的大致效果。

单击“图表标题”，为图表添加标题“成绩图”。选择“设计”选项卡“图表布局”里“添加图表元素”的下拉按钮，选择“坐标轴”，分别输入“姓名”和“成绩”。选中图表，单击“设计”选项卡→“位置”组→“移动图表”按钮，弹出“移动图表”对话框，选择“新工作表”，最后单击“确定”按钮，便自动产生一张名为 Chart1 的新工作表存放该图形，如图 1-104 所示。

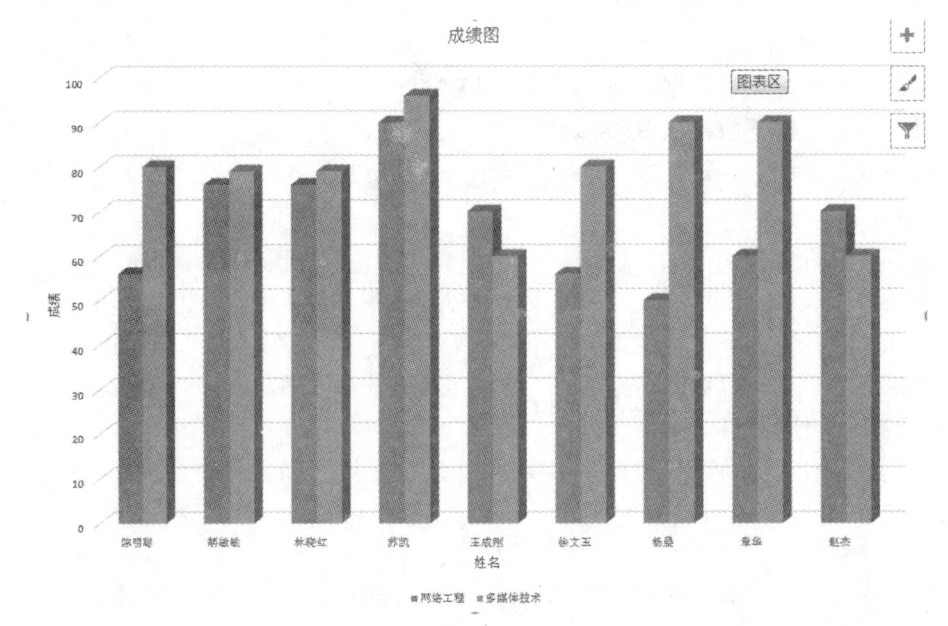

图 1-104　显示结果

（3）更改图表中文字格式。将图表中的所有字体改为楷体，18 号。

在“图表区”处右击鼠标，弹出图表区快捷菜单，选择“图表区格式”。在弹出的“图表区格式”对话框中选择“字体”选项卡，字体选择“楷体”，字号选择“18”。

（4）取消数值轴网格线，添加数据值的标志。

1）单击“图表工具”→“设计”→“添加图表元素”下拉按钮，选择“网格线”，就可以设置各网格线了。

2）单击“图表工具”→“设计”→“添加图表元素”下拉按钮，选择“数据标签”，左侧就会出现数据标签格式设置，就可以设置标签选项了。

3）单击右侧的“标签选项”复选框“值”，在图表上就会显示各数值。

（5）设置背景墙为“粉色面巾纸”填充效果，添加绿色粗线边框。

1）单击“图表工具”选项卡→“格式”→“当前所选内容”，并选择“背景墙”。

2）单击“图表工具”选项卡→“格式”→“形状样式”→“形状填充”，在“纹理”菜单上选择“粉色面巾纸”。

3）在“形状轮廓”的颜色下拉列表中单击“绿色”，在“粗细”下拉列表中单击“粗线”。单击“确定”按钮。

（6）基底填充淡黄色。

1）单击“图表工具”选项卡→“格式”→“当前所选内容”，并选择“基底”。

2）单击“图表工具”选项卡→“格式”→“形状样式”→“形状填充”，在颜色面板中单击“淡黄色”。

（7）在图表中取消“网络工程”成绩。

1）单击“图表工具”→“设计”→“数据”→“选择数据”，弹出“选择数据源”对话框。

2）在对话框中取消选中图例项下方的“网络工程”复选框。

3）最后单击“选择数据源”对话框的“确定”按钮。

（8）改变“多媒体技术”柱体形状。

1）在“多媒体技术”柱体上右击鼠标，选择“数据系列格式”菜单。

2）选择“数据系列格式”的“柱体形状”选项卡。

3）单击第 4 种形状的按钮。

1．打开“Excel 2016 实验素材”文件夹下的“成绩”工作簿，完成如下操作：

（1）对“成绩表”中的前 3 个学生的前 5 门课的成绩创建独立图表，名称为“图表 1”，类型为“柱型圆柱图”；图表标题为“期中考试成绩统计表”；数值轴为“成绩”；分类轴为“学生”。

（2）图表标题字体设为隶书，24 号。

（3）将图例置于图表的右方，字体设为楷体，20 号，边框选用最粗线加阴影。

（4）分类轴用 16 号字，数值轴用 14 号字。

2．打开“Excel 2016 实验素材”文件夹下的“学生成绩统计表”工作簿，完成如下操作：

（1）在“学生成绩统计表”工作表中，将前 4 个学生的 3 门课程成绩创建独立图表，在当前工作表中建立自定义类型中的“带深度的柱形图”；图表标题为“信息管理班成绩表”；数值轴为“成绩”；分类轴为“学生”。

（2）将图中的“计算机”删去，并将“英语”移到最后。

（3）为图表区加添充效果：预设颜色为“雨后初晴”，底纹样式为“斜上”。

（4）将坐标轴主要刻度间隔改为 30。

（5）一次将图表中所有文字的字号改为 10 号。

（6）将图例加阴影，图表区边框加圆角、阴影。

（7）将“数学”加“数据标志——值”，并拖动到适当的位置。

（8）保存文件。

3．由多表给出基础数据的统计，打开 Excel 2016 实验素材”文件夹下的“案例 6-1.xlsx”工作簿，Sheet1、Sheet2 和 Sheet3 表中分别记录了某企业组装车间员工一季度各月组装某产品的数量。根据已提供数据，在 Sheet4 表中统计每位员工的一季度组装量、月平均组装量和一季度组装量并降序排名；在 Sheet5 表中完成以下操作：

（1）按组统计每月的组装量及一季度组装量。

（2）按组统计月平均组装量。

（3）所有结果为整数。

（4）设置 Sheet5 表中的表格框线及字符对齐形式，边框为绿色，字符居中对齐。

（5）将 Sheet5 表字段名设置为隶书、22 号，其余文字与数值均设置为仿宋体、12 号。

（6）将 Sheet5 表中月组装量在 850 以上的数值显示为红色。

（7）将 Sheet5 表中行与列交换位置。

实验7　打印工作表的基本操作

1．掌握工作表页面设置的基本方法。
2．掌握工作表页眉/页脚的设置方法。
3．掌握打印区域的设置方法。

1．页面设置

选择“页面布局”→“页面设置”组进行页面设置，单击“页面设置”组右下角的导航按钮，将弹出“页面设置”对话框。

（1）设置页面，如图 1-105 所示。

（2）设置页边距，如图 1-106 所示。

图 1-105　“页面设置”对话框的“页面”选项卡

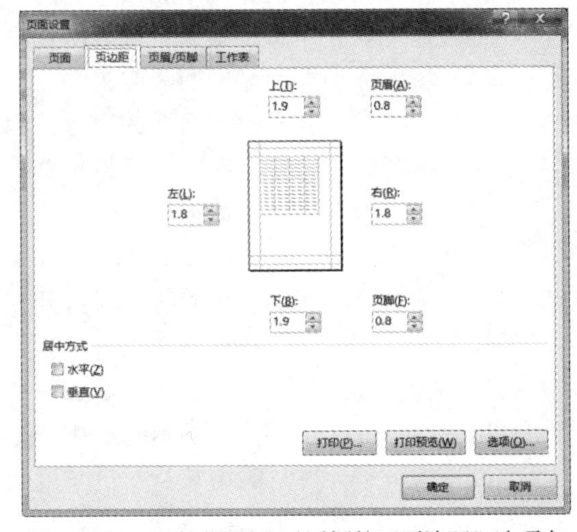

图 1-106　“页面设置”对话框的“页边距”选项卡

（3）设置页眉/页脚，如图 1-107 所示。

（4）设置工作表，如图 1-108 所示。

2．打印区域

（1）打印区域的设置：选择要打印的数据区域，然后选择“页面布局”→“页面设置”→“打印区域”→“设置打印区域”选项即可。

（2）取消已经设置的打印区域：选择“页面布局”→“页面设置”→“打印区域”→“取消打印区域”选项即可。

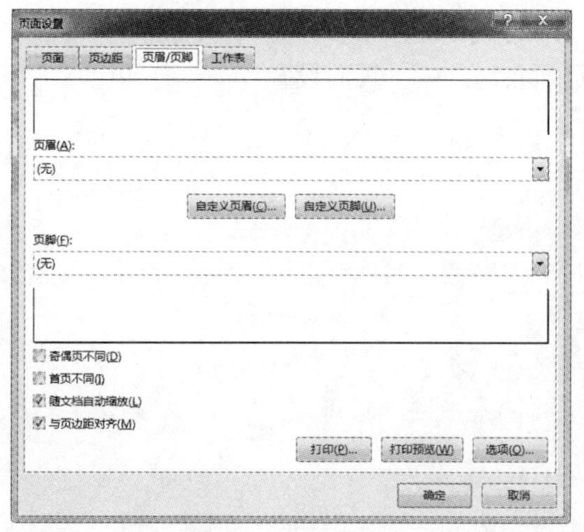

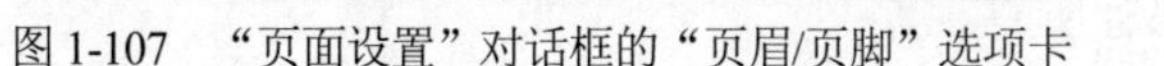
图 1-107　“页面设置”对话框的“页眉/页脚”选项卡　　图 1-108　“页面设置”对话框的“工作表”选项卡

例 1　打开“Excel 2016 实验素材”文件夹下的“案例 7-1.xlsx”工作簿。请按如下要求进行操作：

（1）页面设置为：横向；上下边距为 2.3；左右边距为 1.5。

（2）页眉/页脚设置为：本人的“学号+姓名”。

（3）设置打印区域为 A1:F11 数据区。

（4）保存文件。

具体操作步骤如下：

（1）选择“页面布局”→“页面设置”→“页边距”下拉选项，选择“自定义边距”，打开“页面设置”对话框，默认为“页边距”选项卡，相应设置如图 1-109 所示。

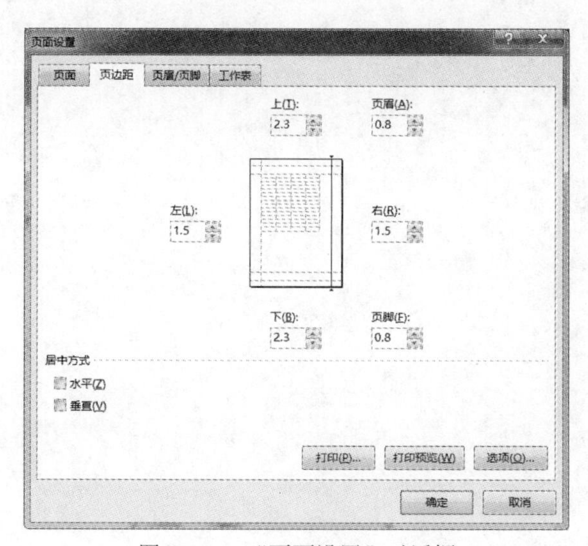

图 1-109　“页面设置”对话框

（2）单击“页眉/页脚”选项卡，设置页脚为“学号+姓名”，并且居中对齐。

（3）选择要打印的数据区域，然后选择“页面布局”→“页面设置”→“打印区域”下拉选项，选择“设置打印区域”，如图 1-110 所示。

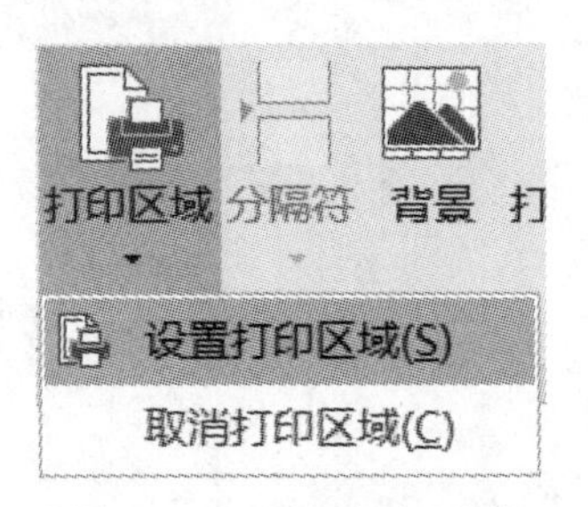

图 1-110　设置打印区域

（4）单击“文件”→“保存”命令，保存所有设置。

打开“Excel 2016 实验素材”文件夹下的“案例 7-2”工作簿，完成如下操作：

（1）将“法定假日”工作表设置为纵向、缩放比例 75%、A5 大小。

（2）将“法定假日”工作表上下页边距设为 2.8、页眉为 1.6，水平、垂直居中。

（3）设置页眉为“学校名称”，页脚为“第 1 页”。

（4）将“剩余工作日”工作表 A1:F8 区域设置为打印区域。

实验 8　Excel 2016 综合练习

1．打开“Excel 2016 实验素材”文件夹下的“成绩表.xlsx”工作簿，请按如下要求进行操作。

（1）将第一行标题设置为：加粗、蓝色、隶书、字号 18，合并居中（在 A1:L1 中间），并添加浅青绿色的底纹。

（2）修改学号列的数据，将学号用 20191261101、20191261102、...、20191261110 来表示。

（3）统计每位学生的总分和平均分（平均分保留 2 位小数）。

（4）统计每科的平均分（保留 1 位小数）。

（5）把成绩单的内容复制到 Sheet1，然后在 Sheet1 中按总分递增排序。

（6）将平均分在 90 分以上的同学成绩用红色表示。

（7）插入一个簇状柱形图表，横坐标为每个学生姓名，纵坐标为相应的平均分，如图 1-111 所示。

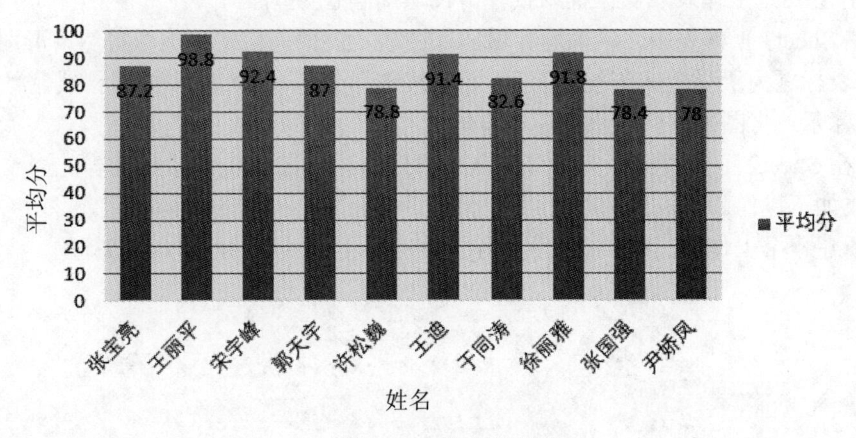

图 1-111　簇状柱形图

（8）给表格添加细实线的表格线。

2．新建一个工作簿，在 Sheet1 工作表中创建一个 Excel 表格，内容为“学生成绩统计表”，如图 1-112 所示。

（1）分别计算出成绩的总分和平均分。

（2）把序号列底纹设置成浅黄色（第 5 行第 3 个），姓名设置成浅绿色（5 行 4），语文设置成浅蓝色（4 行 6），数学设置成浅粉色（5 行 1），英语设置成浅紫色（6 行 8），总分设置成橘黄色（3 行 2）图案为第 1 行第 5 个，平均分设置成紫色（5 行 7）图案为 1 行 6。

（3）将表头“学生成绩统计表”合并单元格并居中，字体为黑体、18 号、白色，底纹颜色为暗绿色（2 行 2）。

	A	B	C	D	E	F	G	H	I	J
1	学生成绩统计表									
2	学号	姓名	性别	年龄	英语	计算机	数学	总分	平均分	评价
3	20121101	李　明	男	21	64	90	86			
4	20121102	张玉祥	女	20	85	92	91			
5	20121103	张小亮	男	22	89	65	78			
6	20121104	李勇	男	22	60	72	83			
7	20121105	何子民	男	21	88	71	92			
8	20121106	高广强	男	20	77	82	56			
9	20121107	孙晓燕	女	20	86	93	77			
10	20121108	赵丽华	女	21	81	73	81			
11	20121109	陈明军	男	21	55	77	91			
12	20121110	宋子新	男	20	89	87	91			
13	参加英语考试的人数：									
14	优秀的人数：									
15	优秀率：									

图 1-112　学生成绩统计表

（4）将工作表中所有单元格加上边框，样式颜色任选。其他单元格内文字颜色任选，以清楚醒目为前提。

（5）将表格复制到 Sheet2 工作表中，并以降序按总分排序。然后在表格最后插入一列“名次”，以序列方式填充名次（1～10）。

（6）将 Sheet1 工作表中表格复制到 Sheet3 工作表中，按平均分升序排序。

（7）将 Sheet2 工作表中表格，按自动套用格式彩色 3 套用。

（8）在 Sheet1 工作表表头中插入批注，内容为自己姓名。

（9）在 Sheet3 工作表中，以平均分项插入图表，类型为自定义类型自然条形图，系列产生在行，图表标题为“学生成绩统计表”，网格线选择数值（Y）轴主要网格线，数据表之中选择图例项标示。将图表移到表格的正下方。

（10）在 Sheet2 工作表中，按总分项自动筛选出总分在 200 分以上的学生。

3．完成如下操作。

（1）新建一个工作簿，如图 1-113 所示。在 Sheet1 的第一行录入表格标题。

	A	B	C	D	E	F	G	H	I	J	K
1	期末考试成绩单										
2	学号	姓名	数学	语文	英语	物理	化学	总分	平均分	名次	奖学金等级
3	BC1201	王晓萌	65	58	88	64	86				
4	BC1202	孙力	86	79	92	88	89				
5	BC1203	王培楠	75	70	78	74	84				
6	BC1204	李明明	73	89	87	72	97				
7	BC1205	赵晓明	80	88	83	79	66				
8	BC1206	吴强	66	62	87	65	87				
9	BC1207	王小宁	84	100	91	91	74				
10	BC1208	李政强	87	89	90	86	97				
11	BC1209	王辉	69	90	79	71	67				
12	BC1210	刘洋	84	100	68	83	55				
13	BC1211	张兵	71	87	74	70	49				
14	BC1212	杜原圆	96	92	91	75	84				
15	BC1213	刘艳清	46	69	79	75	86				
16	BC1214	方立杰	83	90	51	82	68				
17	BC1215	徐明亮	50	71	61	44	69				
18	BC1216	王旭刚	84	62	86	83	87				
19	BC1217	高欢	72	52	75	71	59				
20	BC1218	彭庆松	82	77	86	81	85				
21	BC1219	李宁	80	87	84	79	66				
22	BC1220	何强	67	78	83	88	66				

图 1-113　期末考试成绩表

（2）在第二行录入字段名，学号可以通过自动填充获得，注意数据类型。

（3）语文成绩录入前加入有效性验证，数据范围 50～100 之间，并设置合理的出错警告，如图 1-114 所示。

图 1-114　“录入错误”对话框

（4）选中区域 A1:K22，复制到剪贴板，选中 Sheet2 中的 A1 单元格，再利用选择性粘贴，将所有数据粘贴到 Sheet2。注意，在“选择性粘贴”对话框中，选中只粘贴“数值”（默认为粘贴“全部”）。后面的所有工作均在 Sheet2 中完成。

（5）用求和函数求出总分，用求平均值函数分别求出各学生的平均分及各课程的平均成绩。并将平均成绩列设置成只保留 2 位小数；将课程平均成绩设置成保留 1 位小数。

（6）利用 RANK 函数按总分降序择序。

（7）利用 IF 函数生成奖学金等级，规则为：前 3 名“一等奖”，4～6 名“二等奖”，7～13 名“三等奖”，其他“四等奖”。

（8）其他表格格式按样表处理。最后通过打印预览看到的排版效果要和样表一致。

（9）将 Sheet2 的工作表名改为“学生成绩表”。

（10）全部处理完成后将工作簿保存，文件名为“Excel 作业.xlsx”。

4．创建一个新工作簿，在 Sheet1 表中编制如图 1-115 所示的某超市第一季度洗衣机销售统计表，并完成下列操作。

	A	B	C	D	E	F	G	H
1	洗衣机销售表							
2	品牌	单价	1月	2月	3月	第一季度销售量	平均销量	销售额
3	小天鹅	1500	110	142	60			
4	海尔	1800	203	243	108			
5	美的	1550	120	135	76			
6	海信	1300	167	172	88			

图 1-115　洗衣机销售表

（1）将该工作表的名称更改为“洗衣机销售统计表”。

（2）在该工作簿中插入一个新工作表，取名为“销售统计表”。

（3）将“洗衣机销售统计表”中的内容复制到 Sheet2、Sheet3、销售统计表中。

（4）在“洗衣机销售统计表”中，运用输入公式的方法，求出各种品牌洗衣机的第一季度销售量、月平均销售量和销售额。

（5）在 Sheet2 工作表中，先利用输入公式的方法，求出“小天鹅”的第一季度销售量、月平均销售量和销售额；再利用复制公式的方法，求出其余各品牌的第一季度销售量、月平均销售量和销售额。

（6）在 Sheet3 工作表中，利用自动求和按钮，求出各品牌的第一季度销售量；在“销售统计表”中，运用输入函数的方法，求出各种品牌洗衣机的第一季度销售量、月平均销售量。

（7）在 Sheet3 工作表中，利用多区域自动求和的方法，求出各品牌的销售量的总和，并将计算结果存放在 B8 单元格中。

（8）在“洗衣机销售统计表”中的“乐声”行上面插入一空行，在该空行的品牌、单价、1 月、2 月、3 月的各栏中分别填入：西门子、1880、120、180、78；最后利用复制公式的方法，求出该品牌的第一季度销售量、月平均销售量和销售额。

（9）在“洗衣机销售统计表”中的“销售额”前插入一空列，并在该列的品牌行输入“平均销售额”；最后利用输入公式和复制公式的方法，求出各品牌的月平均销售额。

（10）在“洗衣机销售统计表”中的下一空行最左边的单元格内填入“合计”，利用自动求和按钮，求出各种品牌洗衣机的 1 月、2 月、3 月销售量合计和销售额合计。

（11）“品牌”列和第 1 行的字符居中，其余各列中的数字右对齐。

（12）将第 3 行的行高设置为“18”。

（13）将第 1 列的列宽设置为“12”。

（14）将表中“单价”列中的数字的格式改为保留 2 位小数。

（15）将“洗衣机销售统计表”增添表格线，内网格线为最细的实线，外框线为最粗实线。

（16）将第 3 行的所有字符的字体设置为楷体、加粗，字号为 12，颜色设置为红色，填充背景色为青绿色。

（17）各品牌名称的字体设置为仿宋题、加粗，字号为 11，颜色设置为绿色，填充背景色为淡黄色。

（18）利用格式刷将该表的格式复制到以 A12 单元格为开始的区域上。

（19）将本工作簿保存在考生文件夹内（自行创建），文件名为“Excel 2003 实验.xlsx”。

5．创建一个新工作簿，并在 Sheet1 工作表中建立如图 1-116 所示的成绩数据表，并完成以下操作：

	A	B	C	D	E	F	G	H	I	J
1	班级编号	学号	姓名	性别	语文	数学	英语	物理	化学	总分
2	11	1261101	程小明	男	78	89	92	49	78	
3	11	1261102	吴文武	男	89	92	94	88	95	
4	11	1261103	张天华	女	65	78	82	48	86	
5	11	1261104	韩未来	女	78	98	67	89	88	
6	11	1261105	黄文健	男	90	83	99	93	93	
7	11	1261106	陈明聪	男	88	89	91	88	92	
8	11	1261107	张立峰	男	96	65	78	64	89	
9	11	1261108	林晓红	女	85	57	79	83	79	
10	11	1261109	赵杰	女	58	89	71	90	88	
11	11	1261110	钱慧兰	女	68	78	50	86	82	

图 1-116　成绩数据表

（1）将学号以“1”开头的所有学生的班级编号改为“12”。

（2）在成绩数据表的最后面追加一条新记录，内容如下：

班级编号	学号	姓名	性别	语文	数学	英语	物理	化学
12	1261211	刘晓庆	男	77	88	69	90	82

（3）将学号为“1261103”的记录删除。

（4）利用公式计算出每个学生的总分。

（5）对该成绩数据表按“语文成绩”从高到低排列，若语文相同，则按“数学成绩”从高到低排列。

（6）将该成绩数据表复制到 Sheet2 中，并将 Sheet1 中的成绩数据表取消排序。

（7）在本工作簿的最后面插入 3 个工作表。

（8）在 Sheet1 中的成绩数据表中，筛选出性别为“女”的记录，并将筛选后的成绩数据表的内容复制到 Sheet3 中，Sheet1 中的原成绩数据表取消筛选。

（9）在 Sheet1 中的成绩数据表中，筛选出语文成绩为 78 或 88 的记录，并将筛选后的成绩数据表的内容复制到 Sheet4 中，Sheet1 中的原成绩数据表取消筛选。

（10）在 Sheet1 中的成绩数据表中，筛选出性别为“女”且语文成绩大于 91 的记录，并将筛选后的成绩数据表的内容复制到 Sheet5 中，Sheet1 中的原成绩数据表取消筛选。

（11）在 Sheet1 中的成绩数据表中，按班级汇总各班级各课程的平均成绩，并将汇总后的成绩数据表的内容复制到 Sheet6 中，Sheet1 中的原成绩数据表取消汇总。

（12）根据成绩数据表建立一个数据透视表，数据源的区域为 B1:J8，字段包含学号、姓名及各课程的成绩。

6．打开“Excel 2016 实验素材”文件夹下的“案例 8-1workday.xlsx”工作簿，“法定假日”工作表给出 2018 年和 2019 年的法定节假日，现需要计算出各订单完成日期（分不含法定假日和含法定假日两种情况）。完成如图 1-117 所示内容。

	A	B	C	D	E
1	生产任务时间管理				
2	名称	开始日期	需要工作日	完成日期（不含法定假日）	完成日期（含法定假日）
3	订单A	2019-02-28	180		
4	订单B	2019-03-20	80		
5	订单C	2019-03-25	100		
6	订单D	2018-06-25	50		
7	订单D	2018-06-25	60		
8	订单E	2018-08-12	30		

图 1-117　“案例 8-1workday.xlsx”工作簿

7．打开“Excel 2016 实验素材”文件夹下的“案例 8-2networkday.xlsx”工作簿，根据给定的“法定假日”运用日期函数计算出“剩余工作日”表中的“总工作日”“已用工作日”“剩余工作日”三个字段。完成如图 1-118 所示内容。

	A	B	C	D	E	F
1	生产任务时间管理					
2	名称	开始日期	结束日期	总工作日	已用工作日	剩余工作日
3	订单A	2019-02-28	2020-03-28			
4	订单B	2019-05-20	2020-12-31			
5	订单C	2019-03-25	2020-08-30			
6	订单D	2018-06-25	2019-06-30			
7	订单D	2018-06-25	2019-12-31			
8	订单E	2018-08-12	2020-03-01			

图 1-118　“案例 8-2networkday.xlsx”工作簿

8．打开“Excel 2016 实验素材”文件夹下的“案例 8-3 工时数.xlsx”工作簿，运用函数计算出每位员工的工时数，如图 1-119 所示。

员工编号	姓名	开始时间	结束时间	工时数
AN0001	王艳艳	8:00 AM	6:00 PM	
AN0002	李潇	9:00 AM	6:30 PM	
AN0003	塔娜	8:30 AM	6:00 PM	
AN0004	张红	9:30 AM	6:00 PM	
AN0005	王珂	8:30 AM	6:00 PM	
AN0006	赵宇轩	9:00 PM	8:00 AM	
AN0007	郭建军	10:00 PM	9:00 AM	
AN0008	王志霞	1:30 PM	11:30 PM	
AN0009	陈兴旺	1:00 PM	9:00 PM	

图 1-119 “案例 8-3 工时数.xlsx”工作簿

9．打开“Excel 2016 实验素材”文件夹下的“案例 8-4 IF.xlsx”工作簿，分析数据，根据所给条件，运用函数给各位客户的“单价”标注在相应位置。

10．打开“Excel 2016 实验素材”文件夹下的“案例 8-5 VLOOKUP.xlsx”工作簿，运用 VLOOKUP、HLOOKUP 函数分别按“店名称”和“产品名称”搜索到相应的销售总额。（需要用到如图 1-120 所示的两个表格。）

店名称	销售总额
商店A	
商店B	
商店C	
商店D	
商店E	
商店F	
商店G	
商店H	
商店I	

产品名称	销售总额
笔记本电脑	
数码相机	
移动电话	
汇总	

图 1-120 “案例 8-5VLOOKUP.xlsx”工作簿

项目实验篇

项目 1　制作员工基本信息表

陈薇，2012 年 9 月参加工作，加入了成都美宁有限公司，岗位为办公室文员。

公司现有员工 25 人，共有 4 个部门：财务部、销售部、技术支持部和办公室。

陈薇进入公司后不久的一天，办公室杨主任吩咐："公司现在规模越来越大，员工也越来越多，每次查某位同事的电话号码时，都要找一大堆资料，很不方便，影响工作效率，你能不能做个员工基本信息表，里面包含公司所有员工的基本信息，例如姓名、职务、电话等，以方便日常工作需要。"

陈薇回答："没问题。不过我需要所有同事的应聘资料。"

任务 1　分析数据、设计表格

陈薇拿到同事们的应聘资料表后，开始分析员工基本信息表里应该包含什么内容，以便做出员工基本信息表的标题行，也就是表的第一行内容。

表中一般应有工号、姓名、岗位、联系电话等项，联系电话可以设计为办公电话和移动电话两项。但为了方便开展一些其他工作，应具备相应的项。例如，统计男女员工比例，应有性别；针对不同部门发布的通知，应有部门；如有特殊情况还应有备注。

陈薇将这个设计思路告诉杨主任后，杨主任非常认同。

根据需求规划表格的内容，这是制作表格的第一步，这一步也是整个工作的基础。

任务 2　录入员工信息的基础数据

陈薇与杨主任交流后，归纳出员工基本信息表应该包括 11 个项目：工号、姓名、性别、部门、岗位、办公电话、移动电话、办公地点、入职日期、E-mail、备注。得到领导确认后，还应考虑这个表格如何做得更加适用和美观。合理布局，提高查找效率。

重要性：哪些数据是查看效率最高的，第一眼就要看到，哪些是关注率最高的。

关联性：把逻辑上相关的信息放在一起便于关联查询，推理记忆。

观赏性：布局要合理，字多的和字少的分配要平衡。

陈薇开始数据录入工作：

（1）打开电脑，单击"开始"→"所有程序"→"Excel 2016"命令。

（2）在 B2:L2 单元格区域输入标题行"工号""姓名""性别"……。

（3）输入每人信息，在表格中横向输入，用 Tab 键横向跳格，输入完 K 列，按 Enter 键换行，直至 25 人的信息输入完成，如图 2-1 所示。

工号	姓名	性别	岗位	部门	入职日期	办公地点	办公电话	移动电话	E-mail	备注
0001	王志远	男	董事长	办公室	2003-09-09	大世界26楼D室	028-8***6926	1*317348876	wangzy@pioneer-tech.com.cn	兼总经理
0002	陈明明	女	经理	财务部	2003-09-10	大世界26楼D室	028-8***6928-8003	1*328929932	chenmm@pioneer-tech.com.cn	
0003	赵永	女	经理	财务部	2003-09-13	大世界30楼D室	028-8***4444	1*554548398	zhaoyong@pioneer-tech.com.cn	
0004	杨莉	男	主任	办公室	2005-09-11	大世界31楼D室	028-8***3252	1*634347890	yangli@pioneer-tech.com.cn	
0005	章昆明	女	经理	办公室	2005-09-11	大世界32楼D室	028-8***8989	1*455556677	zhangkm@pioneer-tech.com.cn	
0006	钱锐	女	业务	办公室	2005-09-12	大世界33楼D室	028-8***5678	1*677883344	qianrui@pioneer-tech.com.cn	
0007	代易	女	经理	办公室	2005-09-13	大世界34楼D室	028-8***3453	1*454543456	daiyi@pioneer-tech.com.cn	
0008	钱军	女	文员	办公室	2008-09-14	大世界35楼D室	028-8***0989	1*454546789	qianjun@pioneer-tech.com.cn	
0009	向蓓蓓	女	经理	办公室	2008-09-16	大世界37楼D室	028-8***8908	1*332324567	xiangpp@pioneer-tech.com.cn	
0010	孙谦	男	业务	技术支持部	2009-09-17	大世界38楼D室	028-8***8978	1*454546789	sunqian@pioneer-tech.com.cn	
0011	徐丽君	女	经理	技术支持部	2009-09-18	大世界39楼D室	028-8***5345	1*234345432	xulj@pioneer-tech.com.cn	
0012	罗先锋	女	经理	技术支持部	2009-09-19	大世界40楼D室	028-8***3453	1*365657667	luoxf@pioneer-tech.com.cn	
0013	李丹青	女	文员	财务部	2010-09-11	大世界26楼D室	028-8***0909	1*523489098	lidq@pioneer-tech.com.cn	
0014	周为远	女	经理	技术支持部	2010-09-20	大世界41楼D室	028-8***8900	1*489897878	zhouwy@pioneer-tech.com.cn	
0015	李大伟	女	经理	技术支持部	2010-09-21	大世界42楼D室	028-8***8999	1*689456765	lidawei@pioneer-tech.com.cn	南京办事处
0016	刘思齐	男	工程师	技术支持部	2010-09-26	大世界47楼D室	028-8***8213	1*454536535	liusq@pioneer-tech.com.cn	
0017	宋晓	男	销售主管	销售部	2011-09-27	大世界48楼D室	028-8***2222	1*454546780	songxiao@pioneer-tech.com.cn	
0018	刘沙沙	女	业务	销售部	2011-09-28	大世界49楼D室	028-8***4334	1*454547890	liuss@pioneer-tech.com.cn	
0019	柳涵	女	主任	销售部	2011-09-29	大世界50楼D室	028-8***3456	1*243431458	liuhan@pioneer-tech.com.cn	
0020	吕伟	女	业务	财务部	2012-09-12	大世界26楼D室	028-8***3333	1*989898989	lvwei@pioneer-tech.com.cn	
0021	陈薇	女	文员	办公室	2012-09-15	大世界36楼D室	028-8***8767	1*456567665	chenwei@pioneer-tech.com.cn	
0022	李勇峰	女	业务	销售部	2012-09-30	大世界51楼D室	028-8***4565	1*509098989	liyf@pioneer-tech.com.cn	
0023	张倩	女	经理	销售部	2012-10-01	大世界52楼D室	028-8***8909	1*409876543	zhangqian@pioneer-tech.com.cn	
0024	童晓琳	女	文员	销售部	2012-10-02	大世界53楼D室	028-8***8902	1*243437860	dongxl@pioneer-tech.com.cn	
0025	文楚媛	女	技术员	销售部	2012-10-03	大世界54楼D室	028-8***8656	1*609987345	wency@pioneer-tech.com.cn	

图 2-1　员工基本信息表

任务 3　优化工作表

下面要设计表的外观，让它既适用又漂亮。表格的美观主要通过表格线框、表格填充颜色和文字字体的搭配实现。陈薇上网看了一下其他公司的员工基本信息表，结合本公司特点，经过思考后决定从以下几方面设计表格外观。

（1）表名（写在表格上方）。

（2）设计能够打印在一张 A4 纸上，便于查找。

（3）线框：表格外框用粗黑线，内线用细黑线。

（4）为了让标题行能够突出显示，且看起来干净素雅，可用淡绿色为衬底。

（5）增加标题行的高度，并且将标题行的文字加粗。

（6）在表格左上角插入公司 LOGO。

参考效果如图 2-2 所示。

成都美宁

员工基本信息表

—成都美宁有限公司

工号	姓名	性别	岗位	部门	入职日期	办公地点	办公电话	移动电话	E-mail	备注
0001	王志远	男	董事长	办公室	2003-09-09	大世界26楼D室	028-8***6926	1*317348876	wangzy@pioneer-tech.com.cn	兼总经理
0002	陈明明	女	经理	财务部	2003-09-10	大世界26楼D室	028-8***6928-8003	1*328929932	chenmm@pioneer-tech.com.cn	
0003	赵永	女	经理	财务部	2003-09-13	大世界30楼D室	028-8***4444	1*554548398	zhaoyong@pioneer-tech.com.cn	
0004	杨莉	男	主任	办公室	2005-09-11	大世界31楼D室	028-8***3252	1*634347890	yangli@pioneer-tech.com.cn	
0005	章昆明	女	经理	办公室	2005-09-11	大世界32楼D室	028-8***8989	1*455556677	zhangkm@pioneer-tech.com.cn	
0006	钱锐	女	业务	办公室	2005-09-12	大世界33楼D室	028-8***5678	1*677883344	qianrui@pioneer-tech.com.cn	
0007	代易	女	经理	办公室	2005-09-13	大世界34楼D室	028-8***3453	1*454543456	daiyi@pioneer-tech.com.cn	
0008	钱军	女	文员	办公室	2008-09-14	大世界35楼D室	028-8***0989	1*454546789	qianjun@pioneer-tech.com.cn	
0009	向蓓蓓	女	经理	办公室	2008-09-16	大世界37楼D室	028-8***8908	1*332324567	xiangpp@pioneer-tech.com.cn	
0010	孙谦	男	业务	技术支持部	2009-09-17	大世界38楼D室	028-8***8978	1*454546789	sunqian@pioneer-tech.com.cn	
0011	徐丽君	女	经理	技术支持部	2009-09-18	大世界39楼D室	028-8***5345	1*234345432	xulj@pioneer-tech.com.cn	
0012	罗先锋	女	经理	技术支持部	2009-09-19	大世界40楼D室	028-8***3453	1*365657667	luoxf@pioneer-tech.com.cn	
0013	李丹青	女	文员	财务部	2010-09-11	大世界26楼D室	028-8***0909	1*523489098	lidq@pioneer-tech.com.cn	
0014	周为远	女	经理	技术支持部	2010-09-20	大世界41楼D室	028-8***8900	1*489897878	zhouwy@pioneer-tech.com.cn	
0015	李大伟	女	经理	技术支持部	2010-09-21	大世界42楼D室	028-8***8999	1*689456765	lidawei@pioneer-tech.com.cn	南京办事处
0016	刘思齐	男	工程师	技术支持部	2010-09-26	大世界47楼D室	028-8***8213	1*454536535	liusq@pioneer-tech.com.cn	
0017	宋晓	男	销售主管	销售部	2011-09-27	大世界48楼D室	028-8***2222	1*454546780	songxiao@pioneer-tech.com.cn	
0018	刘沙沙	女	业务	销售部	2011-09-28	大世界49楼D室	028-8***4334	1*454547890	liuss@pioneer-tech.com.cn	
0019	柳涵	女	主任	销售部	2011-09-29	大世界50楼D室	028-8***3456	1*243431458	liuhan@pioneer-tech.com.cn	
0020	吕伟	女	业务	财务部	2012-09-12	大世界26楼D室	028-8***3333	1*989898989	lvwei@pioneer-tech.com.cn	
0021	陈薇	女	文员	办公室	2012-09-15	大世界36楼D室	028-8***8767	1*456567665	chenwei@pioneer-tech.com.cn	
0022	李勇峰	女	业务	销售部	2012-09-30	大世界51楼D室	028-8***4565	1*509098989	liyf@pioneer-tech.com.cn	
0023	张倩	女	经理	销售部	2012-10-01	大世界52楼D室	028-8***8909	1*409876543	zhangqian@pioneer-tech.com.cn	
0024	童晓琳	女	文员	销售部	2012-10-02	大世界53楼D室	028-8***8902	1*243437860	dongxl@pioneer-tech.com.cn	
0025	文楚媛	女	技术员	销售部	2012-10-03	大世界54楼D室	028-8***8656	1*609987345	wency@pioneer-tech.com.cn	

图 2-2　员工基本信息表效果

最后，陈薇将完成了的公司员工基本信息表提交给了杨主任。

项目工作情况检查单

______年_____月_____日

<table>
<tr><td colspan="2">项目名称</td><td colspan="2"></td></tr>
<tr><td>姓名</td><td></td><td>同组成员</td><td></td></tr>
<tr><td>项
目
目
的</td><td colspan="3"></td></tr>
<tr><td>任
务
过
程</td><td colspan="3"></td></tr>
<tr><td>项
目
总
结</td><td colspan="3">签名：</td></tr>
<tr><td>评
价
及
问
题
分
析</td><td colspan="3">教师签名：</td></tr>
</table>

项目 2　处理人事信息表

陈薇完成公司员工基本信息表后，使得公司人员基本信息的查阅更方便快捷。但是办公室杨主任吩咐：“员工基本信息表的内容有些不够，如果制作一张包含员工更多个人信息的表，既可作为人事信息存档，也可作为工资发放和工作年限的依据，这样更好!”

陈薇接到该任务，从同事们应聘时填的表上查到了身份证号这一重要信息，然后开始对表格进行整理。

任务 1　编辑人事信息表

陈薇打开电脑，启动“开始”→“所有程序”→“Microsoft Excel 2016”命令，开始编制表格。

（1）工号、姓名、入职日期信息从员工基本信息表中复制，并粘贴到该新表中合适的位置。

（2）插入工作年限、身份证号码、性别、出生年份、年龄共 5 列。

（3）合并 A1:H1 单元格区域，第 1 行行高为 40mm，第 2 行行高为 20mm，第 3 行至第 27 行行高为 14.25mm；列宽根据文字调整为最佳。

（4）标题为 18 号宋体；A2:H2 单元格区域的文字为 12 号宋体，加粗，格式为居中；第 3 行至第 27 行文字为 12 号宋体，居中。

（5）设置“身份证号码”所在列为文本类型，录入身份证号码信息。

参考效果如图 2-3 所示。

	A	B	C	D	E	F	G	H
1	员工人事信息							
2	工号	姓名	入职日期	工作年限	身份证号码	性别	出生年份	年龄
3	0001	王志远	2003-09-09		510104197101110311			
4	0002	陈明明	2003-09-10		525102197708250302			
5	0003	赵永	2003-09-13		510104197806251242			
6	0004	杨莉	2005-09-11		510103196708081211			
7	0005	章昆明	2005-09-11		510101198002121121			
8	0006	钱锐	2005-09-12		520101198007160660			
9	0007	代易	2005-09-13		510105197312120223			
10	0008	钱军	2008-09-14		510105197509080606			
11	0009	向蓓蓓	2008-09-16		510106198209090122			
12	0010	孙谦	2009-09-17		51390119810801413X			
13	0011	徐丽君	2009-09-18		510722196910010426			
14	0012	罗先锋	2009-09-19		510321197502284985			
15	0013	李丹青	2010-09-11		421087198210167324			
16	0014	周为远	2010-09-20		510682198306097123			
17	0015	李大伟	2010-09-21		51132419710908192X			
18	0016	刘思齐	2010-09-26		513224197501051092			
19	0017	宋晓	2011-09-27		513824198504203033			
20	0018	刘沙沙	2011-09-28		511022198312108025			
21	0019	柳涵	2011-09-29		500227197505065228			
22	0020	吕伟	2012-09-12		510106197008276226			
23	0021	陈薇	2012-09-15		511521198908184062			
24	0022	李勇峰	2012-09-30		510321198503288443			
25	0023	张倩	2012-10-01		510183199208155886			
26	0024	童晓琳	2012-10-02		510681198502125721			
27	0025	文楚媛	2012-10-03		510681198602125741			

图 2-3　员工人事信息表

任务 2　处理人事信息数据

当今的身份证号码均为 18 位。1985 年我国实行居民身份证制度，当时签发的身份证号码是 15 位的，1999 年签发的身份证由于年份的扩展（由两位变为四位）和末尾加了效验码，就成了 18 位。根据 2011 年 10 月 29 日颁布、新修订的《中华人民共和国居民身份证法》有关规定，号码为 15 位的居民身份证将于 2013 年 1 月 1 日起停止使用。

这两种身份证号码曾在相当长的一段时期内共存。两种身份证号码的含义如下：

（1）18 位的身份证号码。（例如：450104197710101516）

1）第 1～6 位为地区代码，其中第 1、2 位数为各省级政府的代码（广西为 45）；第 3、4 位数为地、市级政府的代码（南宁市为 01），第 5、6 位数为县、区级政府代码（西乡塘区为 04）。

2）第 7～10 位为出生年份（4 位），如 1977。

3）第 11～12 位为出生月份，如 10。

4）第 13～14 位为出生日期，如 10。

5）第 15～17 位为顺序号，为县、区级政府所辖派出所的分配码，每个派出所分配码为 10 个连续号码，例如 150～159，其中单数为男性分配码，双数为女性分配码，如遇同年同月同日有两人以上时顺延第 2、第 3、第 4、第 5 个分配码。

6）第 18 位为效验码（识别码），通过复杂公式算出，普遍采用计算机自动生成。

（2）15 位的身份证号码。

1）第 1～6 位为地区代码。

2）第 7～8 位为出生年份（2 位），第 9～10 位为出生月份，第 11～12 位为出生日期。

3）第 13～15 位为顺序号，并能够判断性别，奇数为男，偶数为女。

作为尾号的校验码，是由号码编制单位按统一的公式计算出来的。如果某人的尾号是 0～9，都不会出现 X，但如果尾号是 10，那么就得用 X 来代替，因为如果用 10 做尾号，此人的身份证号就变成了 19 位。

X 是罗马数字的 10，用 X 来代替 10，可以保证公民的身份证符合国家标准。

利用身份证号进行相关计算的公式如下：

（1）计算工作年限：D3=YEAR(TODAY())-YEAR(C3)。

（2）从身份证号提取性别信息：F3=IF(MOD(MID(E3,17,1),2)=0,"女",IF(MOD(MID(E3,17,1),2)=1,"男","错误"""))。

（3）从身份证号提取出生年份信息：G3=MID(E3,7,4)。

（4）计算年龄：H3=YEAR(TODAY())-G3。

最终效果如图 2-4 所示。

F3　=IF(MOD(MID(E3,17,1),2)=0,"女",IF(MOD(MID(E3,17,1),2)=1,"男","错误""))

	A	B	C	D	E	F	G	H
1	员工人事信息							
2	工号	姓名	入职日期	工作年限	身份证号码	性别	出生年份	年龄
3	0001	王志远	2003-09-09	10	510104197101110311	男	1971	42
4	0002	陈明明	2003-09-10	10	525102197708250302	女	1977	36
5	0003	赵永	2003-09-13	10	510104197806251242	女	1978	35
6	0004	杨莉	2005-09-11	8	510103196708081211	男	1967	46
7	0005	章昆明	2005-09-11	8	510101198002121121	女	1980	33
8	0006	钱锐	2005-09-12	8	520101198007160660	女	1980	33
9	0007	代易	2005-09-13	8	510105197312120223	女	1973	40
10	0008	钱军	2008-09-14	5	510105197509080606	女	1975	38
11	0009	向蓓蓓	2008-09-16	5	510106198209090122	女	1982	31
12	0010	孙谦	2009-09-17	4	51390119810801413X	男	1981	32
13	0011	徐丽君	2009-09-18	4	510722196910010426	女	1969	44
14	0012	罗先锋	2009-09-19	4	510321197502284985	女	1975	38
15	0013	李丹青	2010-09-11	3	421087198210167324	女	1982	31
16	0014	周为远	2010-09-20	3	510682198306097123	女	1983	30
17	0015	李大伟	2010-09-21	3	51132419710908192X	女	1971	42
18	0016	刘思齐	2010-09-26	3	513224197501051092	男	1975	38
19	0017	宋晓	2011-09-27	2	513824198504203033	男	1985	28
20	0018	刘沙沙	2011-09-28	2	511022198312108025	女	1983	30
21	0019	柳涵	2011-09-29	2	500227197505065228	女	1975	38
22	0020	吕伟	2012-09-12	1	510106197008276226	女	1970	43
23	0021	陈薇	2012-09-15	1	511521198908184062	女	1989	24
24	0022	李勇峰	2012-09-30	1	510321198503288443	女	1985	28
25	0023	张倩	2012-10-01	1	510183199208155886	女	1992	21
26	0024	童晓琳	2012-10-02	1	510681198502125721	女	1985	28
27	0025	文楚媛	2012-10-03	1	510681198602125741	女	1986	27

图 2-4　员工人事信息表效果

项目工作情况检查单

______年____月____日

<table>
<tr><td colspan="2">项目名称</td><td colspan="2"></td></tr>
<tr><td>姓名</td><td></td><td>同组成员</td><td></td></tr>
<tr><td>项目目的</td><td colspan="3"></td></tr>
<tr><td>任务过程</td><td colspan="3"></td></tr>
<tr><td>项目总结</td><td colspan="3">签名：</td></tr>
<tr><td>评价及问题分析</td><td colspan="3">教师签名：</td></tr>
</table>

项目3　制作员工工资表

公司财务部赵经理吩咐吕伟制作一张员工工资表，要求实用、美观。赵经理告诉吕伟目前公司员工的收入分别由基本工资、奖金、补贴、加班费等构成，实发的时候要扣掉养老保险、医疗保险、失业保险、公积金、请假扣款等项目。

赵经理还提醒，表格中的数据本身并不是很重要，主要是样式和计算公式，所给的工资数据是虚拟的，这些可以自己改，但是各项的系数都是真实的。例如，销售人员的提成比例、公积金的提取比例等不要有任何改动。希望在表格中只要输入基本工资、奖金等，表格就能自动算出公积金、个人所得税、应发工资、实发工资等。

工资表完成后，当查询某一个员工的各项工资信息时，只需要选择该员工的编号就可以实现，因此按照此要求吕伟还需设计制作一张工资查询表。

任务1　分析数据、设计表格

了解以上要求后，吕伟开始思考表格需要的条目。一般应该有员工的工号、姓名、部门，工资组成部分主要有应发工资、应扣款项和实发工资。

接下来，需要把表头设计出来，也就是表头的顺序和样式。序号、工号、人员编号、姓名、部门名称、基本工资、奖金、补贴、加班费、应发合计、养老保险、医疗保险、失业保险、公积金、请假、应扣合计、月工资、个人所得税、实发工资等。

其中：公积金提取比例是应发合计的10%

　　养老保险提取比例是基本工资的8%

　　医疗保险提取比例是基本工资的2%

　　失业保险提取比例是基本工资的1%

2018年10月1日起调整后，现在实行7级超额累进个人所得税税率（见表2-1），个税免征额为5000元（工资薪金所得适用）。

表2-1　7级超额累进个人所得税税率表

级数	全月应纳税所得额（含税级距）	税率(%)	速算扣除数
1	不超过1500元	3	0
2	超过1500元至4500元的部分	10	105
3	超过4500元至9000元的部分	20	555
4	超过9000元至35000元的部分	25	1005

续表

级数	全月应纳税所得额（含税级距）	税率(%)	速算扣除数
5	超过 35000 元至 55000 元的部分	30	2755
6	超过 55000 元至 80000 元的部分	35	5505
7	超过 80000 元的部分	45	13505

例如，某人某月工资减去社保个人缴纳金额和住房公积金个人缴纳金额后为 7000 元，个税计算：(7000-5000)*10%-105=95 元。

任务 2　录入并编辑员工工资表基础数据

参照表 2-2 所示录入员工工资表原始数据，并按任务 1 的相关分析进行公式设置。

表 2-2　员工工资表

单位：元

序号	工号	人员编号	姓名	部门名称	基本工资	奖金	补贴	加班费	请假
01	0001	wzy	王志远	办公室	5000	1500	200	70	0
02	0002	cmm	陈明明	财务部	5000	1500	200	327	0
03	0003	ldq	李丹青	财务部	3200	1300	200	0	0
04	0004	lw	吕伟	办公室	4800	1500	200	0	0
05	0005	zy	赵永	办公室	2000	1200	200	0	0
06	0006	yl	杨莉	办公室	4800	1300	200	50	0
07	0007	zkm	章昆明	办公室	2200	1500	100	0	80
08	0008	qy	钱锐	办公室	2600	1300	100	0	0
09	0009	dy	代易	办公室	2880	1200	100	80	0
10	0010	qj	钱军	技术支持部	3800	1500	200	0	0
11	0011	cw	陈薇	技术支持部	2500	1350	200	0	0
12	0012	xb	向蓓蓓	技术支持部	2880	1100	100	0	0
13	0013	sq	孙谦	财务部	2880	1500	100	100	20
14	0014	xlj	徐丽君	技术支持部	2850	1500	100	85	0
15	0015	lxf	罗先锋	技术支持部	2880	1300	100	23	0
16	0016	zwy	周为远	技术支持部	2880	1500	100	120	0
17	0017	ldw	李大伟	销售部	2880	1200	100	230	0
18	0018	lsq	刘思齐	销售部	2880	1300	100	23	0
19	0019	sx	宋晓	销售部	2200	2500	200	0	0
20	0020	lss	刘沙沙	财务部	2200	2300	200	230	0
21	0021	lh	柳涵	办公室	2200	2200	100	150	80
22	0022	lyf	李勇峰	销售部	2200	2500	100	180	0
23	0023	zq	张倩	销售部	2200	2350	100	120	0
24	0024	dxl	童晓琳	销售部	2200	2200	200	180	0
25	0025	wcy	文楚媛	销售部	2200	2200	200	150	20

（1）输入原始数据。

（2）设置标题行底纹以区分字段类别。

（3）标题行前插入一行，以区分工资表的大类别。

（4）设置序号列，使用自动填充。

（5）基本工资、奖金、补贴、加班费、应发合计、养老保险、医疗保险、失业保险、公积金、请假、应扣合计、月工资、个人所得税、实发工资设置为数值型并保留整数。

（6）设置表格边框线，外边框为双线型，内部为单线型。

效果如图 2-5 所示。

①工资发放对象				②工资加项					③工资减项								④实发工资	
序号	工号	人员编号	姓名	部门名称	基本工资	奖金	补贴	加班费	应发合计	养老保险	医疗保险	失业保险	公积金	请假	应扣合计	月工资	个人所得税	实发工资
01	0001	wzy	王志远	办公室	5000	1500	200	70										
02	0002	cmm	陈明明	财务部	5000	1500	200	327										
03	0003	ldq	李丹青	财务部	3200	1300	200	0										
04	0004	lw	吕伟	办公室	4800	1500	200	0										
05	0005	zy	赵永	办公室	2000	1200	200	0										
06	0006	yl	杨莉	办公室	4800	1300	200	50										
07	0007	zkm	章昆明	办公室	2200	1500	100	0						80				
08	0008	qy	钱锐	办公室	2600	1300	100	0										
09	0009	dy	代易	办公室	2880	1200	100	80										
10	0010	qj	钱军	技术支持部	3800	1500	200	0										
11	0011	cw	陈薇	技术支持部	2500	1350	200	0										
12	0012	xb	向蓓蓓	技术支持部	2880	1100	100	0										
13	0013	sq	孙谦	财务部	2880	1500	100	100						20				
14	0014	xlj	徐丽君	技术支持部	2850	1500	100	85										
15	0015	lxf	罗先锋	技术支持部	2880	1300	100	23										
16	0016	zwy	周为远	技术支持部	2880	1500	100	120										
17	0017	ldw	李大伟	销售部	2880	1200	100	230										
18	0018	lsq	刘思齐	销售部	2880	1300	100	23										
19	0019	sx	宋晓	销售部	2200	2500	200	0										
20	0020	lss	刘沙沙	财务部	2200	2300	200	230										
21	0021	lh	柳涵	办公室	2200	2200	100	150						80				
22	0022	lyf	李勇峰	销售部	2200	2500	100	180										
23	0023	zq	张倩	销售部	2200	2350	100	120										
24	0024	dxl	董晓琳	销售部	2200	2200	200	180										
25	0025	wcy	文楚媛	销售部	2200	2200	200	150						20				

图 2-5　员工工资表

任务 3　计算工资数据

利用公式及函数计算各部分需要的数据。

（1）应发合计：J3=SUM (F3:I3)。

（2）养老保险：K3=F3*8%。

（3）医疗保险：L3=F3*2%。

（4）失业保险：M3=F3*1%。

（5）公积金：N3=J3*10%。

（6）应扣合计：P3=SUM (K3:O3)。

（7）月工资：Q3=J3-P3。

（8）个人所得税。

1）在 A30:E38 区域制作 7 级个人所得税税率表，如图 2-6 所示。

2）在员工工资表中，“个人所得税”列前插入两列，分别命名为“税率”列与“速算扣除数”列。

3）税率：R3=VLOOKUP(Q3,$B$32:$E$38,3,1)。

4）速算扣除数：S3=VLOOKUP(Q3,$B$32:$E$38,4,1)。

	A	B	C	D	E
30	7级个人所得税税率表				
31	级数	应税所得超过	且不超过	税率(%)	速算扣除数
32	1	0	1500	3	0
33	2	1500.001	4500	10	105
34	3	4500.001	9000	20	555
35	4	9000.001	35000	25	1,005
36	5	35000.001	55000	30	2,755
37	6	55000.001	80000	35	5,505
38	7	80000.001		45	13,505

图 2-6 7 级个人所得税税率表

5）个人所得税 T3=Q3*R3/100-S3。效果如图 2-7 所示。

R3 =VLOOKUP(Q3,$B$32:$E$38,3,1)

	D	R	S	T	U
1	①工资发放对象	④实发工资			
2	姓名	税率	速算扣除数	个人所得税	实发工资
3	王志远	20	555	554	4989
4	陈明明	20	555	600	5174
5	李丹青	10	105	283	3595
6	吕伟	20	555	509	4813
7	赵永	10	105	179	2661
8	杨莉	20	555	482	4705
9	章昆明	10	105	205	2893
10	钱锐	10	105	226	3088

图 2-7 VLOOKUP 函数计算个人所得税

6）隐藏"税率"列与"速算扣除数"列。

（9）实发工资：U3=Q3-T3。

最终计算效果如图 2-8 所示。

T3 =Q3*R3/100-S3

	A	B	C	D	E	F	G	H	I	J	K	L	M	N	O	P	Q	T	U
1	①工资发放对象					②工资加项					③工资减项							④实发工资	
2	序号	工号	人员编号	姓名	部门名称	基本工资	奖金	补贴	加班费	应发合计	养老保险	医疗保险	失业保险	公积金	请假	应扣合计	月工资	个人所得税	实发工资
3	01	0001	wzy	王志远	办公室	5000	1500	200	70	6770	400	100	50	677	0	1227	5543	554	4989
4	02	0002	cmm	陈明明	财务部	5000	1500	200	327	7027	400	100	50	703	0	1253	5774	600	5174
5	03	0003	ldq	李丹青	财务部	3200	1300	200	0	4700	256	64	32	470	0	822	3878	283	3595
6	04	0004	lw	吕伟	办公室	4800	1500	200	0	6500	384	96	48	650	0	1178	5322	509	4813
7	05	0005	zy	赵永	办公室	2000	1200	200	0	3400	160	40	20	340	0	560	2840	179	2661
8	06	0006	yl	杨莉	办公室	4800	1300	200	50	6350	384	96	48	635	0	1163	5187	482	4705
9	07	0007	zkm	章昆明	办公室	2200	1500	100	0	3800	176	44	22	380	80	702	3098	205	2893
10	08	0008	qy	钱锐	办公室	2600	1300	100	0	4000	208	52	26	400	0	686	3314	226	3088
11	09	0009	dy	代易	办公室	2880	1200	100	80	4260	230	58	29	426	0	743	3517	247	3270
12	10	0010	qj	钱军	技术支持部	3800	1500	200	0	5500	304	76	38	550	0	968	4532	351	4181
13	11	0011	cw	陈薇	技术支持部	2500	1350	200	0	4050	200	50	25	405	0	680	3370	232	3138
14	12	0012	xb	向蓓蓓	技术支持部	2880	1100	100	0	4080	230	58	29	408	0	725	3355	231	3124
15	13	0013	sq	孙谦	财务部	2880	1500	100	100	4580	230	58	29	458	20	795	3785	274	3511
16	14	0014	xlj	徐丽君	技术支持部	2850	1500	100	85	4535	228	57	29	454	0	768	3767	272	3495
17	15	0015	lxf	罗先锋	技术支持部	2880	1300	100	23	4303	230	58	29	430	0	747	3556	251	3305
18	16	0016	zwy	周为远	技术支持部	2880	1500	100	120	4600	230	58	29	460	0	777	3823	277	3546
19	17	0017	ldy	李大伟	销售部	2880	1200	100	230	4410	230	58	29	441	0	758	3652	260	3392
20	18	0018	lsq	刘思齐	销售部	2880	1300	100	23	4303	230	58	29	430	0	747	3556	251	3305
21	19	0019	sx	宋晓	销售部	2200	2500	200	0	4900	176	44	22	490	0	732	4168	312	3856
22	20	0020	lss	刘沙沙	财务部	2200	2300	200	230	4930	176	44	22	493	0	735	4195	315	3880
23	21	0021	lh	柳涵	办公室	2200	2200	100	150	4650	176	44	22	465	80	787	3863	281	3582
24	22	0022	lyf	李勇峰	销售部	2200	2500	100	180	4980	176	44	22	498	0	740	4240	319	3921
25	23	0023	zq	张倩	销售部	2200	2350	100	120	4770	176	44	22	477	0	719	4051	300	3751
26	24	0024	dxl	董晓琳	销售部	2200	2200	200	180	4780	176	44	22	478	0	720	4060	301	3759
27	25	0025	wcy	文楚媛	销售部	2200	2200	200	150	4750	176	44	22	475	20	737	4013	296	3717

图 2-8 计算工资数据结果

任务 4　制作工资查询表

（1）选择员工工资表 C2:U2 区域，在“工资查询表”工作表 A2 单元格单击“开始”功能区的“剪贴板”命令，单击“粘贴”下拉按钮，选择“粘贴”中“转置”选项，完成查询项目的制作。

（2）选择员工工资表 C3:C27 区域，单击“公式”功能区“定义名称”，打开“新建名称”对话框，进行如图 2-9 所示的设置。

（3）选择员工工资表 B2 单元格，单击“数据”功能区的“数据验证”命令，打开“数据验证”对话框，设置验证条件，如图 2-10 所示。

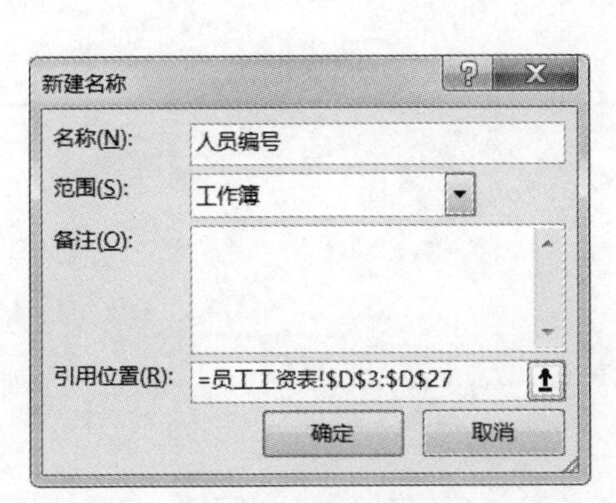

图 2-9　新建名称

图 2-10　设置数据有效性

（4）使用 VLOOKUP 函数计算 B3 至 B20 单元格数据：B3=VLOOKUP($B$2,员工工资表!C:U,ROW()-1,0)，然后拖拽填充柄，填充至 B20 单元格。如图 2-11 所示。

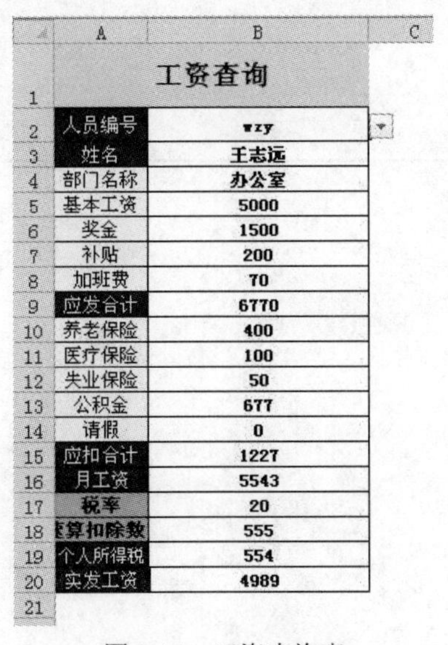

	A	B	C
1	工资查询		
2	人员编号	wzy	
3	姓名	王志远	
4	部门名称	办公室	
5	基本工资	5000	
6	奖金	1500	
7	补贴	200	
8	加班费	70	
9	应发合计	6770	
10	养老保险	400	
11	医疗保险	100	
12	失业保险	50	
13	公积金	677	
14	请假	0	
15	应扣合计	1227	
16	月工资	5543	
17	税率	20	
18	速算扣除数	555	
19	个人所得税	554	
20	实发工资	4989	
21			

图 2-11　工资查询表

最后，吕伟将制作完成的员工工资表和工资查询表提交给了财务领导。

项目工作情况检查单

______年_____月_____日

<table>
<tr><td colspan="2">项目名称</td><td colspan="2"></td></tr>
<tr><td>姓名</td><td></td><td>同组成员</td><td></td></tr>
<tr><td>项目目的</td><td colspan="3"></td></tr>
<tr><td>任务过程</td><td colspan="3"></td></tr>
<tr><td>项目总结</td><td colspan="3">签名：</td></tr>
<tr><td>评价及问题分析</td><td colspan="3">教师签名：</td></tr>
</table>

项目 4　制作公司销售分析表

张倩是一名销售人员，如何利用工作表能更直观清晰地显示销售业绩、商品销售情况变化趋势等信息，她想到了 Excel 2016 图表功能可以帮助她完成这样的工作。

根据工作需要，张倩准备先完成产品销售表标题行的编制，根据以前学过的知识可以容易地制作出标题行，并在此基础上完成原始记录的输入。

接着要把每一条销售记录输入到产品销售表中，这一步很重要，只有记录下准确的原始销售信息，才能为以后的数据处理打下良好的基础。

任务 1　编制产品销售表

录入原始数据如表 2-3 所示。

表 2-3　产品销售表

产品名称	单价（元）	销售数量	销售金额（元）	销售人员
LG 冰箱	2600	2		张倩
LG 冰箱	2600	2		张倩
LG 冰箱	2600	3		童晓琳
LG 高清液晶彩电	7100	2		李勇峰
LG 高清液晶彩电	7100	4		张倩
LG 高清液晶彩电	7100	1		童晓琳
奥克斯空调	1990	6		童晓琳
奥克斯空调	1990	6		宋晓
飞利浦液晶彩电	4500	5		李勇峰
飞利浦液晶彩电	4500	4		张倩
飞利浦液晶彩电	4500	5		张倩
飞利浦液晶彩电	4500	2		童晓琳
飞利浦液晶彩电	4500	5		宋晓
九阳豆浆机	372	5		张倩
九阳豆浆机	372	5		张倩
九阳豆浆机	372	1		张倩
九阳豆浆机	372	6		童晓琳

续表

产品名称	单价（元）	销售数量	销售金额（元）	销售人员
九阳豆浆机	372	2		宋晓
美的电饭煲	427	8		李勇峰
美的电饭煲	427	2		张倩
美的电饭煲	427	5		宋晓
前锋热水器	1187	6		张倩
前锋热水器	1187	5		童晓琳
前锋热水器	1187	8		宋晓
小天鹅洗衣机	3080	3		李勇峰
小天鹅洗衣机	3080	5		宋晓

（1）优化表格。

1）设置标题为楷体、20 号、加粗、合并居中显示。

2）为表格加边框，为标题行添加底纹。

3）取消网格线。

4）数值居中对齐，并设置销售金额列为“会计专用”，保留整数。

5）选择 B3 单元格，冻结拆分窗口。

（2）修改工作表的名称为“销售表”。最后效果如图 2-12 所示。

	A	B	C	D	E
1	美宁电器5月销售表(部分)				
2	产品名称	单价(元)	销售数量	销售金额（元）	销售人员
3	LG冰箱	2600	2	¥ 5,200	张倩
4	LG冰箱	2600	2	¥ 5,200	张倩
5	LG冰箱	2600	3	¥ 7,800	童晓琳
6	LG高清液晶彩电	7100	2	¥ 14,200	李勇峰
7	LG高清液晶彩电	7100	4	¥ 28,400	张倩
8	LG高清液晶彩电	7100	1	¥ 7,100	童晓琳
9	奥克斯空调	1990	6	¥ 11,940	童晓琳
10	奥克斯空调	1990	6	¥ 11,940	宋晓
11	飞利浦液晶彩电	4500	5	¥ 22,500	李勇峰
12	飞利浦液晶彩电	4500	4	¥ 18,000	张倩
13	飞利浦液晶彩电	4500	5	¥ 22,500	张倩
14	飞利浦液晶彩电	4500	2	¥ 9,000	童晓琳
15	飞利浦液晶彩电	4500	5	¥ 22,500	宋晓
16	九阳豆浆机	372	5	¥ 1,860	张倩
17	九阳豆浆机	372	5	¥ 1,860	张倩
18	九阳豆浆机	372	1	¥ 372	张倩
19	九阳豆浆机	372	6	¥ 2,232	童晓琳
20	九阳豆浆机	372	2	¥ 744	宋晓
21	美的电饭煲	427	8	¥ 3,416	李勇峰
22	美的电饭煲	427	2	¥ 854	张倩
23	美的电饭煲	427	5	¥ 2,135	宋晓
24	前锋热水器	1187	6	¥ 7,122	张倩
25	前锋热水器	1187	5	¥ 5,935	童晓琳
26	前锋热水器	1187	8	¥ 9,496	宋晓
27	小天鹅洗衣机	3080	3	¥ 9,240	李勇峰
28	小天鹅洗衣机	3080	5	¥ 15,400	宋晓

图 2-12 销售表

任务 2　处理产品销售数据

（1）新建一个工作表，将“销售表”工作表中数据复制到该工作表中。

（2）将工作表改名为“数据处理表”。

（3）在该“数据处理表”中，进行分类汇总，统计每名销售员的销售总量，并汇总出每名销售员的销售总金额。

1）按照“销售人员”进行排序。

2）分类汇总，具体设置如图 2-13 所示。

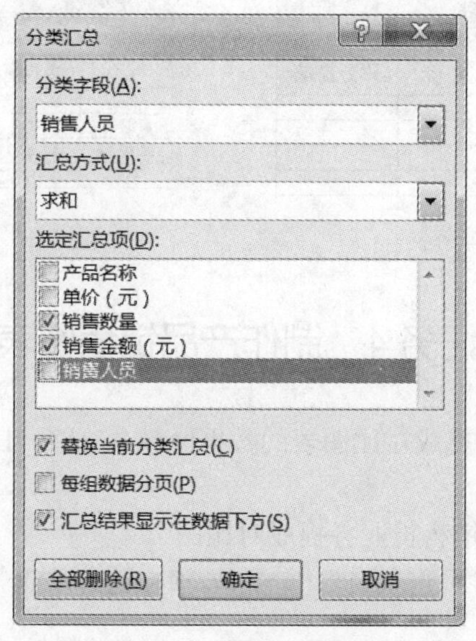

图 2-13　分类汇总设置

（4）将统计结果以底纹颜色突出显示并 2 级显示。最后效果如图 2-14 所示。

	A	B	C	D	E
1	美宁电器5月销售表(部分)				
2	产品名称	单价(元)	销售数量	销售金额（元）	销售人员
7			18	¥ 49,356	李勇峰 汇总
14			31	¥ 62,215	宋晓 汇总
21			23	¥ 44,007	童晓琳 汇总
32			36	¥ 91,368	张倩 汇总
33			108	¥ 246,946	总计
34					
35					

图 2-14　分类汇总结果

任务 3　分析产品销售排名

（1）新建一个工作表，并改名为“销售排名表”。

（2）在 A1:D6 单元格制作如图 2-15 所示的“5 月销售排名表”。

（3）计算销售金额：B3=SUMIF(销售表!$E$3:$E$28,A3,销售表!$D$3:$D$28)。

（4）计算销售排名：C3=RANK(B3,$B$3:$B$6,0)。

（5）评价销售成绩：如果销售金额小于 50000 则一般，大于 50000 小于 80000 则良好，大于 80000 则优秀。D3=IF(B3<50000,"一般",IF(B3<80000,"良好","优秀"))。

（6）计算业务提成：如果销售金额小于 50000，则提成为销售金额的 4‰，如果销售金额在 50000 到 80000 之间，则业务提成为销售金额的 5‰，如果销售金额大于 80000，则业务提成为销售金额的 6‰。E3=IF (B3<50000,B3*0.004,IF(B3<80000,B3*0.005,B3*0.006))。

销售数据分析结果如图 2-16 所示。

	A	B	C	D	E
1	5月销售排名				
2	姓名	销售金额	销售排名	评价	业务提成
3	张倩				
4	童晓琳				
5	李勇峰				
6	宋晓				
7					

图 2-15　5 月销售排名表

	A	B	C	D	E
1	5月销售排名				
2	姓名	销售金额	销售排名	评价	业务提成
3	张倩	¥ 91,368	1	优秀	¥ 548.21
4	童晓琳	¥ 44,007	4	一般	¥ 176.03
5	李勇峰	¥ 49,356	3	一般	¥ 197.42
6	宋晓	¥ 62,215	2	良好	¥ 311.08
7					

图 2-16　5 月销售排名表结果

任务 4　制作产品销售图表

（1）选择用于创建业务提成对比图表的数据区域 A2:A6，E2:E6。

（2）使用簇状柱形图。

（3）图表标题为“5 月销售员业务提成对比图”。

（4）分类 X 轴标题为“销售人员”，分类 Y 轴标题为“业务提成”。

（5）更改图表属性：

1）调整图表位置与大小。

2）更改图表区背景为“淡黄色”渐变色。

3）设置数据标签为“数据标签外”。

4）显示“模拟运算表”。

最后效果如图 2-17 所示。

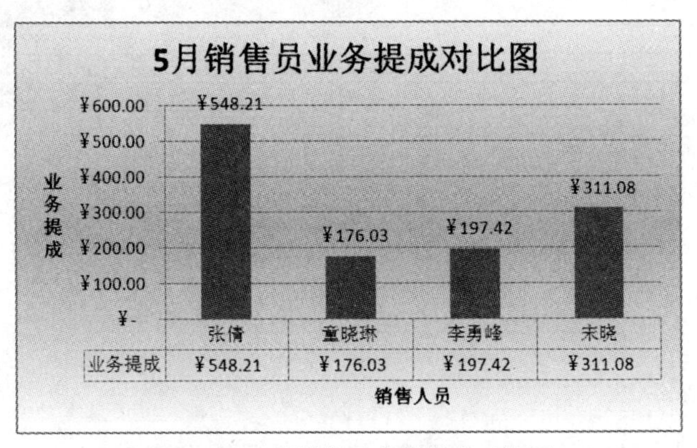

图 2-17　5 月销售员业务提成对比图

项目工作情况检查单

_______年_____月_____日

<table>
<tr><td colspan="2">项目名称</td><td colspan="2"></td></tr>
<tr><td>姓名</td><td></td><td>同组成员</td><td></td></tr>
<tr><td>项目目的</td><td colspan="3"></td></tr>
<tr><td>任务过程</td><td colspan="3"></td></tr>
<tr><td>项目总结</td><td colspan="3">签名：</td></tr>
<tr><td>评价及问题分析</td><td colspan="3">教师签名：</td></tr>
</table>

项目 5　处理特殊表格

陈薇是公司办公室文员，张倩、吕伟分别是公司销售部、财务部新来的员工，他们经常会遇到一些大型表格的处理工作，如编辑、打印、浏览等。由于计算机屏幕有限，不会在一屏中显示完整的表格信息，或打印时要分页完成，在编辑、浏览表格时，为了能更加方便、快速、准确地完成工作，且打印美观、漂亮。陈薇、张倩、吕伟各自采用了一些方法，较好地完成了工作。

任务 1　管理员工基本信息

1. 创建表格（也可参见项目 1）

（1）新建工作簿，将 Sheet1 命名为“员工基本信息表”。

（2）在 B2:L2 单元格区域输入列标题：工号、姓名、性别、岗位、部门、入职日期、办公地点、办公电话、移动电话、E-mail、备注。其中工号、办公电话、移动电话列设置为文本格式，如图 2-18 所示。

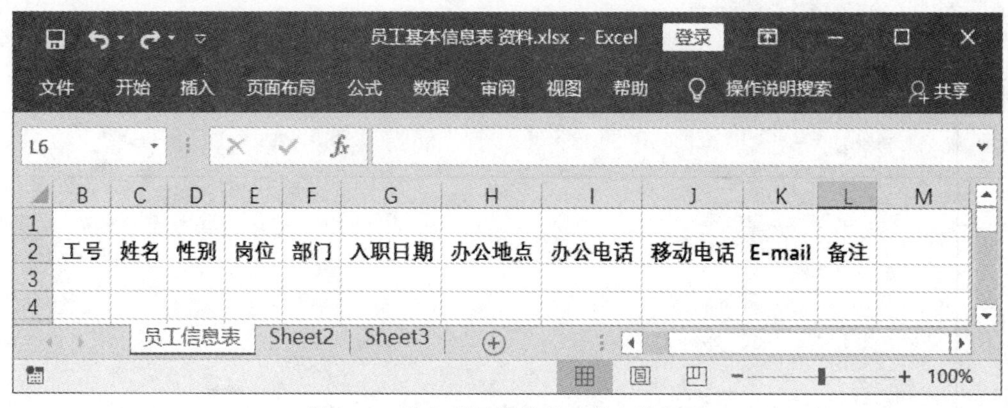

图 2-18　输入列标题的员工基本信息表

（3）输入每个人的信息，即在表格中横向输入，用 Tab 键向右跳格，输入完 L 列“备注”数据后按 Enter 键换行，直至 25 人的信息输入完成，录入完成后的员工基本信息表如图 2-19 所示。

工号	姓名	性别	岗位	部门	入职日期	办公地点	办公电话	移动电话	E-mail	备注
0001	王志远	男	董事长	办公室	2003-09-09	大世界26楼D室	028-8***6926	1*317348876	wangzy@pioneer-tech.com.cn	兼总经理
0002	陈明明	女	经理	财务部	2003-09-10	大世界26楼D室	028-8***6928-8003	1*328929932	chenmm@pioneer-tech.com.cn	
0003	赵永	女	经理	财务部	2003-09-13	大世界30楼D室	028-8***4444	1*554548398	zhaoyong@pioneer-tech.com.cn	
0004	杨莉	男	主任	办公室	2005-09-11	大世界31楼D室	028-8***3252	1*634347890	yangli@pioneer-tech.com.cn	
0005	章昆明	女	经理	办公室	2005-09-11	大世界32楼D室	028-8***8989	1*455556677	zhangkm@pioneer-tech.com.cn	
0006	钱锐	女	业务	办公室	2005-09-12	大世界33楼D室	028-8***5678	1*677883344	qianrui@pioneer-tech.com.cn	
0007	代易	女	经理	办公室	2005-09-13	大世界34楼D室	028-8***3453	1*454543456	daiyi@pioneer-tech.com.cn	
0008	钱军	女	文员	办公室	2008-09-14	大世界35楼D室	028-8***0989	1*454546789	qianjun@pioneer-tech.com.cn	
0009	向蓓蓓	女	经理	办公室	2008-09-16	大世界37楼D室	028-8***8908	1*332324567	xiangpp@pioneer-tech.com.cn	
0010	孙谦	男	业务	技术支持部	2009-09-17	大世界38楼D室	028-8***8978	1*454546789	sunqian@pioneer-tech.com.cn	
0011	徐丽君	女	经理	技术支持部	2009-09-18	大世界39楼D室	028-8***5345	1*234345432	xulj@pioneer-tech.com.cn	
0012	罗先锋	女	经理	技术支持部	2009-09-19	大世界40楼D室	028-8***3453	1*365657667	luoxf@pioneer-tech.com.cn	
0013	李丹青	女	文员	财务部	2010-09-11	大世界26楼D室	028-8***0909	1*523489098	lidq@pioneer-tech.com.cn	
0014	周为远	女	经理	技术支持部	2010-09-20	大世界41楼D室	028-8***8900	1*489897878	zhouwy@pioneer-tech.com.cn	
0015	李大伟	女	经理	技术支持部	2010-09-21	大世界42楼D室	028-8***8999	1*689456765	lidawei@pioneer-tech.com.cn	南京办事处
0016	刘思齐	男	工程师	技术支持部	2010-09-26	大世界47楼D室	028-8***8213	1*454536535	liusq@pioneer-tech.com.cn	
0017	宋晓	男	销售主管	销售部	2011-09-27	大世界48楼D室	028-8***2222	1*454546780	songxiao@pioneer-tech.com.cn	
0018	刘沙沙	女	业务	销售部	2011-09-28	大世界49楼D室	028-8***4334	1*454547890	liuss@pioneer-tech.com.cn	
0019	柳涵	女	主任	销售部	2011-09-29	大世界50楼D室	028-8***3456	1*243431458	liuhan@pioneer-tech.com.cn	
0020	吕伟	女	业务	财务部	2012-09-12	大世界26楼D室	028-8***3333	1*989898989	lvwei@pioneer-tech.com.cn	
0021	陈薇	女	文员	办公室	2012-09-15	大世界36楼D室	028-8***8767	1*456567665	chenwei@pioneer-tech.com.cn	
0022	李勇峰	女	业务	销售部	2012-09-30	大世界51楼D室	028-8***4565	1*509098989	liyf@pioneer-tech.com.cn	
0023	张倩	女	经理	销售部	2012-10-01	大世界52楼D室	028-8***8909	1*409876543	zhangqian@pioneer-tech.com.cn	
0024	童晓琳	女	文员	销售部	2012-10-02	大世界53楼D室	028-8***8902	1*243437860	dongxl@pioneer-tech.com.cn	
0025	文楚媛	女	技术员	销售部	2012-10-03	大世界54楼D室	028-8***8656	1*609987345	wency@pioneer-tech.com.cn	

图 2-19　录入完成后的员工基本信息表

（4）调整表格的行高和列宽，鼠标指针指向行标或列标进行拖动即可完成。

（5）设置单元格边框，在选择较大区域时，鼠标拖动不方便，可用 Shift 键来配合选中区域。

（6）调整表格中文字的对齐方式，为表格添加上表头内容：员工基本信息表。

2. *页面设置*

（1）从整体看来，这个表格项目比较多，而员工数量不是很多，因此，纸张横向打印比较好。先来设置纸型，选择“页面布局”功能区的“页面设置”组，在弹出的“页面设置”对话框中选择“页面”选项卡，在“方向”区域中选择“横向”，单击“确定”按钮，如图 2-20 所示。

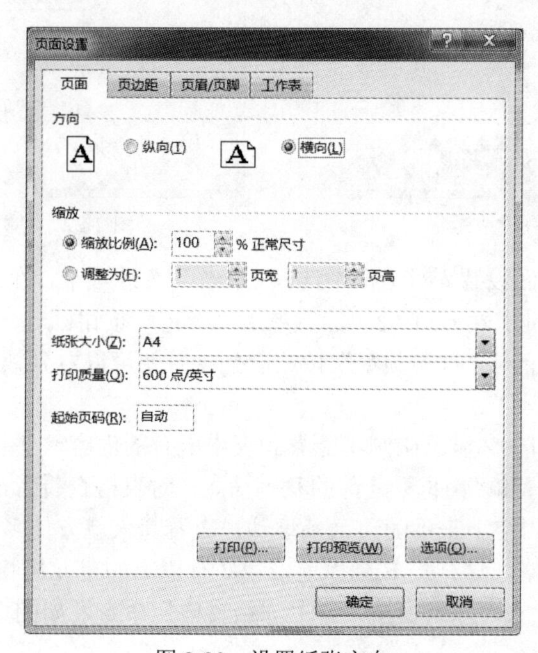

图 2-20　设置纸张方向

（2）执行“文件”→“打印”命令，显示打印预览效果，注意看表格中的内容是否在一张纸的范围内。

（3）为了能让表格打印在一张纸上，可以调整一下页边距，在执行“文件”→“打印”命令后，在显示打印预览效果的右下角位置单击“显示边距”按钮，可对页边距进行调整。同样在“页面设置”对话框的“页边距”选项卡上，在“上”“下”“左”“右”区域中分别设置相应的数值来调整页边距，如图 2-21 所示。此时若表格还是无法在一张纸中打印，可以手动一列一列地调整。

3. 打印标题

当表格数据较多，需要多张纸打印时，通常打印的多张表格中只有第一张纸有表头（表名和标题行），这时就要用到“打印标题”的功能了。

（1）执行“页面布局”→“页面设置”命令，打开“页面设置”对话框，如图 2-22 所示。

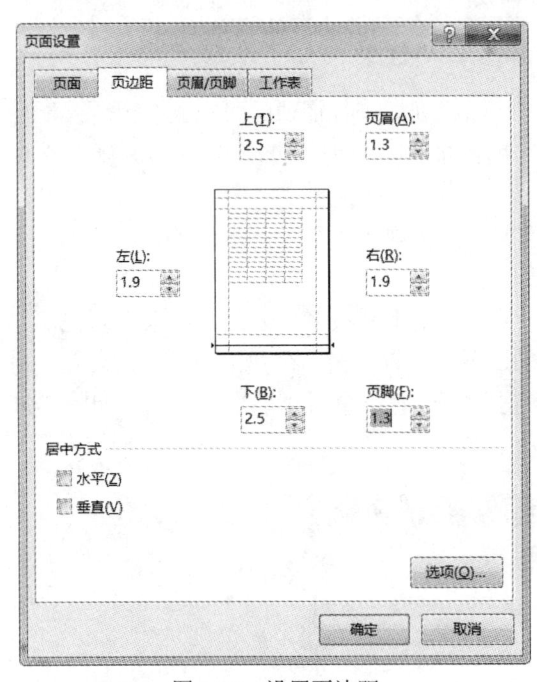

图 2-21 设置页边距

图 2-22 “页面设置”对话框

（2）在打开的“页面设置”对话框中选择“工作表”选项卡，在“打印标题”区域的“顶端标题行”右边的文本框中输入$1:$2，然后单击“确定”按钮。

完成本操作之后，单击“打印预览”按钮，翻页时就可以看到效果了。

4. 冻结窗口

当表格较大时，以 100%显示比例不能看到表中所有的内容，并且有时会因滚动屏幕，看不到标题行。但是标题行和“岗位”之前的几列信息，对表格查看者来说通常都比较重要，如果将标题行和前面几列固定下来不随滚动条滚动，查看起来就方便多了。

（1）选择 E3 单元格，这样第 E 列以前，第 3 行以上的单元格将被冻结。

（2）执行“视图”→“冻结窗格”→“冻结窗格”命令，如图 2-23 所示。

工号	姓名	性别	办公电话	移动电话	E-mail	备注
0001	王志远	男	028-8***6926	1*317348876	wangzy@pioneer-tech.com.cn	兼总经理
0002	陈明明	女	028-8***6928-8003	1*328929932	chenmm@pioneer-tech.com.cn	
0003	赵永	女	028-8***4444	1*554548398	zhaoyong@pioneer-tech.com.cn	
0004	杨莉	男	028-8***3252	1*634347890	yangli@pioneer-tech.com.cn	
0005	章昆明	女	028-8***8989	1*455556677	zhangkm@pioneer-tech.com.cn	
0006	钱锐	女	028-8***5678	1*677883344	qianrui@pioneer-tech.com.cn	
0007	代易	女	028-8***3453	1*454543456	daiyi@pioneer-tech.com.cn	
0008	钱军	女	028-8***0989	1*454546789	qianjun@pioneer-tech.com.cn	
0009	向蓓蓓	女	028-8***8908	1*332324567	xiangpp@pioneer-tech.com.cn	
0010	孙谦	男	028-8***8978	1*454546789	sunqian@pioneer-tech.com.cn	
0011	徐丽君	女	028-8***5345	1*234345432	xulj@pioneer-tech.com.cn	
0012	罗先锋	女	028-8***3453	1*365657667	luoxf@pioneer-tech.com.cn	
0013	李丹青	女	028-8***0909	1*523489098	lidq@pioneer-tech.com.cn	
0014	周为远	女	028-8***8900	1*489897878	zhouwy@pioneer-tech.com.cn	
0015	李大伟	女	028-8***8999	1*689456765	lidawei@pioneer-tech.com.cn	南京办事处
0016	刘思齐	男	028-8***8213	1*454536535	liusq@pioneer-tech.com.cn	
0017	宋晓	男	028-8***2222	1*454546780	songxiao@pioneer-tech.com.cn	
0018	刘沙沙	女	028-8***4334	1*454547890	liuss@pioneer-tech.com.cn	
0019	柳涵	女	028-8***3456	1*243431458	liuhan@pioneer-tech.com.cn	
0020	吕伟	女	028-8***3333	1*989898989	lvwei@pioneer-tech.com.cn	
0021	陈薇	女	028-8***8767	1*456567665	chenwei@pioneer-tech.com.cn	
0022	李勇峰	女	028-8***4565	1*509098989	liyf@pioneer-tech.com.cn	
0023	张倩	女	028-8***8909	1*409876543	zhangqian@pioneer-tech.com.cn	
0024	童晓琳	女	028-8***8902	1*243437860	dongxl@pioneer-tech.com.cn	
0025	文楚媛	女	028-8***8656	1*609987345	wency@pioneer-tech.com.cn	

图 2-23　冻结窗口效果

现在横向、纵向滚动屏幕试一下，就可以达到预期效果了。

任务 2　管理客户信息

张倩是公司市场部的一位销售人员，从各种渠道获取的客户资源较多，但如何管理好这些资料，并进行客户分析呢？她采用电子表格处理软件录入了客户清单，建立了客户信息管理表。

（1）在新建的工作表中，按照图 2-24 所示输入相关信息，并定义单元格格式。

图 2-24　客户信息管理表

（2）设置字体格式并填加边框。将标题行合并，并将标题设置为居中显示，设置字体：黑体，字号：20，字形：加粗，第 2 行字体：宋体，字号：12，字形：加粗，并为表格填充颜色，填加边框，效果如图 2-25 所示。

（3）选中单元格区域，为表格填加内容，可以直接录入，也可以使用记录单功能。

（4）当客户数据录入完成后，发现客户数据非常多，不能在一页全部显示，向下拖动滚动条后，列标题不能显示，可以利用“冻结窗格”命令来解决这个问题。

（5）有关页面设置、打印标题的操作参见任务 1。

	A	B	C	D	E	F	G	H
1	客户信息管理表							
2	编号	客户名称	负责人	地址	邮编	电话	经营范围	客户级别
3								
4								
5								
6								
7								
8								
9								
10								
11								
12								
13								
14								

图 2-25　设置字体字号

任务 3　打印差旅费报销单

吕伟通过创建差旅费报销单，进一步了解有关电子表格打印排版功能，熟悉有关打印、排版的处理方法，并通过在工作中不断积累，对于这类特殊表格已经运用自如了。

根据企业的实际情况，创建差旅费报销单，如图 2-26 所示。

	A	B	C	D	E	F	G	H	I	J	K	L	M	N	O	P	Q	R
1	差旅费用报销单																	
2	部门：														年		月	
3	出差人											出差事由						
4	出发				到达				交通工具	交通费		出差补贴						
5	月	日	时	地点	月	日	时	地点		单据张数	金额	天数			金额			
6																		
7												其他费用						附单据
8												项目	单据张数	金额	项目	单据张数	金额	
9												住宿费			邮电费			
10												住宿结余补贴			不买卧铺补贴			
11												市内车费			其他			张
12												办公用品费						
13															合计			
14	报销总额		人民币大写								小写				预借金额			
15															退补金额			
16	主管：										审核：					证明：		

图 2-26　差旅费报销单

制作的差旅费报销单最终需要打印出来才能正式投入使用，为了使打印效果更加美观，打印之前需要进行页面设置。根据实际需要，我们可以实现在一张纸上打印两张或三张单据。

1. 控制页面的外观

（1）设置在一张纸上打印两张报销单。

如果使用 A4 纸打印单据，那么可以在一张纸上打印两张单据以节约纸张。选中 A1:R17 单元格区域，将鼠标定位在选中区域右下角，当鼠标指针变成“+”时按住鼠标左键向下拖动即可完整复制报销单。一张纸上的两张报销单如图 2-27 所示。

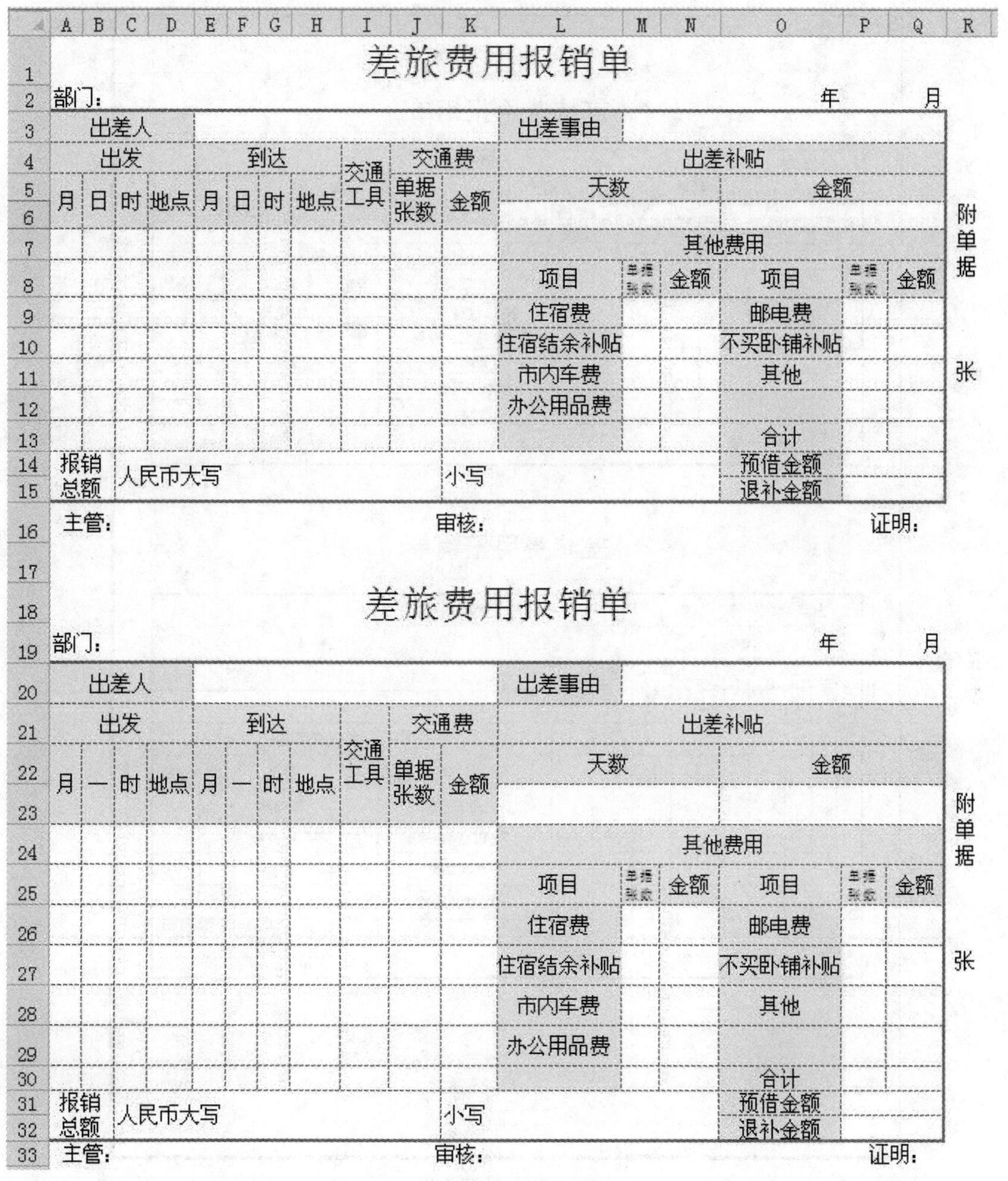

A B C D E F G H I J K L M N O P Q R

差旅费用报销单

部门： 年 月

出差人 | 出差事由
出发 | 到达 | 交通工具 | 交通费 | 出差补贴
月 日 时 地点 | 月 日 时 地点 | | 单据张数 金额 | 天数 | 金额
其他费用 | 附单据
项目 | 单据张数 | 金额 | 项目 | 单据张数 | 金额
住宿费 | 邮电费
住宿结余补贴 | 不买卧铺补贴 | 张
市内车费 | 其他
办公用品费
合计
报销总额 | 人民币大写 | 小写 | 预借金额
退补金额

主管： 审核： 证明：

差旅费用报销单

部门： 年 月

出差人 | 出差事由
出发 | 到达 | 交通工具 | 交通费 | 出差补贴
月 一 时 地点 | 月 一 时 地点 | | 单据张数 金额 | 天数 | 金额
其他费用 | 附单据
项目 | 单据张数 | 金额 | 项目 | 单据张数 | 金额
住宿费 | 邮电费
住宿结余补贴 | 不买卧铺补贴 | 张
市内车费 | 其他
办公用品费
合计
报销总额 | 人民币大写 | 小写 | 预借金额
退补金额

主管： 审核： 证明：

图 2-27 一张纸上的两张报销单

（2）设置页面纵向显示。执行“页面布局”→“页面设置”命令，打开“页面设置”对话框，选择“页面”标签，选择方向为“纵向”。

（3）预览打印效果，通过预览可以查看页面大小是否合适，如果不合适则需要再进行设置。

（4）设置页边距和纸张。打开“页面设置”对话框，根据需要设置“页边距”和“页面”选项卡。

（5）再次预览打印效果，如图 2-28 所示。要获取预期的打印效果，可多次调整，多次预览。

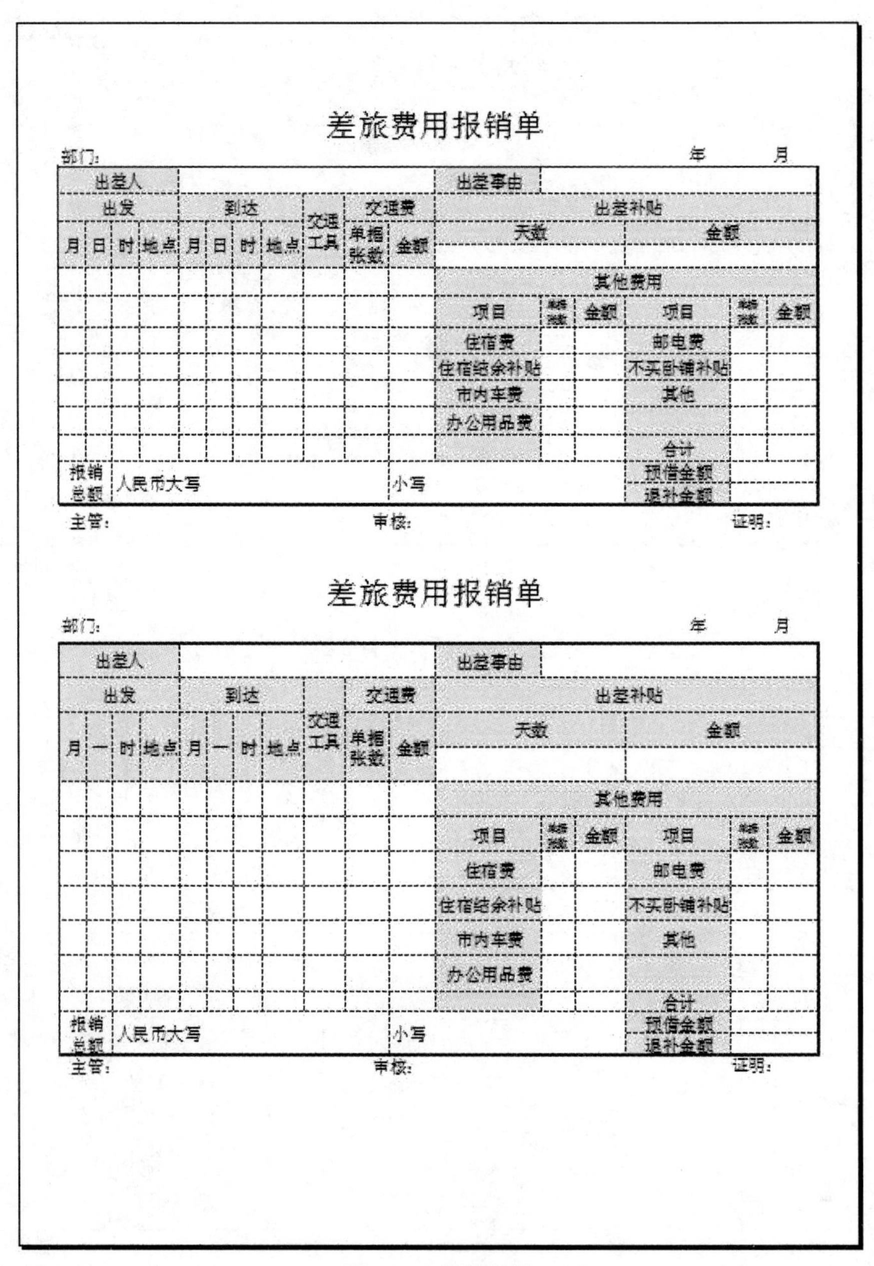

差旅费用报销单

部门：　　　　　　　　　　年　　月

出差人											出差事由					
出发				到达				交通工具	交通费		出差补贴					
月	日	时	地点	月	日	时	地点		单据张数	金额	天数			金额		
											其他费用					
											项目	单据张数	金额	项目	单据张数	金额
											住宿费			邮电费		
											住宿结余补贴			不买卧铺补贴		
											市内车费			其他		
											办公用品费					
														合计		
报销总额	人民币大写								小写					预借金额		
														退补金额		

主管：　　　　　　审核：　　　　　　证明：

差旅费用报销单

部门：　　　　　　　　　　年　　月

出差人											出差事由					
出发				到达				交通工具	交通费		出差补贴					
月	一	时	地点	月	一	时	地点		单据张数	金额	天数			金额		
											其他费用					
											项目	单据张数	金额	项目	单据张数	金额
											住宿费			邮电费		
											住宿结余补贴			不买卧铺补贴		
											市内车费			其他		
											办公用品费					
														合计		
报销总额	人民币大写								小写					预借金额		
														退补金额		

主管：　　　　　　审核：　　　　　　证明：

图 2-28　预览效果

2. 在“分页预览”视图中进行页面调整

进入打印预览状态下可以查看最终打印效果，如果页面不合适再进行调整，从而获取最理想的打印效果。另外，单击“视图”选项卡的“分页预览”也可以直接调整页面。

（1）进入“分页预览”视图。单击“视图”选项卡的“分页预览”按钮，即可进入“分页预览”视图，蓝色线条为页之间的分隔线，在图2-29所示的分页预览中可以看到一张完整的表格被分割到第1页与第2页中。

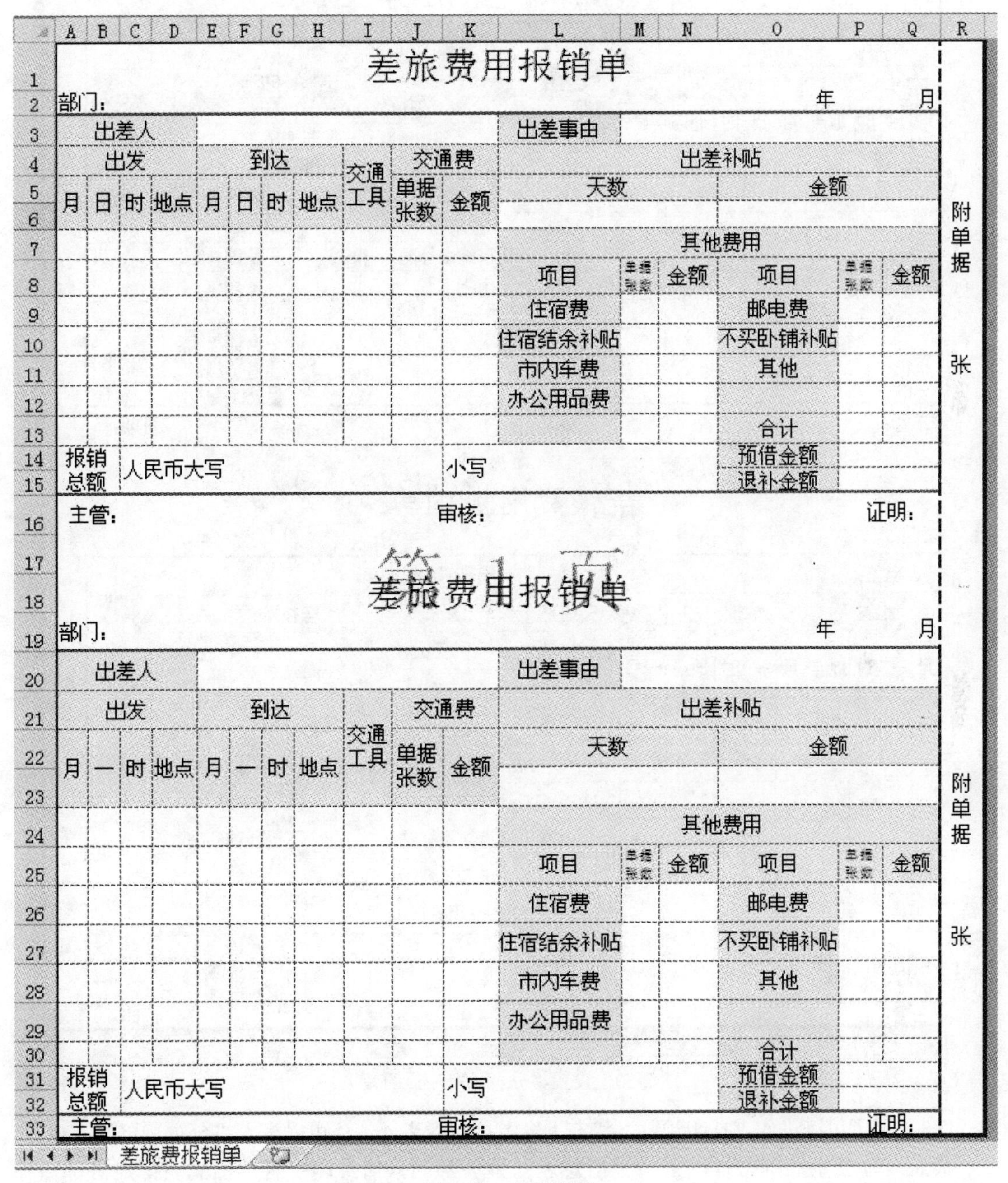

图2-29 分页预览

（2）要实现在不改变打印方向、纸张大小的情况下打印出完整的表格，则可以将鼠标定位到蓝色线条上，当鼠标变成双向对位箭头时，按住鼠标左键不放向右拖至右侧边线上，整张表格即显示到同一页中，进入页面视图查看打印效果。设置“分页预览”后的效果如图 2-30 所示。

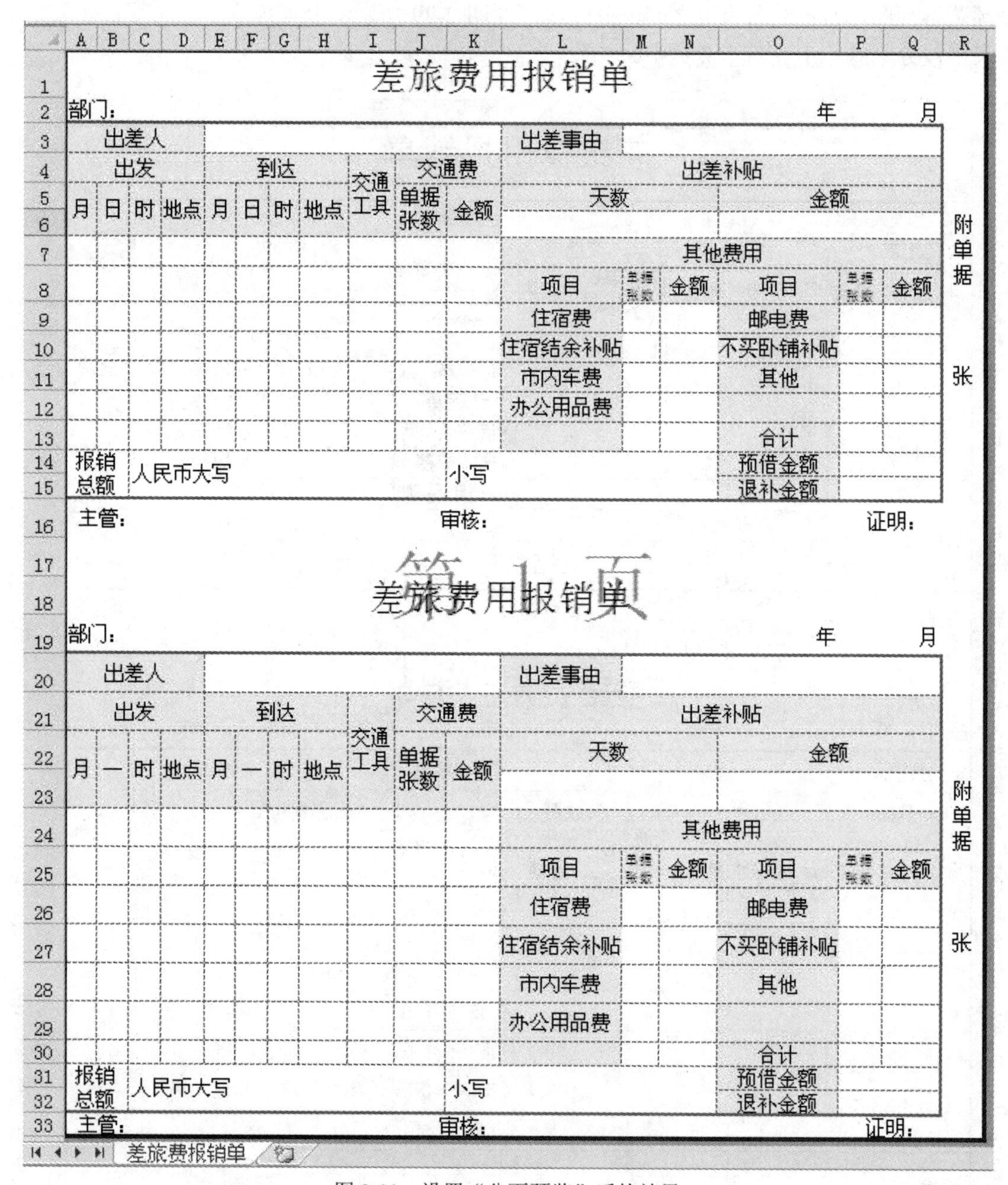

图 2-30　设置“分页预览”后的效果

（3）除了可以进入“打印预览”状态下查看打印效果外，还可以进入“分页预览”下查看。

最后，办公室的陈薇打印了员工信息表；销售部的张倩打印了客户信息表；财务部吕伟打印了的差旅费表。

项目工作情况检查单

______年_____月_____日

<table>
<tr><td colspan="2">项目名称</td><td colspan="2"></td></tr>
<tr><td>姓名</td><td></td><td>同组成员</td><td></td></tr>
<tr><td>项目目的</td><td colspan="3"></td></tr>
<tr><td>任务过程</td><td colspan="3"></td></tr>
<tr><td>项目总结</td><td colspan="3">签名：</td></tr>
<tr><td>评价及问题分析</td><td colspan="3">教师签名：</td></tr>
</table>

项目6　编制财务报表

李丹青是财务部的一名职员，由于该公司没有购买商品化的财务软件，业务较简单。经理分配给她的任务是利用计算机管理完成简单的账务处理工作。经过分析后，她认为可以利用强大的电子表格软件 Excel 2016 来完成经理派发的任务。

任务1　建立简单的账务处理系统

1. 记账凭证的填制

（1）建立会计科目代码与会计科目名称。

要在 Excel 2016 中建立记账凭证，首先要建立会计科目代码与会计科目名称。会计科目是会计核算的基础和纽带，会计科目一般设到三级。当企业确定核算制度后，即可根据国家颁布的会计科目制度制定自己需要的会计科目。

1）新建工作簿，命名为“日常账务处理”，在 Sheet1 工作表上双击鼠标，将其重命名为“科目代码”。

2）分别在 A1 单元格与 B1 单元格中输入“科目代码”与“科目名称”列标题。

3）设置“科目代码”列单元格格式为“文本”格式。

4）结合本单位实际情况输入会计科目。会计科目结构如图 2-31 所示。

	A	B
1	科目代码	科目名称
2	1001	现金
3	1002	银行存款
4	100201	银行存款-中国银行
5	100202	银行存款-中国工商银行
6	100203	银行存款-中国农业银行
7	100204	银行存款-招商银行
8	1009	其他货币资金
9	1111	应收票据
10	1122	应收利息
11	1131	应收账款
75	5501	营业费用
76	5502	管理费用
77	550201	管理费用-管理人员工资
78	550202	管理费用-办公费
79	550203	管理费用-差旅费
80	550204	管理费用-折旧费
81	550205	管理费用-坏账损失
82	5503	财务费用
83	550301	财务费用-利息
84	550302	财务费用-手续费
85	5601	营业外支出
86	5701	所得税
87		
88		
89		

科目代码 / 记账凭证 / 明细帐 / 总账科目 / 总账处理

图 2-31　会计科目结构

（2）记账凭证工作表的制作。

企业科目代码设置完成后，接着建立记账凭证记录单，记账凭证的基本内容一般包括以下几个方面：记账凭证的名称、凭证编号、经济业务摘要、会计分录、记账标记。

1）将 Sheet2 工作表命名为“记账凭证”，在 A1:I1 单元格区域输入记账凭证列标题：记账编号、日期、凭证号、摘要、科目代码、科目名称、方向、借方金额、贷方金额。

2）设置“记账编号”列的单元格格式为“文本”格式。

3）设置日期显示格式为“3-14”。

4）在录入记账凭证时对“科目代码”“科目名称”数据可以使用数据验证功能来建立填充序列，从而便于输入时直接选择。（有关“数据验证”建立序列，在主教材中有说明，这里不再详述。）

5）依次输入发生的业务，编制成记账凭证信息。记账凭证录入如图 2-32 所示。

	A	B	C	D	E	F	G	H	I
1	记账凭证清单					日期：2013年4月　金额单位：元			
2	记账编号	日期	凭证号	摘要	科目代码	科目名称	方向	借方金额	贷方金额
3	001	2-1	1	购材	121102	原材料-乙材料	借	50000	
4	001	2-1	1	购材	212101	应付账款-春风公司	贷		50000
5	002	2-1	2	购材	121101	原材料-甲材料	借	120000	
6	002	2-1	2	购材	212102	应付账款-威力公司	贷		120000
7	003	2-2	1	对方还来多收款	100202	银行存款-中国工商银行	借	300	
8	003	2-2	1	对方还来多收款	1911	待处理财产损溢	贷		300
9	004	2-2	2	支付上月所得税	217106	应交税金-应交所得税	借	32000	
10	004	2-2	2	支付上月所得税	100202	银行存款-中国工商银行	贷		32000
11	005	2-5	2	票据到期解付	100202	银行存款-中国工商银行	借	25000	
12	005	2-5	2	票据到期解付	1111	应收票据	贷		25000
13	006	2-6	1	出售废品	1001	现金	借	125	
14	006	2-6	1	出售废品	5301	主营业务收入	贷		125
15	007	2-6	3	偿欠	212101	应付账款-春风公司	借	5800	
16	007	2-6	3	偿欠	100202	银行存款-中国工商银行	贷		5800
17	008	2-7	3	期票偿欠	212101	应付账款-春风公司	借	50000	
18	008	2-7	3	期票偿欠	211101	应付票据-春风公司	贷		50000
19	009	2-8	4	销售部报销	550203	管理费用-差旅费	借	245	
20	009	2-8	4	销售部报销	113301	其他应收款-销售部	贷		245
21	010	2-8	2	销售部还余款	1001	现金	借	55	
22	010	2-8	2	销售部还余款	113301	其他应收款-销售部	贷		55
23	011	2-9	3	借入款	100204	银行存款-招商银行	借	50000	
24	011	2-9	3	借入款	2101	短期借款	贷		50000
25	012	2-12	4	偿欠	212102	应付账款-威力公司	借	15000	
26	012	2-12	4	偿欠	100204	银行存款-招商银行	贷		15000
27	013	2-12	5	支付预提修理费	2191	预提费用	借	1800	
28	013	2-12	5	支付预提修理费	100202	银行存款-中国工商银行	贷		1800
29	014	2-13	6	提现	1001	现金	借	12000	
30	014	2-13	6	提现	100202	银行存款-中国工商银行	贷		12000
31	015	2-14	1	发付工资	550201	管理费用-管理人员工资	借	2000	

科目代码　记账凭证　明细帐　总账科目　总账处理

图 2-32　记账凭证录入

2. 处理明细账

明细账是按照明细分类账户开设的，连续、分类登记某一类经济业务，提供详细核算资料的账簿。它能够具体、详细地反映经济活动情况，对总分类账起辅助和补充作用，同时也为会计报表的编制提供必要的明细资料。在 Excel 2016 中可以利用函数的功能，由记账凭证快速建立明细账工作表。

（1）建立明细账工作表。

1）将 Sheet3 工作表命名为“明细账”，并输入基本信息，明细账标题如图 2-33 所示。

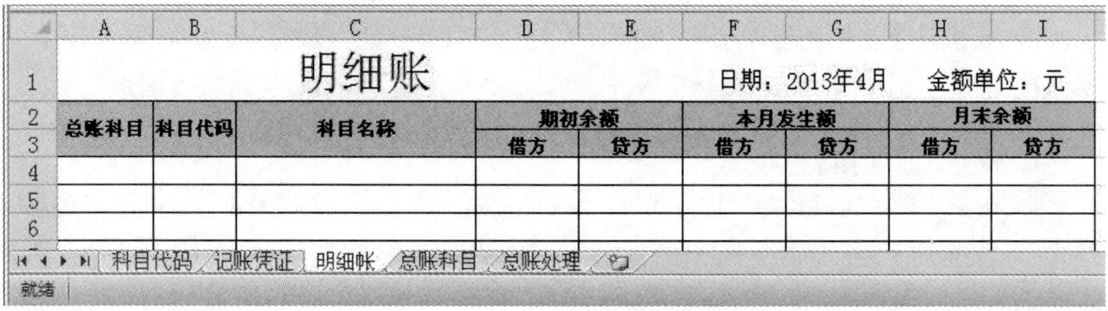

	A	B	C	D	E	F	G	H	I
1	明细账					日期：2013年4月		金额单位：元	
2	总账科目	科目代码	科目名称	期初余额		本月发生额		月末余额	
3				借方	贷方	借方	贷方	借方	贷方
4									
5									
6									

科目代码　记账凭证　明细帐　总账科目　总账处理

就绪

图 2-33　明细账标题

2）输入科目代码、科目名称，由“科目代码”工作表获取，即用到了同一工作簿的不同工作表之间获取数据源的概念。例如，“1001”库存现金科目，公式如下：

B4=“科目代码！A2”（表示返回“科目代码”工作表 A2 单元格的值），利用公式复制可以快速返回其他科目代码。

C4=“科目代码！B2”（表示返回“科目代码”工作表 B2 单元格的值），利用公式复制可以快速返回其他科目名称。

3）输入本月期初余额，或复制上月明细表中的余额。

（2）计算本月发生额与月末余额。

在 Excel 2016 中建立明细账的关键在于本月发生额与余额的计算。而使用 SUMIF 函数则可以快速从记账凭证中求得本月发生额和月末余额。

1）使用 SUMIF 函数从“记账凭证”工作表中计算“库存现金”的本月借方发生额，在 D4 单元格中输入公式：

D4=SUMIF(记账凭证！$E$3:$E$85,A4, 记账凭证！$H$3:$H$85)

利用公式复制可以快速返回其他科目的借方发生额。贷方发生额方法相同。

月末余额等于期初余额加上本月发生额，输入公式：

H4=IF((D4-E4)+(F4-G4)>=0,(D4-E4)+(F4-G4),0)

如果期初余额加上本月发生额为正数，则返回值；如果为负数则返回 0 值。复制公式到“月末余额”的“借方”列，可快速计算出借方月末余额。月末余额贷方计算方法相同。

I4=IF((D4-E4)+(F4-G4)<0,ABS((D4-E4)+(F4-G4)),0)

2）明细账工作表的美化。

完成后的明细账如图 2-34 所示。

3. 处理总账

总账用于对明细账的汇总，总账一般不包括二级及以下明细科目，而明细账会涉及各级明细科目。因此，需要从会计科目中提取总账科目。

（1）建立总账科目工作表。单击“插入工作表”按钮插入新工作表，并命名为“总账科目”，将“科目代码”工作表中的会计科目完整复制到该工作表中，并将所有的二级科目全部删除，只保留一级科目，一级会计科目如图 2-35 所示。

	A	B	C	D	E	F	G	H	I
1			明细账			日期：2013年4月		金额单位：元	
2	总账科目	科目代码	科目名称	期初余额		本月发生额		月末余额	
3				借方	贷方	借方	贷方	借方	贷方
4	1001	1001	现金	200		12180	12064	316	0
5	1002	1002	银行存款			0	0	0	0
6	1002	100201	银行存款-中国银行	20000		0	0	20000	0
7	1002	100202	银行存款-中国工商银行	20000		25300	156600	0	111300
8	1002	100203	银行存款-中国农业银行	7200		0	40000	0	32800
9	1002	100204	银行存款-招商银行			520000	136800	383200	0
10	1009	1009	其他货币资金			0	0	0	0
11	1111	1111	应收票据	2500		0	25000	0	22500
12	1122	1122	应收利息			0	0	0	0
13	1131	1131	应收账款			0	0	0	0
14	1131	113103	应收账款-市政公司	58100		240000	240000	58100	0
15	1133	1133	其他应收款	2100		0	0	2100	0
16	1133	113301	其他应收款-销售部			0	300	0	300
17	1133	113302	其他应收款-后勤部			0	0	0	0
18	1141	1141	坏账准备		400	0	150	0	550
19	1151	1151	预付账款			0	0	0	0
20	1161	1161	应收补贴款			0	0	0	0
21	1201	1201	物资采购			0	0	0	0
22	1211	1211	原材料			0	0	0	0
23	1211	121101	原材料-甲材料	68000		301000	0	369000	0
24	1211	121102	原材料-乙材料	50000		140000	0	190000	0
25	1243	1243	库存商品			460000	350000	110000	0
26	1243	124301	库存商品-甲产品	40000		0	0	40000	0
27	1243	124302	库存商品-乙产品	30000		0	0	30000	0
28	1301	1301	待摊费用	20000		0	2500	17500	0
29	1301	130101	待摊费用-保险费			0	0	0	0
30	1421	1421	长期投资减值准备			0	0	0	0
31	1501	1501	固定资产	400000		0	0	400000	0
32	1502	1502	累计折旧		57300	0	0	0	57300

科目代码 / 记账凭证 / 明细帐 / 总账科目 / 总账处理

图 2-34 明细账

	A	B
1	科目代码	科目名称
2	1001	现金
3	1002	银行存款
4	1009	其他货币资金
5	1111	应收票据
6	1122	应收利息
7	1131	应收账款
8	1133	其他应收款
9	1141	坏账准备
10	1151	预付账款
11	1161	应收补贴款
12	1201	物资采购
13	1211	原材料
14	1243	库存商品
15	1301	待摊费用
16	1421	长期投资减值准备
17	1501	固定资产
18	1502	累计折旧
19	1505	固定资产减值准备
20	1701	固定资产清理
21	1901	长期待摊费用
22	1911	待处理财产损溢
23	2101	短期借款
24	2111	应付票据
25	2121	应付账款
26	2131	预收账款

科目代码 / 记账凭证 / 明细帐 / 总账科目

图 2-35 一级会计科目

（2）建立总账工作表。单击“插入工作表”按钮插入新工作表，并命名为“总账处理”，建立列标题，并复制总账科目代码与科目名称到“总账处理”工作表中，同时也将期初余额复制到该工作表中，如图 2-36 所示。

	A	B	C	D	E	F	G	H
1			总账处理			日期：2013年4月		金额单位：元
2	科目代码	科目名称	期初余额		本月发生额		月末余额	
3			借方	贷方	借方	贷方	借方	贷方
4	1001	现金	200		12180	12064	316	0
5	1002	银行存款	47200		545300	333400	259100	0
6	1009	其他货币资金			0	0	0	0
7	1111	应收票据	2500		0	25000	0	22500
8	1122	应收利息			0	0	0	0
9	1131	应收账款	58100		240000	240000	58100	0
10	1133	其他应收款	2100		0	300	1800	0
11	1141	坏账准备		400	0	150	0	550
12	1151	预付账款			0	0	0	0
13	1161	应收补贴款			0	0	0	0
14	1201	物资采购			0	0	0	0
15	1211	原材料	118000		441000	0	559000	0
16	1243	库存商品	70000		460000	350000	180000	0
17	1301	待摊费用	20000		0	2500	17500	0
18	1421	长期投资减值准备			0	0	0	0
19	1501	固定资产	400000		0	0	400000	0
20	1502	累计折旧		57300	0	0	0	57300
21	1505	固定资产减值准备			0	0	0	0
22	1701	固定资产清理			0	0	0	0
23	1901	长期待摊费用			0	0	0	0
24	1911	待处理财产损溢	400		0	1300	0	900
25	2101	短期借款		76600	0	50000	0	126600

科目代码 记账凭证 明细帐 总账科目 总账处理

图 2-36 总账工作表

（3）计算总账科目的发生额及余额。要计算总账科目的发生额及余额，可以利用 SUMIF 函数从明细账中计算得到。

准备工作：由于总账不包含二级科目，因此在计算某一科目的发生额时，需要将其下包含的二级科目、三级科目等发生额相加得到。此处在明细账中将总账科目分列出来是为了作为 SUMIF 函数的判断条件。操作步骤如下：

1）切换到“明细账”工作表中，在“科目代码”列前插入新列。

2）合并 A2:A3 单元格区域，输入“总账科目”文字，然后用 LEFT 函数提取科目代码的前 4 位，即可得到总账科目。

3）计算借方总账发生额：

在“总账处理”表中，输入：

E4=SUMIF(“明细账”!$A4:$A88,A4, “明细账”! $F4:$F88)，复制公式可快速计算出其他科目总账发生额。贷方同样处理。

F4=SUMIF(“明细账”!$A4:$A88,A4, “明细账”! $G4:$G88)

4）计算月末余额：

借方：G4=IF((C4-D4)+(E4-F4)>=0,(C4-D4)+(E4-F4),0)

贷方：H4=IF((C4-D4)+(E4-F4)<0, ABS((C4-D4)+(E4-F4)), 0)

4. 保护建立完成的账务处理系统

将建立完成的账务系统保护起来，可以避免其他不相关的人员随意修改而造成账目混乱。妥善保护好有关数据尤为重要。

（1）保护单张工作表。如果只需要保护个别工作表，可以按如下方法操作：

执行“审阅”→“保护”→“保护工作表”命令，打开“保护工作表”对话框，如图2-37所示。

（2）保护整个工作簿。

1）执行“审阅”→“保护”→“保护工作簿”命令，如图2-38所示。

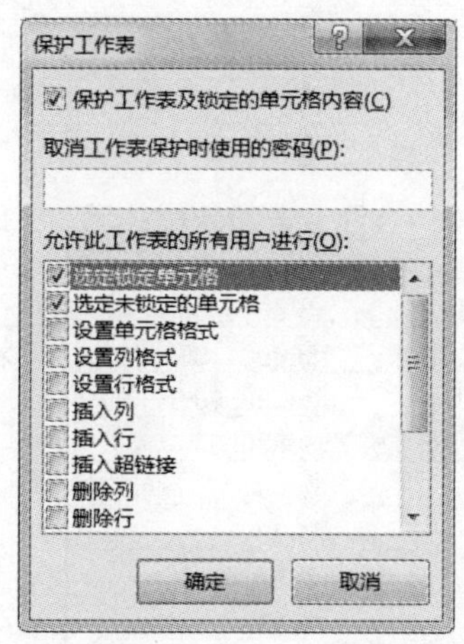

图2-37　保护工作表

图2-38　保护工作簿1

2）执行“文件”→“另存为”命令，在“另存为”对话框选择“工具”下拉列表中的“常规选项”，如图2-39所示。

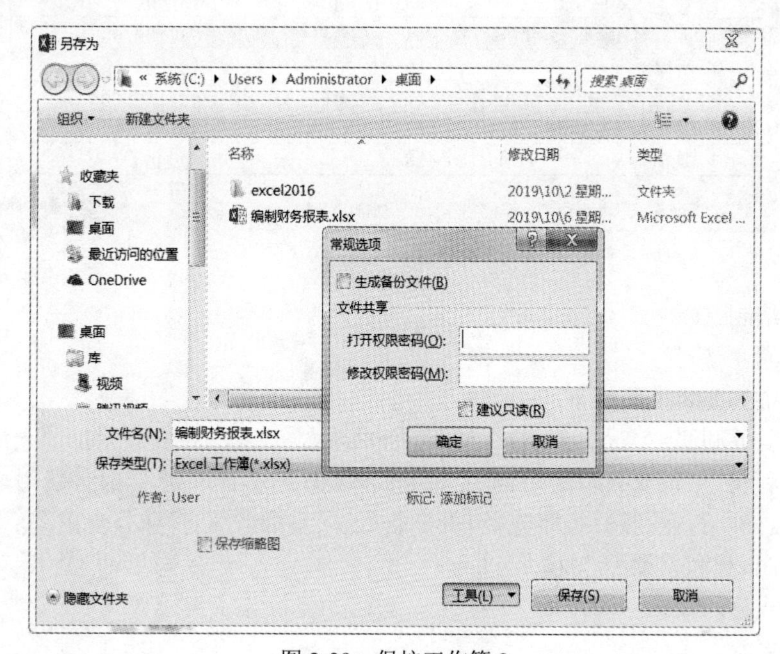

图2-39　保护工作簿2

任务 2 应用会计报表模板

陈明明在公司财务部工作多年，主要负责报表编制工作，现准备利用公司的账务处理数据编制会计报表。

利润表是反映企业在一定期间生产经营成果的会计报表。该表把一定期间的营业收入与其同一期间相关的营业费用进行配比，以计算出企业一定时期的净利润（或净亏损）。通过利润表能够反映企业生产经营的收益和成本耗费情况，表明企业的生产经营成果。利润表如图 2-40 所示，将完成的利润表保存为模型。（素材：财务报表）

	A	B	C	D
1	利　　润　　表			
2	单位名称：成都美宁有限公司	时间：2013年4月		金额单位：元
3	项目名称	行次	本月数	本年累计数
4	一、主营业务收入	1	470000.00	470000.00
5	减:主营业务成本	2	360000.00	360000.00
6	主营业务税金及附加	3	23500.00	23500.00
7	二、主营业务利润	4	86500.00	86500.00
8	加:其他业务利润	5		0.00
9	减:营业费用	6	0.00	0.00
10	管理费用	7	2459.00	2459.00
11	财务费用	8	0.00	0.00
12	三、营业利润	9	84041.00	84041.00
13	加:投资收益	10	0.00	0.00
14	补贴收入	11		0.00
15	营业外收入	12	125.00	125.00
16	减:营业外支出	13	0.00	0.00
17	四、利润总额	14	84166.00	84166.00
18	减:所得税	15	0.00	0.00
19	五、净利润	16	84166.00	84166.00
20	加:年初未分配利润	17		0.00
21	其他转入	18		0.00
22				

封面　资产负债表　利润表　总账　明细账

图 2-40　利润表

利润表的编制：

①设置利润表格式。

②利润表中的公式关系如下：

主营业务利润=主营业务收入-主营业务成本-主营业务税金及附加

营业利润=主营业务利润+其他业务利润-营业费用-管理费用-财务费用

利润总额=营业利润+投资收益+补贴收入+营业外收入-营业外支出

净利润=利润总额-所得税

③设置公式输入数据。

④获取数据源。

（1）创建利润表基本格式：利润表分为主营业务收入、主营业务利润、营业利润、利润总额和净利润 5 个部分。利润表根据公式“利润=收入-费用”来进行编制的。

在 Sheet1 工作表上双击鼠标，将其重命名为“利润表”，在工作表中输入利润表的基本信息，按照任务中介绍的方法对利润表进行格式设置。

选中 C4:D21 单元格区域，按照前面的方法设置填写金额的单元格格式为包含两位小数且当值为负数时显示为红色。

（2）填加明细账到“财务报表”工作簿中。

利润表的编制需要使用到之前建立的明细账表单中的数据，为了方便引用，将任务 1 中建立的“明细账”工作表复制到该工作表中。

在“财务报表”工作簿中单击“插入工作表”按钮插入新工作表，将工作表重命名为“明细账”。

将任务 1“日常账务处理”工作簿中的明细账数据以“选择性粘贴”的方式粘贴到“财务报表”工作簿的“明细账”工作表中。然后再对其进行简单的格式设置，以达到如图 2-41 所示效果。

	A	B	C	D	E	F	G	H	I	J
1	**明细账**						日期：2013年4月　金额单位：元			
2	总账科目	科目代码	科目名称	期初余额			本月发生额		月末余额	
3				借方	贷方		借方	贷方	借方	贷方
4	1001	1001	现金	200			12180	2064	10316	0
5	1002	1002	银行存款				0	0	0	0
6	1002	100201	银行存款-中国银行	20000			0	0	20000	0
7	1002	100202	银行存款-中国工商银行	20000			25300	156600	0	111300
8	1002	100203	银行存款-中国农业银行	7200			0	40000	0	32800
9	1002	100204	银行存款-招商银行				510000	136800	373200	0
10	1009	1009	其他货币资金				0	0	0	0
11	1111	1111	应收票据	2500			0	25000	0	22500
12	1122	1122	应收利息				0	0	0	0
13	1131	1131	应收账款				0	0	0	0
14	1131	113103	应收账款-市政公司	58100			240000	240000	58100	0
15	1133	1133	其他应收款	2100			0	0	2100	0
16	1133	113301	其他应收款-销售部				0	300	0	300
17	1133	113302	其他应收款-后勤部				0	0	0	0
18	1141	1141	坏账准备		400		0	150	0	550
19	1151	1151	预付账款				0	0	0	0
20	1161	1161	应收补贴款				0	0	0	0

封面　资产负债表　利润表　总账　明细账

图 2-41　处理后的明细账表

（3）编制利润表。将明细数据复制到“财务报表”工作簿中之后，接着则可以从“明细账”工作表中引用利润表所需要的数据，具体操作步骤如下：

1）将“明细账”工作表中特定区域定义为名称。在编制利润表时，需要引用“明细账”工作表中的数据，为了便于公式的引用，可将需要引用的单元格区域定义为名称。

切换到“财务报表”工作簿中的“明细账”工作表，单击“公式”选项卡“定义的名称”组中的“定义名称”选项，弹出如图 2-42 所示的对话框，将 A4:A88 单元格区域定义为“总账科目”名称。

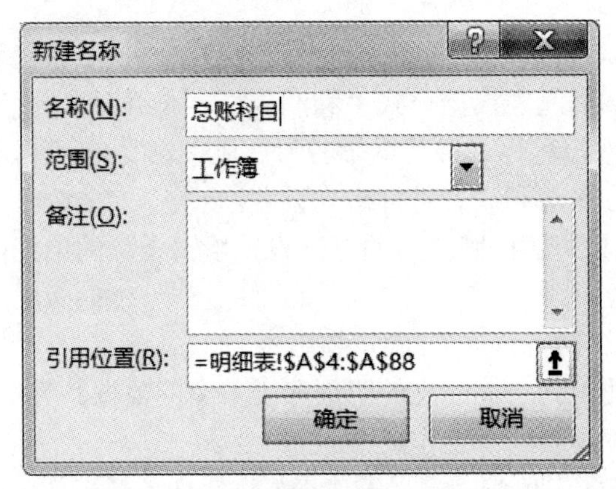

图 2-42 “新建名称”对话框

选中 F4:F88 单元格区域，按相同的方法将其命名为“借方发生额”；然后再将 G4:G88 单元格区域命名为“贷方发生额”。

2）导入数据到利润表中。完成上述操作后，切换到“利润表”工作表中，然后按如下步骤逐一计算利润表中的数值。

计算主营业务收入。选中 C4 单元格，输入公式：

=SUMIF(总账科目,5101,贷方发生额)

计算主营业务成本。选中 C5 单元格，输入公式：

=SUMIF(总账科目,5401,借方发生额)

计算主营业务税金及附加。选中 C6 单元格，输入公式：

= SUMIF(总账科目,5402,借方发生额)

计算主营业务利润。

主营业务利润=主营业务收入-主营业务成本-主营业务税金及附加

选中 C7 单元格，输入公式：=C4-C5-C6

计算营业费用。选中 C9 单元格，输入公式：

= SUMIF(总账科目,5501,借方发生额)

计算管理费用。选中 C10 单元格，输入公式：

= SUMIF(总账科目,5502,贷方发生额)

计算财务费用。选中 C11 单元格，输入公式

= SUMIF(总账科目,5503,借方发生额)

计算营业利润。

营业利润=主营业务利润+其他业务利润-营业费用-管理费用-财务费用

选中 C11 单元格，输入公式：=C7+C8-C9-C10-C11

计算投资收益。选中 C13 单元格，输入公式：

= SUMIF(总账科目,5201,借方发生额)

计算营业外收入。选中 C15 单元格，输入公式：

= SUMIF(总账科目,5301,借方发生额)

计算营业外支出。选中 C16 单元格，输入公式：

= SUMIF(总账科目,5601,借方发生额)

计算利润总额。

利润总额=营业利润+投资收益+补贴收入+营业外收入-营业外支出

选中 C17 单元格，输入公式：=C12+C13+C14+C15-C16

计算所得税。选中 C18 单元格，输入公式：

= SUMIF(总账科目,5701,借方发生额)

计算净利润。

净利润=利润总额-所得税

选中 C19 单元格，输入公式：=C17-C18

计算本年累计数。本年累计数=上月本年累计数+本月数，此时可将上月利润表打开，按照公式相加即可。本例中不提供上月利润表，所以在 D4 单元格中输入公式：=C4。复制 D4 单元格中的公式到 D 列的其他单元格中，即可计算其他项目的本年累计数。

完成上述计算操作后，即完成了当月利润表的编制，效果如图 2-40 所示。

3）保存模板。执行“文件”→“另存为”命令，保存为模板文件并进行提交。

项目工作情况检查单

______年____月____日

<table>
<tr><td colspan="2">项目名称</td><td colspan="2"></td></tr>
<tr><td>姓名</td><td></td><td>同组成员</td><td></td></tr>
<tr><td>项目目的</td><td colspan="3"></td></tr>
<tr><td>任务过程</td><td colspan="3"></td></tr>
<tr><td>项目总结</td><td colspan="3">签名：</td></tr>
<tr><td>评价及问题分析</td><td colspan="3">教师签名：</td></tr>
</table>

综合项目实验篇

Excel 综合应用 1　企业车间数据统计与管理

Excel 2016 是 Microsoft 公司开发的一款功能强大的电子表格处理软件，使用该软件可以快速地绘制需要的表格，运用公式和函数完成复杂的数据运算。强大的图表功能可以分析数据的变化趋势，对数据进行统计、分析和整理等。

本项目通过某企业车间数据的统计与不同角度的计算，讲述如何利用 Excel 2016 提供的函数进行灵活计算，同一问题可以用多种函数解决，使得对函数相关知识的掌握和运用更加自如。

1．熟练掌握 Excel 录入和编辑数据的方法。
2．熟练掌握 Excel 常用公式的形式。
3．熟练掌握 Excel 复杂函数的功能并灵活运用。

小王是某企业车间主任，为了方便企业工作量的统计与管理，提高工作效率，增强工作积极性，小王运用电子表格对员工们的工作量进行统一管理，对企业员工的工作情况进行详细的统计与管理。

任务 1　建立车间组装某产品的数量表

创建工作簿命名为“综合案例 1-1.xlsx”。

具体操作步骤如下：

（1）结合车间实际情况按月采集 1、2、3 组男、女员工组装数量信息。

（2）新建工作簿，命名为“综合案例 1-1.xlsx”。

（3）分别在 A1 单元格到 G1 单元格中输入“姓名、性别、分组、一月、二月、三月、一季度组装量”七个列标题。

（4）将采集信息输入“综合案例 1-1”工作簿 Sheet1 工作表中。员工组装量表如图 3-1 所示。

	A	B	C	D	E	F	G
1	姓名	性别	分组	一月	二月	三月	一季度组装量
2	员工1	女	1组	94	81	91	
3	员工2	男	1组	76	79	67	
4	员工3	男	1组	96	65	81	
5	员工4	男	1组	84	65	90	
6	员工5	男	1组	92	96	107	
7	员工6	男	1组	88	95	67	
8	员工7	女	1组	66	106	75	
9	员工8	女	1组	102	92	86	
10	员工9	女	1组	87	77	93	
11	员工10	男	1组	53	72	89	
12	员工11	女	1组	85	69	81	
13	员工12	男	2组	96	81	85	
14	员工13	男	2组	90	82	84	
15	员工14	男	2组	76	86	92	
16	员工15	女	2组	96	108	100	
17	员工16	女	2组	65	90	77	
18	员工17	女	2组	45	76	66	
19	员工18	女	2组	82	79	68	
20	员工19	女	2组	80	74	81	
21	员工20	女	2组	82	75	71	
22	员工21	女	2组	79	86	82	
23	员工22	女	3组	94	73	85	
24	员工23	男	3组	66	86	91	
25	员工24	男	3组	67	95	88	
26	员工25	男	3组	79	75	85	
27	员工26	女	3组	92	72	112	
28	员工27	男	3组	93	73	86	
29	员工28	男	3组	93	81	80	
30	员工29	女	3组	110	91	75	
31	员工30	男	3组	82	94	89	
32	员工31	女	3组	85	91	78	

图 3-1　员工组装量表

任务 2　应用函数计算不同角度的总组装量

根据“综合案例 1-1”工作簿提供的数据，完成以下操作：

（1）在 Sheet1 工作表中统计每位员工的一季度组装量。

（2）在 Sheet2 工作表中按组统计每月和一季度组装总量。

（3）分别在 Sheet3 工作表、Sheet4 工作表和 Sheet5 工作表中用不同的公式按组统计男、女员工的一季度组装总量。

（1）具体操作步骤如下：

1）打开“综合案例 1-1”工作簿 Sheet1 工作表，将鼠标定位在 G2 单元格

2）单击编辑框前的插入函数按钮 fx ，弹出的“插入函数”对话框如图 3-2 所示。

3）在“插入函数”对话框中，搜索函数的位置输入 SUMPRODUCT，然后单击“转到”按钮。在“选择函数”列表中选择 SUMPRODUCT 函数，单击“确定”按钮，跳转到“函数参数”对话框。

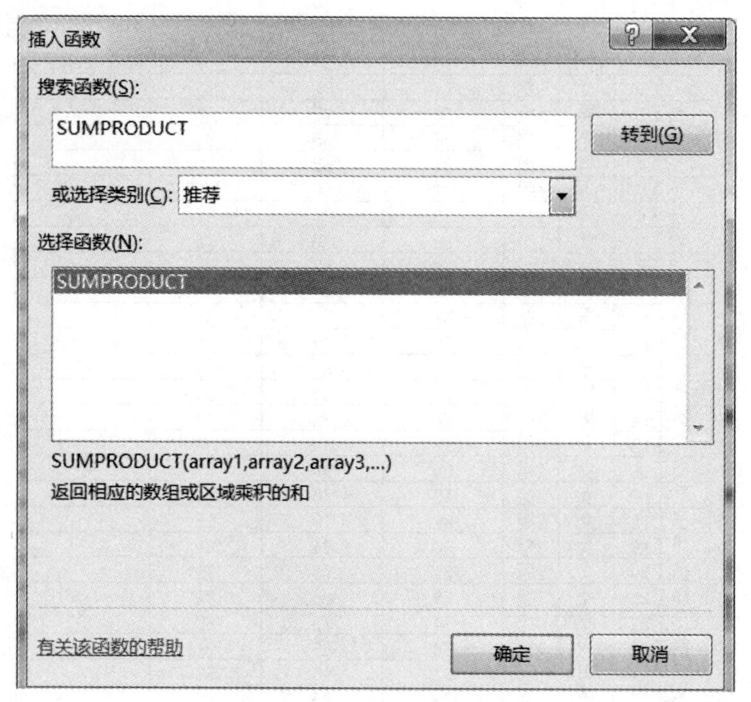

图 3-2 “插入函数”对话框

4）在弹出的“函数参数”对话框的 Array1 参数中引用 D2:F2 单元格数据，如图 3-3 所示。

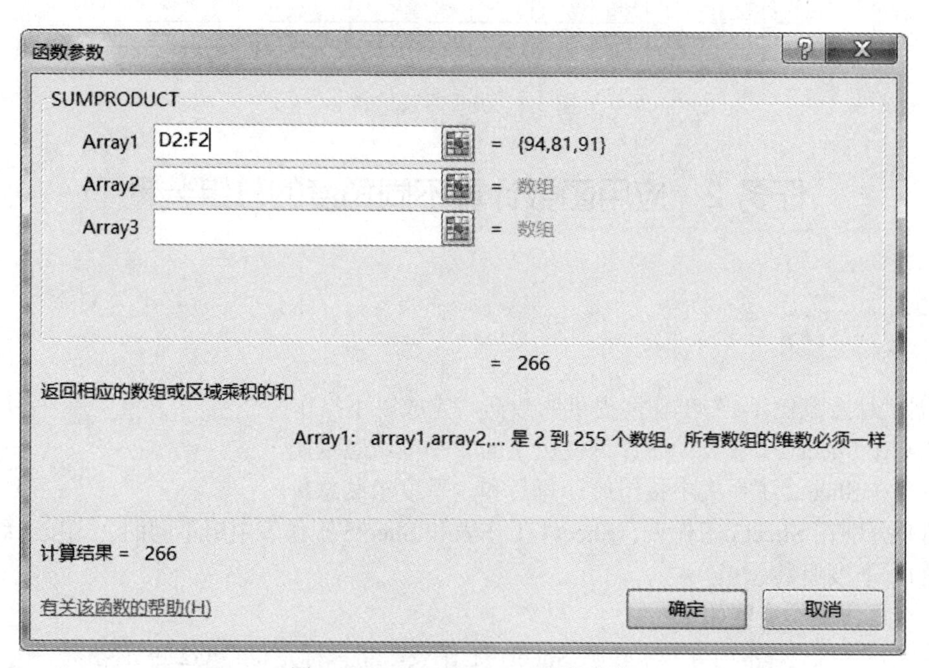

图 3-3 SUMPRODUCT 函数参数

5）单击“确定”按钮，即得出员工 1“一季度组装量”的结果。

6）其他员工“一季度组装量”可以运用鼠标拖拽填充柄完成。计算结果如图 3-4 所示。

	A	B	C	D	E	F	G
1	姓名	性别	分组	一月	二月	三月	一季度组装量
2	员工1	女	1组	94	81	91	266
3	员工2	男	1组	76	79	67	222
4	员工3	男	1组	96	65	81	242
5	员工4	男	1组	84	65	90	239
6	员工5	男	1组	92	96	107	295
7	员工6	男	1组	88	95	67	250
8	员工7	女	1组	66	106	75	247
9	员工8	女	1组	102	92	86	280
10	员工9	女	1组	87	77	93	257
11	员工10	男	1组	53	72	89	214
12	员工11	女	1组	85	69	81	235
13	员工12	男	2组	96	81	85	262
14	员工13	男	2组	90	82	84	256
15	员工14	男	2组	76	86	92	254
16	员工15	女	2组	96	108	100	304
17	员工16	女	2组	65	90	77	232
18	员工17	女	2组	45	76	66	187
19	员工18	女	2组	82	79	68	229
20	员工19	女	2组	80	74	81	235
21	员工20	女	2组	82	75	71	228
22	员工21	女	2组	79	86	82	247
23	员工22	女	3组	94	73	85	252
24	员工23	男	3组	66	86	91	243
25	员工24	男	3组	67	95	88	250
26	员工25	男	3组	79	75	85	239
27	员工26	女	3组	92	72	112	276
28	员工27	男	3组	93	73	86	252
29	员工28	男	3组	93	81	80	254
30	员工29	女	3组	110	91	75	276
31	员工30	男	3组	82	94	89	265
32	员工31	女	3组	85	91	78	254

图 3-4　“一季度组装量”结果

（2）具体操作步骤如下：

1）打开“综合案例 1-1”工作簿 Sheet2 工作表，在 A1 到 E1 单元格分别输入“分组、一月组装量、二月组装量、三月组装量、一季度组装量”五个列标题。在分组列中分别输入“1 组、2 组、3 组”。

2）将鼠标定位至 B2 单元格，单击编辑框前的插入函数按钮 *fx*，弹出“插入函数”对话框，在搜索函数里输入 SUMIF，然后单击“转到”按钮。

3）跳转至“函数参数”对话框，各参数设置如图 3-5 所示。在“分组”列中查询符合条件为“1 组”的一月的组装数量和。（注：因始终是在 C 列中查找组数，所以在 Range 参数的设置前需要加“$”符号。）

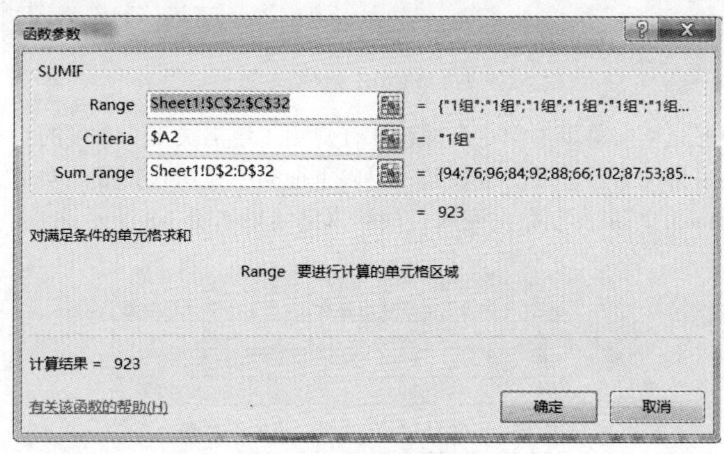

图 3-5　SUMIF 函数参数

4）各参数填写完毕，单击“确定”按钮计算出一月 1 组的组装量。

5）二月组装量、三月组装量、一季度组装量，可以将 B2 结果横向拖动填充柄完成。2 组、3 组可以由 1 组的结果向下拖拽填充柄完成。最后得出结果如图 3-6 所示。

	A	B	C	D	E
1	分组	一月组装量	二月组装量	三月组装量	一季度组装量
2	1组	923	897	927	2747
3	2组	791	837	806	2434
4	3组	861	831	869	2561

图 3-6　各组各季度组装量结果

（3）具体操作步骤如下：

1）打开“综合案例 1-1”工作簿 Sheet3 工作表，在 A1 到 C1 单元格分别输入“分组、男员工一季度组装量、女员工一季度组装量”三个列标题。在分组列中分别输入“1 组、2 组、3 组”。

2）将鼠标定位至 B2 单元格，单击编辑框前的插入函数按钮 f_x，弹出“插入函数”对话框，在搜索函数里输入 SUMIFS，然后单击“转到”按钮。

3）跳转至“函数参数”对话框，各参数设置如图 3-7 所示。在分组中查询符合条件的男员工一季度的组装数量和。

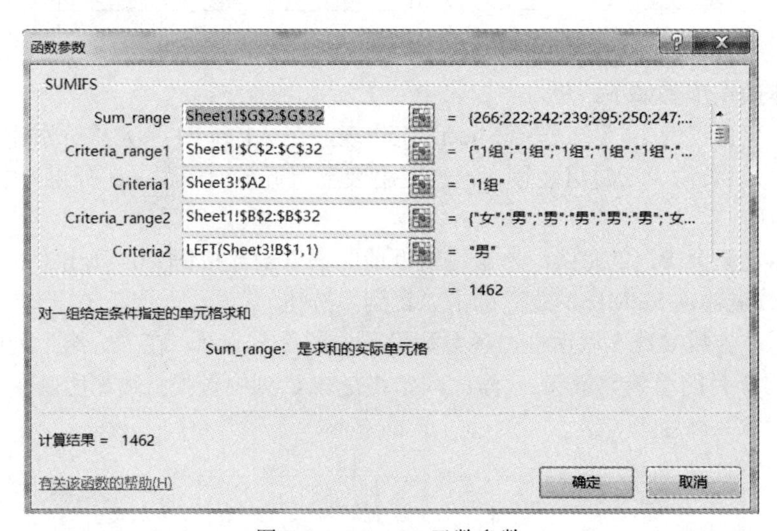

图 3-7　SUMIFS 函数参数

4）各参数填写完毕，单击“确定”按钮，计算出 1 组男员工一季度的组装量。

5）2 组和 3 组男员工一季度的组装量，可向下拖动填充柄来完成。女员工一季度各组的组装量可以由男员工的结果复制粘贴完成。最后得出结果如图 3-8 所示。

	A	B	C
1	分组	男员工一季度组装量	女员工一季度组装量
2	1组	1462	1285
3	2组	772	1662
4	3组	1503	1058

图 3-8　各组男、女员工一季度组装量

此题还可以运用 SUMPRODUCT 函数计算，请思考并练习操作。

任务 3　应用函数分段计数

根据“综合案例 1-1”工作簿提供数据，生成“综合案例 1-2”工作簿，完成以下操作：

（1）统计组装量分别在 0～49、50～59、60～69、70～79、80～89、90～99、100 及以上段的员工人数。

（2）分别统计各月完成和未完成任务的员工人数，若组装量小于 60，属于未完成，否则完成。

（1）具体操作步骤如下：

1）打开“综合案例 1-2”工作簿 Sheet1 工作表，计算一月组装数量在 0～49 范围内的员工数，计算单元格个数问题，需要使用 COUNTIFS 函数。将鼠标定位在 D33 单元格，然后单击插入函数按钮 *fx*，在弹出的对话框中选择 COUNTIFS 函数，进入该函数参数设置对话框。

2）在参数设置中，参数 Criteria_range1 设置要为特定条件计算的单元格区域，参数 Criteria1 设置相应区域的条件。参数设置如图 3-9 所示。

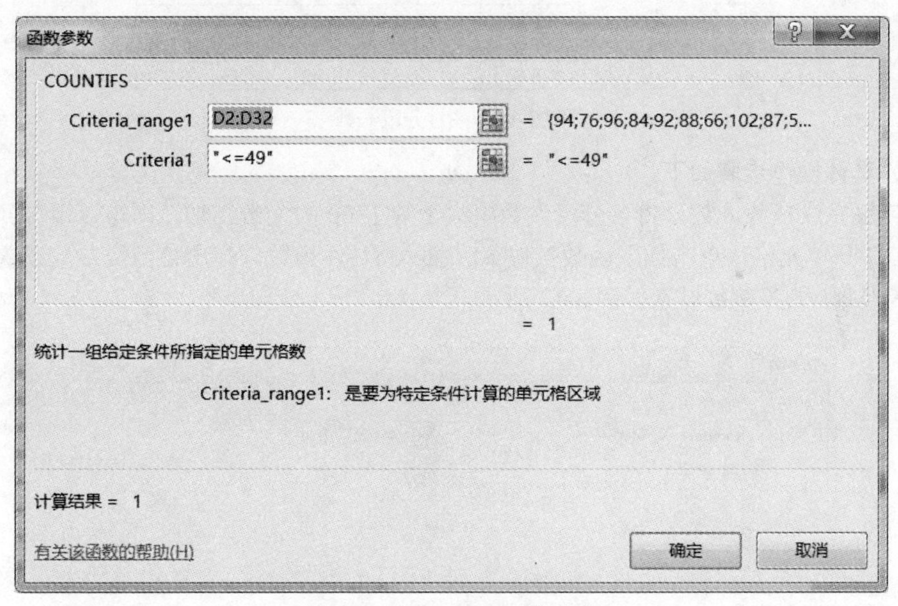

图 3-9　COUNTIFS 函数参数

3）参数设置完毕，单击“确定”按钮，计算出结果。

4）运用同样的方法，计算出组装数量在 50～59 范围内的员工数，条件区域不变，将条件分为两条设置：Criteria1>=50 且 Criteria1<=59，即在 D34 单元格函数参数设置中，具体设置如图 3-10 所示。

5）运用此函数将组装数量在“60～69、70～79、80～89、90～99、100 以上”各分段人数计算出来，二月、三月各段人数，同理操作。结果如图 3-11 所示。

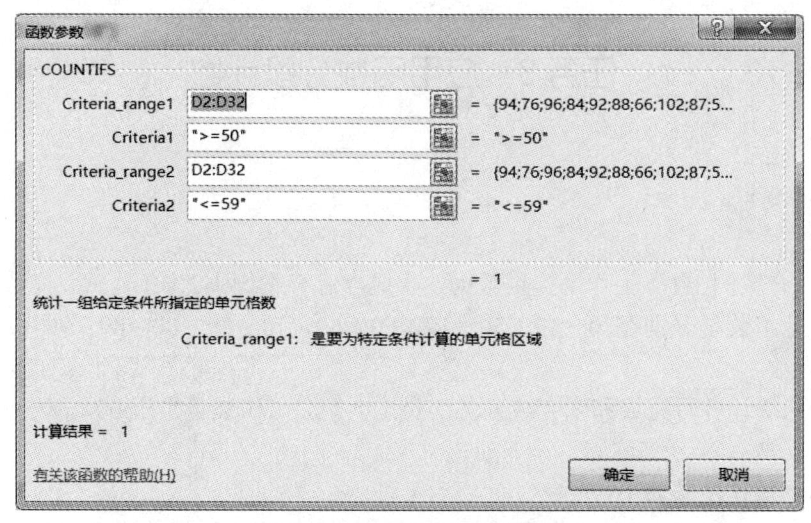

图 3-10 COUNTIFS 函数参数

	A	B	C	D	E	F
33	各分段人数		0-49	1	0	0
34			50-59	1	0	0
35			60-69	4	3	4
36			70-79	4	11	5
37			80-89	9	7	14
38			90-99	10	8	5
39			100及以上	2	2	3

图 3-11 各月分段人数

（2）具体操作步骤如下：

1）计算完成任务人数，将各分段人数中大于等于 60 的人数相加，即可以用 SUM 函数。鼠标定位 D40 单元格，单击插入函数按钮 *fx*，插入 SUM 函数，弹出该函数参数设置对话框。

2）SUM 函数各参数设置如图 3-12 所示。

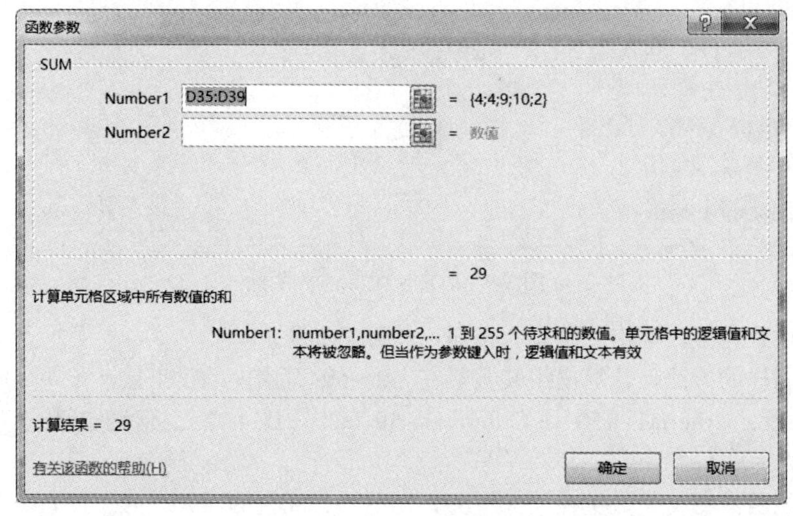

图 3-12 SUM 函数参数

3）未完成任务人数的计算，用 SUM 函数将组装数量小于 60 的人数相加，用同样的方法，将二月、三月的完成任务人数与未完成任务人数，分别计算出来，结果如图 3-13 所示。

	A	B	C	D	E	F
33	各分段人数		0-49	1	0	0
34			50-59	1	0	0
35			60-69	4	3	4
36			70-79	4	11	5
37			80-89	9	7	14
38			90-99	10	8	5
39			100及以上	2	2	3
40	完成任务人数			29	31	31
41	未完成任务人数			2	0	0

图 3-13　完成任务与未完成任务人数

此题还有另外两种方法，可以运用 SUMPRODUCT 函数、FREQUENCY 函数计算，请用这两种函数试做此题。

任务 4　应用函数计算平均值

打开“综合案例 1-1”工作簿，在 Sheet1 工作表中增加月平均组装量列标签。根据已提供数据，完成以下操作：

（1）在 Sheet1 表中统计每位员工一季度的组装量和月平均组装量。

（2）在 Sheet2 表中按组统计每月人均组装量和一季度人均组装量。

（3）在 Sheet3 表中按组统计男、女员工一季度人均组装量。

（4）所有结果为整数。

（1）具体操作步骤如下：

1）将鼠标定位在 G2 单元格，计算员工 1 的一季度组装量，运用 SUM 函数完成，单击插入函数按钮 *fx*，弹出“插入函数”对话框，在选择函数列表中选择 SUM 函数，然后单击“确定”按钮，弹出 SUM 函数参数设置对话框，参数引用后单击“确定”按钮即可，编辑框中函数如图 3-14 所示。

fx　=SUM(D2:F2)

图 3-14　SUM 函数编辑框

2）月平均组装量，用 AVERAGE 函数，平均量结果会出现小数部分，根据题目要求将结果取整，另外需要用到 ROUND 函数，单击插入函数按钮 *fx*，在弹出的“插入函数”对话框中选择ROUND函数，弹出 ROUND 参数设置对话框，在 Num_digits 参数中设置为 0，在Number

参数中进行函数嵌套操作，在编辑框左侧的名称框中选择需要嵌套的 AVERAGE 函数，弹出 AVERAGE 函数参数设置对话框，设置完成后单击“确定”按钮。完成后编辑框中显示的函数如图 3-15 所示。

fx =ROUND(AVERAGE(D2:F2),0)

图 3-15 ROUND 与 AVERAGE 嵌套函数编辑框

（2）具体操作步骤如下：

1）此题用到 ROUND 函数和 AVERAGEIF 函数。鼠标定位至 B2 单元格，单击插入函数按钮fx，弹出“插入函数”对话框，选择 ROUND 函数，弹出 ROUND 函数参数设置对话框，在 Num_digits 参数中设置为 0，在 Number 参数中进行函数嵌套操作，在名称框中选择需要嵌套的 AVERAGEIF 函数，AVERAGEIF 函数各参数设置如图 3-16 所示。

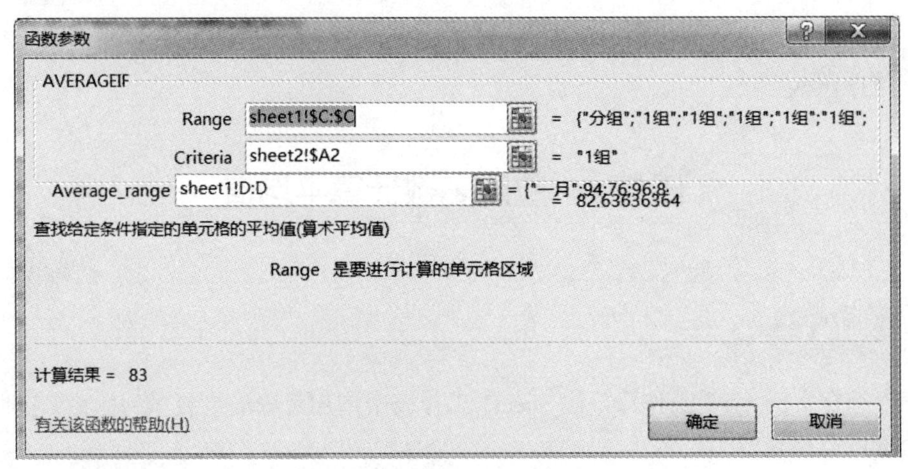

图 3-16 AVERAGEIF 函数参数

2）设置完成单击“确定”按钮。编辑框中显示的函数如图 3-17 所示。

fx =ROUND(AVERAGEIF(sheet1!$C:$C,sheet2!$A2,sheet1!D:D),0)

图 3-17 ROUND 与 AVERAGEIF 嵌套函数编辑框

3）1 组二月人均组装量、三月人均组装量、一季度人均组装量的计算，横向进行函数复制粘贴即可计算出结果，2 组、3 组的组装量纵向进行函数复制粘贴计算出结果，各项结果如图 3-18 所示。

	A	B	C	D	E
1	分组	一月人均组装量	二月人均组装量	三月人均组装量	一季度人均组装量
2	1组	83	80	83	246
3	2组	79	82	78	240
4	3组	85	83	85	252

图 3-18 各组各月人均组装量

（3）具体操作步骤如下：

1）此题用到 ROUND 函数、AVERAGEIFS 函数和 LEFT 函数。鼠标定位至 B2 单元格，单击插入函数按钮 *fx*，在弹出的“插入函数”对话框中，选择 ROUND 函数，先设置 Num_digits 参数为 0，再将鼠标定位至 Number 参数中进行函数嵌套操作，在名称框中选择需要嵌套的 AVERAGEIFS 函数，打开 AVERAGEIFS 函数参数设置对话框，各参数设置如图 3-19 所示。

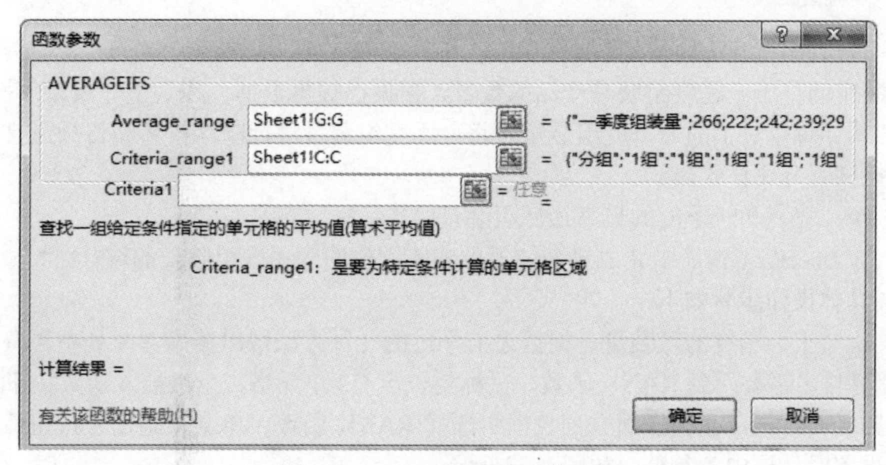

图 3-19　AVERAGEIFS 函数参数

2）在 AVERAGEIFS 函数中嵌套 LEFT 函数，LEFT 函数各参数的设置如图 3-20 所示。

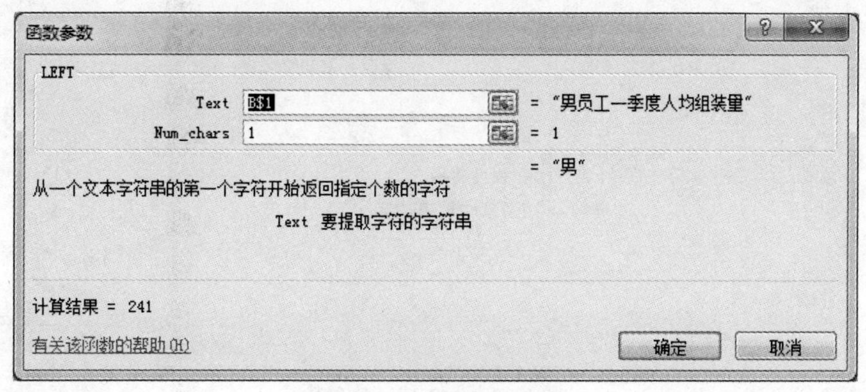

图 3-20　LEFT 函数参数

3）最后单击“确定”按钮，完成 1 组男员工一季度人均组装量的计算。2 组、3 组男员工一季度人均组装量纵向复制粘贴 B2 单元格函数即可。女员工一季度人均组装量，可通过横向复制粘贴男员工一季度人均组装量来完成。最后计算结果如图 3-21 所示。

	A	B	C
1	分组	男员工一季度人均组装量	女员工一季度人均组装量
2	1组	241	251
3	2组	257	232
4	3组	251	255

图 3-21　各组男、女员工一季度人均组装量

任务 5 应用函数对数据排名次

根据“综合案例 1-1”工作簿数据生成“综合案例 1-4”工作簿，Sheet1 表中按月记录了某企业组装车间员工一季度组装某产品的数量，根据已提供数据，在其中完成以下操作：

（1）统计每位员工的一季度组装量，将一季度组装量进行降序排名和百分比排名，百分比排名结果按百分比样式显示。

（2）统计每月和一季度的最高最低组装量。

（3）在 Sheet2 工作表中完成排名前五位和末五位的一季度组装量的统计。

（1）具体操作步骤如下：

1）每位员工一季度的组装量，根据之前学过的几种方法得出结果，此处不再赘述。

2）计算排名需要用到 RANK 函数。鼠标定位至 H2 单元格，单击插入函数按钮，弹出“插入函数”对话框，在选择函数列表框中选择 RANK 函数，单击“确定”按钮后弹出对话框，需要设置对话框中各参数，如图 3-22 所示。

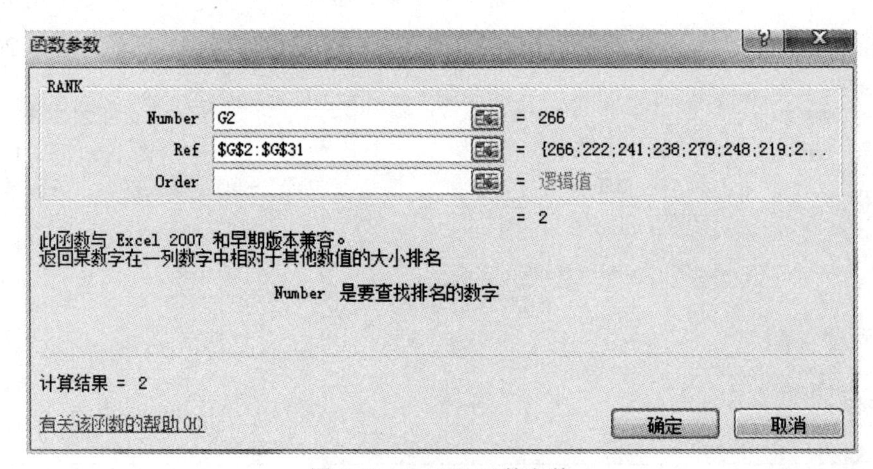

图 3-22 RANK 函数参数

Number 参数是用来设置所要排名的目标数据，Ref 参数是用来设置需要排名数据的区域，需要用到单元格绝对引用，Order 参数为设置升降序（如为 0 或忽略，降序；非零值为升序）。

3）参数设置完成，单击“确定”按钮。

4）其他员工排名，可用鼠标拖动填充柄完成。

5）百分比排名需要用到 PERCENTRANK 函数。将鼠标定位至 I2 单元格，单击插入函数按钮，在弹出的对话框的选择函数列表中选择 PERCENTRANK 函数，单击“确定”按钮，弹出 PERCENTRANK 函数参数设置的对话框，各参数设置如图 3-23 所示。

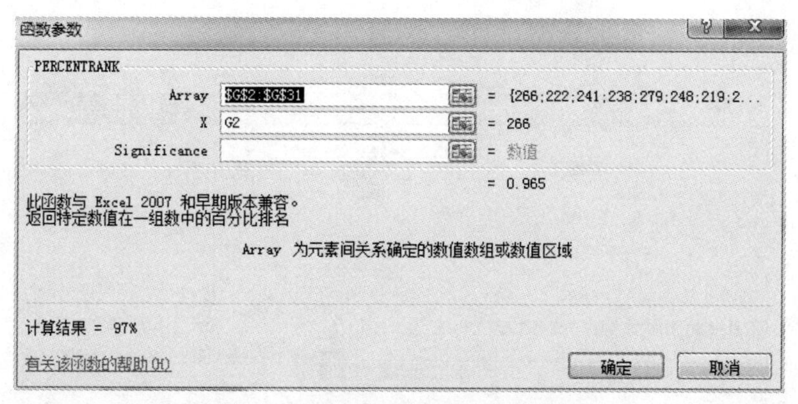

图 3-23　PERCENTRANK 函数参数

6）参数设置完成，单击“确定”按钮，计算出结果。

7）对 I2 单元格进行格式设置，数字分类设置为百分比。

8）其他员工一季度组装量百分比排名，可运用填充柄拖拽至 I31 单元格位置，进行函数复制粘贴操作。操作结果如图 3-24 所示。

	A	B	C	D	E	F	G	H	I
1	姓名	性别	分组	一月	二月	三月	一季度组装量	一季度组装量排名	一季度组装量百分比排名
2	员工1	女	1组	94	81	91	266	2	97%
3	员工2	男	1组	76	79	67	222	27	10%
4	员工3	男	1组	95	65	81	241	19	38%
5	员工4	男	1组	83	65	90	238	21	31%
6	员工5	男	1组	92	96	91	279	1	100%
7	员工6	男	1组	88	95	65	248	15	52%
8	员工7	女	1组	66	78	75	219	28	7%
9	员工8	女	1组	88	90	86	264	4	90%
10	员工9	女	1组	87	77	93	257	7	79%
11	员工10	男	1组	53	100	89	242	18	41%
12	员工11	女	1组	85	69	81	235	22	28%
13	员工12	男	1组	56	81	25	162	30	0%
14	员工13	男	1组	90	82	84	256	8	76%
15	员工14	男	1组	75	86	92	253	10	69%
16	员工15	女	1组	96	92	35	223	26	14%
17	员工16	女	1组	65	90	77	232	23	24%
18	员工17	女	1组	45	76	66	187	29	3%
19	员工18	女	1组	82	79	68	229	24	21%
20	员工19	女	1组	80	100	81	261	5	86%
21	员工20	女	1组	82	75	71	228	25	17%
22	员工21	女	1组	79	86	82	247	16	48%
23	员工22	女	1组	93	73	85	251	12	62%
24	员工23	男	1组	66	86	91	243	17	45%
25	员工24	男	1组	67	95	88	250	13	59%
26	员工25	男	1组	79	75	85	239	20	34%
27	员工26	女	1组	92	72	85	249	14	55%
28	员工27	男	1组	93	73	86	252	11	66%
29	员工28	男	1组	93	81	80	254	9	72%
30	员工29	女	1组	94	91	75	260	6	83%
31	员工30	男	1组	82	94	89	265	3	93%

图 3-24　一季度组装量排名结果

（2）具体操作步骤如下：

1）最高组装量用 MAX 函数计算，鼠标定位在 D32 单元格位置，单击插入函数按钮 *fx*，弹出“插入函数”对话框，在选择函数列表中选择 MAX 函数，弹出该函数参数设置的对话框，该函数各参数的设置如图 3-25 所示。

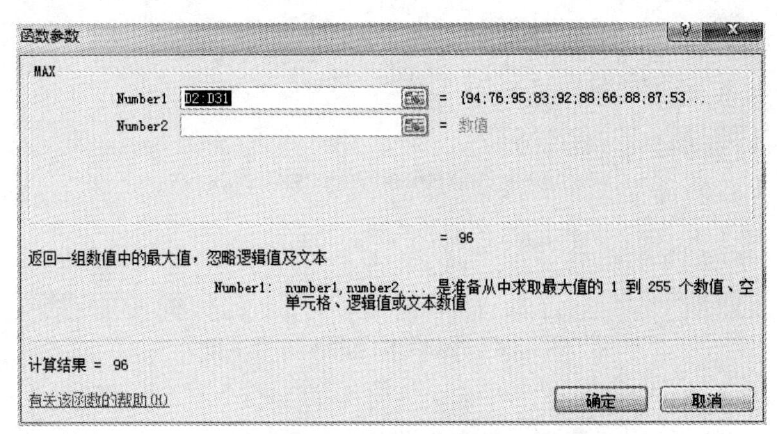

图 3-25　MAX 函数参数

2）设置完成后，单击“确定”按钮，得出一月中组装量最高值。二月、三月组装量最高值，可用同样的函数进行计算，或者使用鼠标填充柄完成。

3）最低组装量计算用 MIN 函数完成。选择 D33 单元格，单击插入函数按钮 fx，弹出“插入函数”对话框，在函数选择列表中选择 MIN 函数，单击“确定”按钮，进入 MIN 函数参数设置的对话框，对其参数的设置如图 3-26 所示。

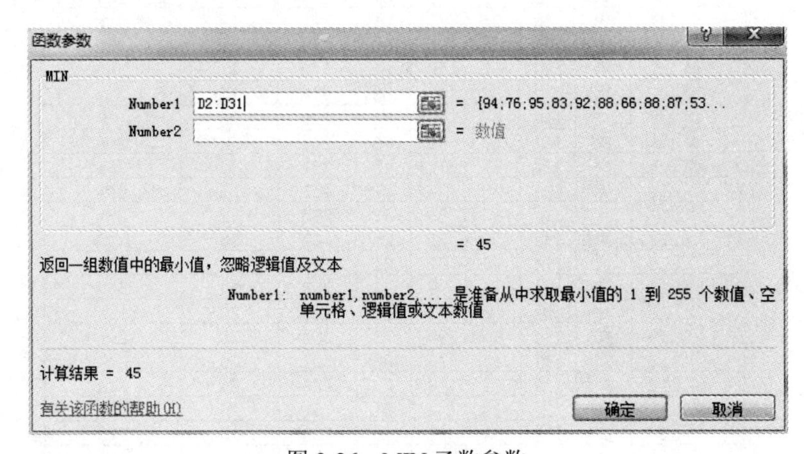

图 3-26　MIN 函数参数

4）设置完成，单击“确定”按钮，得出一月的最低组装量，二月、三月最低组装量计算可用同样的方法计算出来，或者使用函数复制粘贴功能完成。

5）最高组装量与最低组装量全部计算完成，结果如图 3-27 所示。

	A	B	C	D	E	F	G
32	最高组装量			96	100	93	279
33	最低组装量			45	65	25	162

图 3-27　各月份最高、最低组装量

（3）具体操作步骤如下：

1）运用 LARGE 函数，该函数的功能是返回数据组中第 K 个最大值。将鼠标定位于 Sheet2

工作表中 B2 单元格，单击插入函数按钮 fx，弹出“插入函数”对话框，搜索函数中输入 LARGE，然后单击“转到”按钮，在选择函数列表中就出现了此函数，双击选择函数列表中的 LARGE 函数，弹出 LARGE 函数参数设置的对话框，如图 3-28 所示。

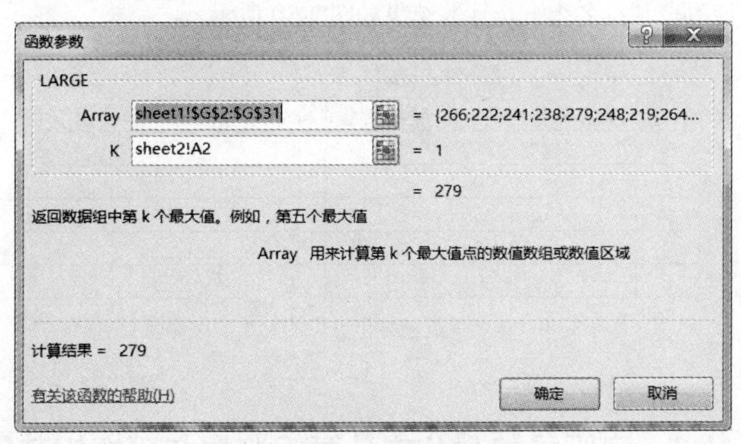

图 3-28　LARGE 函数参数

2）Array 参数引用第 K 个最大值点的数值数组或数值区域，K 参数引用所要返回的最大值点在数组或数据区中的位置。各参数设置值如图 3-28 所示。

3）单击“确定”按钮，返回值为排名第一位的一季度组装量。

4）排名第二、三、四、五位的一季度组装量，可以继续用此函数操作，或者直接运用函数复制粘贴功能完成。

5）排名末五位的一季度组装量，用 SMALL 函数完成。鼠标定位至 C2 单元格，单击插入函数按钮 fx，弹出“插入函数”对话框，搜索函数中输入 SMALL，然后单击“转到”按钮，在选择函数列表中就出现了此函数，双击选择函数列表中的 SMALL 函数，弹出 SMALL 函数参数设置的对话框，如图 3-29 所示。

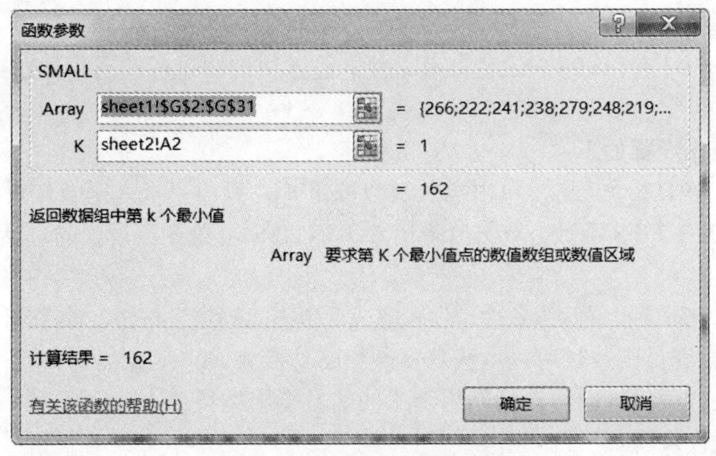

图 3-29　SMALL 函数参数

6）在 SMALL 函数参数设置的对话框中各参数设置如图 3-29 所示。Array 参数引用第 K 个最小值点的数值数组或数值区域，K 参数引用所要返回的最小值点在数组或数据区中的位置。

7）单击“确定”按钮，返回值为排名最后一位的一季度组装量。

8）排名倒数第二、三、四、五位的一季度组装量，可以继续用此函数操作，或者直接运用函数复制粘贴功能完成。

一季度排名前五位与排名末五位计算结果如图 3-30 所示。

	A	B	C
1	排名	排名前五位的一季度组装量	排名末五位的一季度组装量
2	1	279	162
3	2	266	187
4	3	265	219
5	4	264	222
6	5	261	223

图 3-30　排名前五位与末五位的一季度组装量

任务 6　应用函数及公式计算组装量与平均组装量

根据“综合案例 1-1”工作簿数据生成“综合案例 1-5”工作簿，根据所提供数据在 Sheet2 工作表中完成以下操作：

（1）按组分性别统计一季度组装量。

（2）按组分性别统计人数。

（3）按组分性别统计一季度人均组装量。

（4）所有结果为整数。

（1）具体操作步骤如下：

在“综合案例 1-1”工作簿 Sheet3 工作表中，已详细讲解过各组男、女员工一季度组装量，此处不再赘述。

（2）具体操作步骤如下：

1）鼠标定位至 D2 单元格，单击插入函数按钮 fx，弹出“插入函数”对话框，在选择函数列表中选择 COUNTIFS 函数，双击后弹出 COUNTIFS 函数参数设置的对话框。各参数的设置如图 3-31 所示。

2）参数设置中对应设置两组条件，设置完成后单击“确定”按钮，计算出 1 组男员工人数。

3）2 组、3 组男员工数量可以用函数复制粘贴功能完成。

4）女员工人数可以横向复制粘贴男员工的函数得出结果。

（3）具体操作步骤如下：

1）鼠标定位至 F2 单元格，单击插入函数按钮 fx，弹出“插入函数”对话框，在搜索函数中输入 ROUND，然后单击“转到”按钮，在选择函数列表中就出现了此函数，双击选择函数列表中的 ROUND 函数，弹出 ROUND 函数参数设置对话框，如图 3-32 所示。

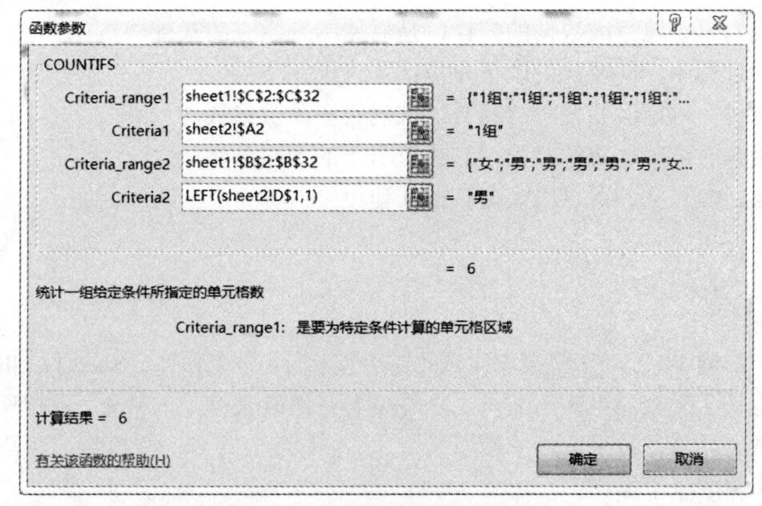

图 3-31　COUNTIFS 函数参数

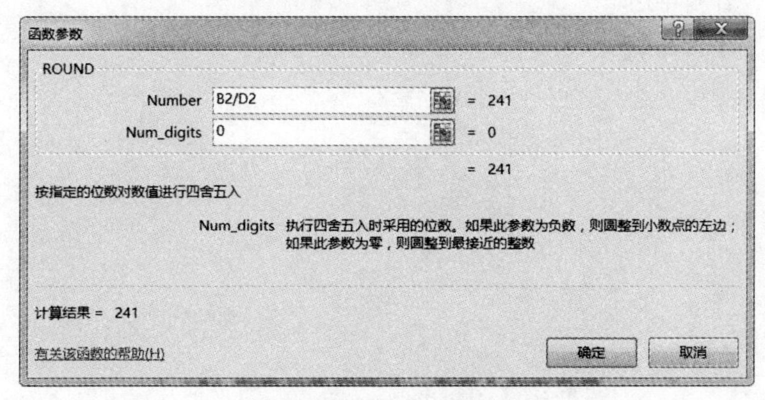

图 3-32　ROUND 函数参数

2）单击“确定”按钮，完成 1 组男员工人均组装量的计算。

3）2 组、3 组以及女员工人均组装量的计算，可以直接将此函数进行复制粘贴完成。各项计算结果如图 3-33 所示。

	A	B	C	D	E	F	G
1	分组	男组装量	女组装量	男人数	女人数	男人均组装量	女人均组装量
2	1组	1446	1257	6	5	241	251
3	2组	772	1623	3	7	257	232
4	3组	1503	1020	6	4	251	255

图 3-33　各项计算结果

通过对车间组装量的六个任务的计算操作，我们熟练并掌握了 Excel 2016 公式和函数的应用。分别从不同的角度对数据进行统计，便于领导对车间工作量的分析和管理，所以公式和

函数能够帮助我们更好地完成数据的统计，是后期图表生成的基础。

在函数操作过程中，需要注意以下几点：

- 分析题目，确定所要使用的函数，准确设置函数参数。
- 使用函数时准确分辨绝对引用与相对引用的使用条件。
- 灵活运用填充柄，可以大大提高操作速度。

根据“综合案例 1-1”工作簿数据生成“综合案例 1-6”工作簿，Sheet1、Sheet2 和 Sheet3 工作表中分别记录了某企业组装车间员工一季度各月组装某产品的数量。根据所提供数据，在 Sheet4 工作表中统计每位员工的一季度组装量、月平均组装量和一季度组装量降序排名，并在 Sheet5 工作表中完成以下操作：

（1）按组统计每月的组装量及一季度组装量。

（2）按组统计月平均组装量。

（3）所有结果为整数。

Excel 综合应用 2　学生成绩统计分析

本项目主要通过对学生成绩进行统计分析，讲述如何利用 Excel 2016 中简单的公式和常用函数进行计算，利用图表功能直观地展示数据的变化趋势。

1．熟练掌握 Excel 常用函数的功能并运用。
2．熟练掌握 Excel 常用公式的形式。
3．熟练掌握 Excel 的图表的建立和修改。

期末考试结束了，现得到某班 30 名学生的思想品德、高等数学、大学英语和计算机应用四科的考试成绩。要求计算出学生各科成绩的总分、平均分和名次，并根据平均分判断成绩所处等级，从而制作出学生成绩表；再通过对学生成绩表内的数据进行统计和分析，计算出不及格人数占总人数的比例，从而得到成绩统计表；最后根据成绩统计表中的数据制作能直观表明各个分数段人数的成绩统计图。效果如图 3-34、图 3-35、图 3-36 所示。

	A	B	C	D	E	F	G	H	I	J	K
1	学生成绩表										
2	学号	姓名	性别	思想品德	高等数学	大学英语	计算机应用	总分	平均分	等级	名次
3	2009040101	孙旭	男	88	76	93	78	335	84	及格	2
4	2009040102	姜云龙	男	69	82	96	85	332	83	及格	3
5	2009040103	李良平	男	65	71	80	99	315	79	及格	12
6	2009040104	陈明杰	男	69	84	35	80	268	67	及格	25
7	2009040105	高俊伟	男	74	75	78	90	317	79	及格	11
8	2009040106	李虹	女	67	79	47	99	292	73	及格	19
9	2009040107	王海迪	女	98	74	96	87	355	89	及格	1
10	2009040108	王维生	男	86	85	76	79	326	82	及格	7
11	2009040109	李星宇	男	81	94	94	60	329	82	及格	5
12	2009040110	刘文庄	男	50	56	91	51	248	62	及格	27
13	2009040111	闫迪	男	77	62	72	69	280	70	及格	23
14	2009040112	高月月	女	87	71	82	90	330	83	及格	4
15	2009040113	李新	女	81	72	92	79	324	81	及格	9
16	2009040114	李家伟	男	75	91	83	58	307	77	及格	14
17	2009040115	王萍	女	67	68	34	53	222	56	不及格	30
18	2009040116	李晓凡	女	96	68	74	67	305	76	及格	15
19	2009040117	刘洋	女	88	75	46	83	292	73	及格	19
20	2009040118	高博	男	54	62	49	81	246	62	及格	28
21	2009040119	孟敬涛	男	70	90	72	68	300	75	及格	17
22	2009040120	孙学亮	男	45	63	81	53	242	61	及格	29
23	2009040121	王雪	女	78	94	68	89	329	82	及格	5
24	2009040122	王哲	男	91	72	83	77	323	81	及格	10
25	2009040123	任娟	女	62	71	68	80	281	70	及格	21
26	2009040124	张金凤	女	87	46	71	66	270	68	及格	24
27	2009040125	高明远	男	68	93	55	83	299	75	及格	18
28	2009040126	姚晓林	女	82	77	85	81	325	81	及格	8
29	2009040127	韩东洋	男	55	43	91	71	260	65	及格	26
30	2009040128	孙心洁	女	73	72	62	74	281	70	及格	21
31	2009040129	李博	男	65	80	70	90	305	76	及格	15
32	2009040130	杨超	男	82	69	78	84	313	78	及格	13

图 3-34　学生成绩表

	A	B	C	D	E
1	成绩统计表				
2		思想品德	高等数学	大学英语	计算机应用
3	90-100(人)	3	5	7	5
4	80-89(人)	9	4	6	10
5	70-79(人)	6	12	8	6
6	60-69(人)	8	6	3	5
7	59以下(人)	4	3	6	4
8	总计	30	30	30	30
9	不及格比例	13%	10%	20%	13%
10					

图 3-35 成绩统计表

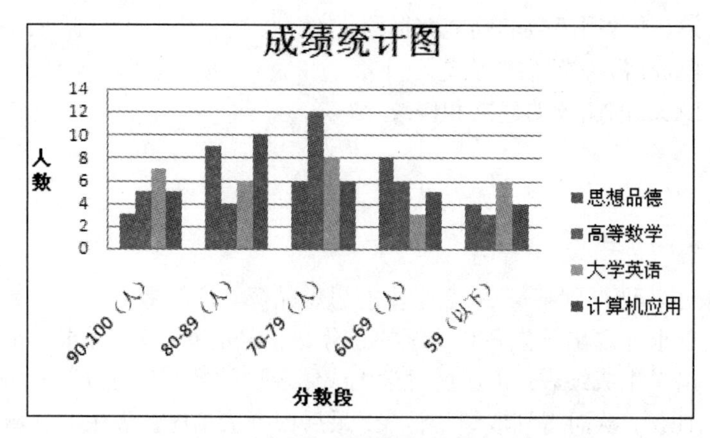

图 3-36 成绩统计图

任务 1 工作簿的建立

新建一个 Excel 工作簿，以“成绩”为文件名，保存到桌面。将 Sheet1 工作表重命名为“学生成绩表”，Sheet2 工作表重命名为“成绩统计表”，Sheet3 工作表重命名为“成绩统计图”。

步骤 1 建立“成绩”工作簿。

（1）启动 Excel。

（2）单击快速访问工具栏中的“保存”按钮，在“另存为”对话框中将文件名由“工作簿 1.xlsx”改为“成绩.xlsx”，在对话框左侧选择“浏览”选项，单击对话框中的保存(S)按钮，将文件保存到桌面。

步骤 2 重命名工作表。

（1）将鼠标指针移到 Sheet1 工作表的标签上，右击鼠标，在弹出的快捷菜单中选择“重命名”命令，然后输入新名称“学生成绩表”。

（2）将鼠标指针移到 Sheet2 工作表的标签上，右击鼠标，在弹出的快捷菜单中选择“重命名”命令，然后输入新名称“成绩统计表”。

（3）将鼠标指针移到 Sheet3 工作表的标签上，右击鼠标，在弹出的快捷菜单中选择“重命名”命令，然后输入新名称“成绩统计图”。

任务 2　在工作簿中输入相关的数据

输入“学生成绩表”中相应数据。设置标题格式：字体设置为“仿宋”，字号“18”，“加粗”，标题在 A1:K1 区域内“跨列居中”，标题行行高设置为“30”。表头行格式：字体设置为“宋体”，字号“12”，添加“浅绿”底纹，文字对齐方式设置为“水平和垂直居中”。表格外框：外边框设置为双细线，内边框设置为单细线。四科成绩中所有不及格（小于 60）的成绩所在单元格底纹设置为“浅黄”。

输入“成绩统计表”中相应数据。设置标题格式：字体设置为“仿宋”，字号“20”，“加粗”，标题在 A1:E1 区域内“跨列居中”。 表头行格式：字体设置为“宋体”，字号“12”，添加“浅绿”底纹，同时为 A3:A9 单元格区域添加“浅绿”底纹，文字对齐方式设置为“水平居中”。表格所有框线为单细线。

步骤 1　在“学生成绩表”工作表中输入数据。

（1）在表格中分别输入标题行、表头行、姓名列、性别列和四科成绩，如图 3-34 所示。

（2）输入学号列数据，单击 A3 单元格，在 A3 单元格中输入学号“2009040101”，按 Enter 键。鼠标指向 A3 单元格的填充柄（位于单元格右下角的小黑块），此时鼠标指针变为“**+**”，按住 Ctrl 键的同时，单击鼠标并向下拖动填充柄至目标单元格时释放鼠标，填充效果如图 3-37 所示。

	A	B	C	D	E	F	G
1	学生成绩表						
2	学号	姓名	性别	思想品德	高等数学	大学英语	计算机应用
3	2009040101						
4	2009040102						
5	2009040103						
6	2009040104						
7	2009040105						
8	2009040106						
9	2009040107						
10	2009040108						
11	2009040109						
12	2009040110						
13	2009040111						
14	2009040112						
15	2009040113						
16							

图 3-37　学号填充

步骤 2 设置标题格式。

（1）选中 A1 单元格，在“开始”选项卡中的“字体”组内，单击“字体”下拉按钮选择“仿宋”，在“字号”下拉按钮选择“18”，单击 B 按钮，进行字体加粗设置。

（2）选中 A1:K1 单元格区域，在所选区域上右击鼠标，在弹出的快捷菜单中选择“设置单元格格式”命令，弹出“设置单元格格式”对话框。单击“设置单元格格式”对话框中的“对齐”标签，在文本对齐方式中的“水平对齐”下拉列表中选择“跨列居中”命令。

（3）单击行号“1”，选中标题所在第一行，在“开始”选项卡中，单击“单元格”组中“格式”下拉按钮，选“行高”命令，输入行高为“30”，单击 确定 按钮。

步骤 3 设置表头格式。

（1）选中 A2:K2 单元格区域，在“开始”选项卡中的“字体”组内，单击“字体”下拉按钮，选择“宋体”，单击“字号”下拉按钮选择“12”。

（2）单击“开始”选项卡“字体”组中的按钮的下拉箭头，选择单元格底纹为“浅绿”。

（3）在所选区域上右击鼠标，在弹出的快捷菜单中选择“设置单元格格式”命令，单击“设置单元格格式”对话框中的“对齐”标签，在“水平对齐”下拉列表中选择“居中”命令，在“垂直对齐”下拉列表中选择“居中”命令。

步骤 4 设置表格边框线。

（1）对照图 3-34，选择 A1:K32 单元格区域，单击“开始”选项卡“字体”组中的下拉按钮，选择“所有框线”，为表格设置所有边框线。

（2）在所选区域上，右击鼠标，在弹出的快捷菜单中选择“设置单元格格式”命令，打开“设置单元格格式”对话框，选择“边框”标签，选择线条样式为，预置处选择外边框，设置好表格外边框。

步骤 5 设置条件格式。

（1）选中 D3:G32 单元格区域。

（2）单击“样式”组中的“条件格式”下拉按钮，选择“突出显示单元格规则”中的“小于”对话框，如图 3-38 所示。

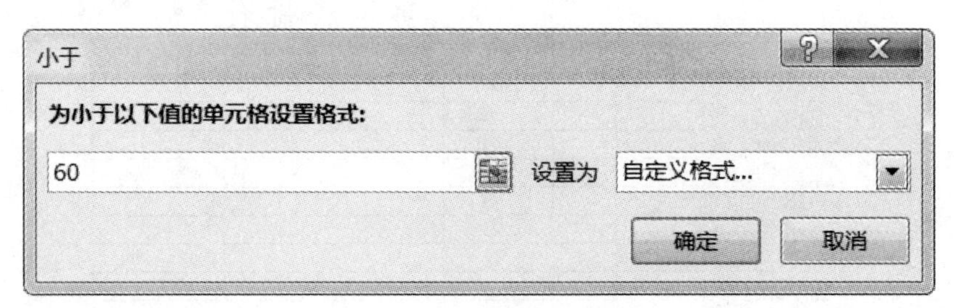

图 3-38 “小于”对话框

（3）先在该对话框的中，输入“60”，再单击“设置为”下拉列表中的“自定义格式”命令，打开“设置单元格格式”中的“填充”标签，“背景色”颜色选择“浅黄”，单击 确定 按钮，如图 3-39 所示。

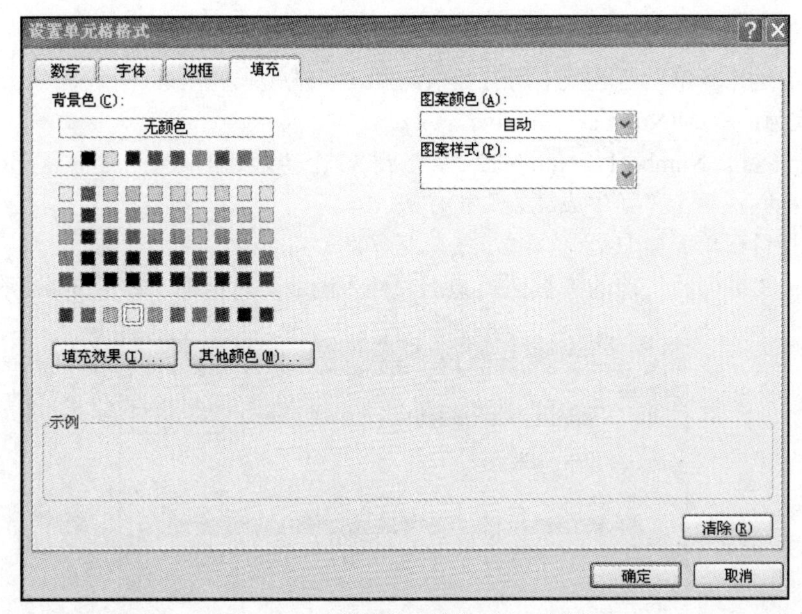

图 3-39　“设置单元格格式”对话框

步骤 6　在“成绩统计表”工作表中输入数据并设置格式。

（1）单击标签栏的“成绩统计表”，在工作表中分别输入标题行、表头行、分数段列的数据，如图 3-35 所示。

（2）选中 A1 单元格，在“开始”选项卡中的“字体”组内，单击“字体”下拉按钮选择“仿宋”，在“字号”下拉按钮选择“20”，单击 **B** 按钮，进行字体加粗设置。

（3）选中 A1:E1 单元格区域，在所选区域上右击鼠标，在弹出的快捷菜单中选择“设置单元格格式”命令，弹出“设置单元格格式”对话框。单击“设置单元格格式”对话框中的“对齐”标签，在文本对齐方式中的“水平对齐”下拉列表中选择“跨列居中”命令。

（4）选中 A2:E2 单元格区域，在“开始”选项卡中的“字体”组内，单击“字体”下拉按钮中选择“宋体”，在“字号”下拉按钮中选择“12”。

（5）按住 Ctrl 键的同时，选中 A3:A9 单元格区域，单击“开始”选项卡“字体”组中的按钮的下拉箭头，选择单元格底纹为“浅黄”。

（6）对照图 3-35，选择 A2:E9 单元格区域，单击“开始”选项卡“字体”组中的下拉按钮，选择“所有框线”，为表格设置所有边框线。

任务 3　使用常用函数进行计算

使用函数计算“学生成绩表”中“总分”“平均分”“等级”和“名次”列的数据。计算“成绩统计表”中各科“90～100”和“59 以下”分数段人数。

步骤 1 “总分”列单元格计算。

SUM 函数是计算单元格区域中所有数值的和，也就是求和函数。

语法格式为：SUM(Number1,Number2, …)

只有 1 个参数，Number1，Number2…，1 到 30 个待求和的数值。

（1）在标签栏单击“学生成绩表”工作表。

（2）选择目标单元格 H3。

（3）单击“编辑栏”前的 *fx* 按钮，弹出“插入函数”对话框，如图 3-40 所示。

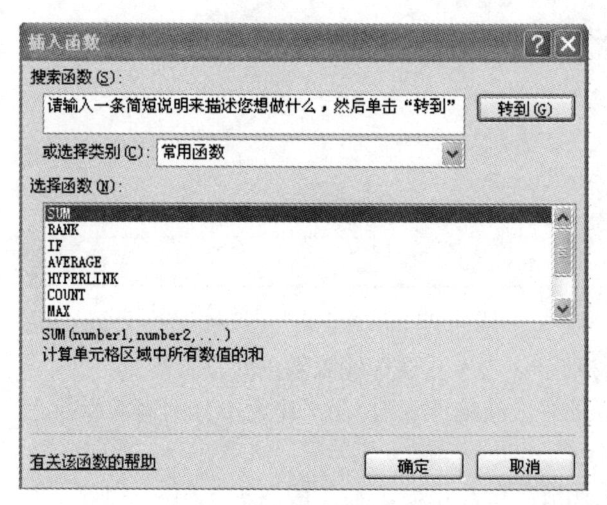

图 3-40 “插入函数”对话框

（4）在打开的“插入函数”对话框中选择 SUM 函数，单击按钮。弹出“函数参数”对话框，如图 3-41 所示。

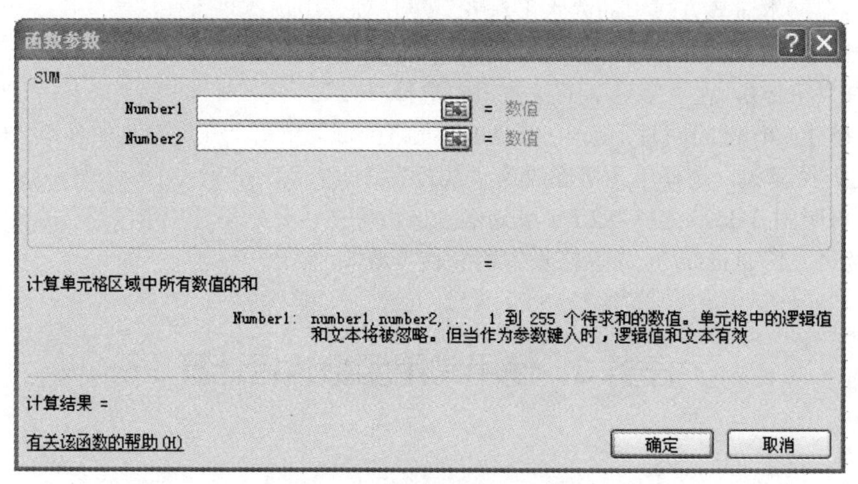

图 3-41 “函数参数”对话框

（5）在打开的“函数参数”对话框中，对函数参数进行引用，单击 Number1 输入框右侧的按钮，单击 D3 单元格，并拖动到 G3 单元格，如图 3-42 所示，选定这一单元格区域后，再次单击按钮，返回“函数参数”对话框，单击按钮。

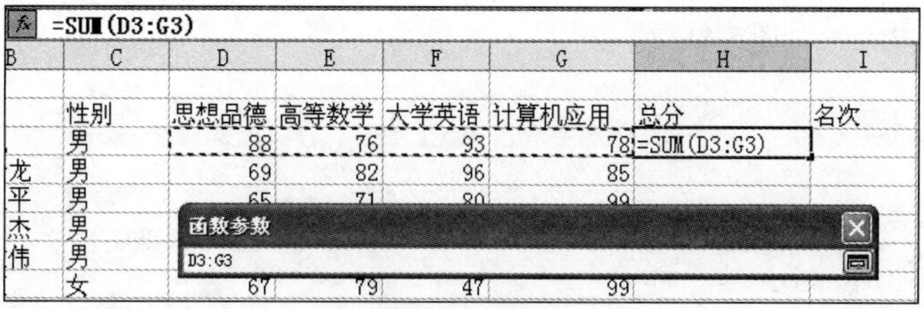

=SUM(D3:G3)

B	C	D	E	F	G	H	I
	性别	思想品德	高等数学	大学英语	计算机应用	总分	名次
	男	88	76	93	78	=SUM(D3:G3)	
龙	男	69	82	96	85		
平	男	65	71	80	99		
杰	男						
伟	男						
	女	67	79	47	99		

函数参数

D3:G3

图 3-42　引用成绩

（6）鼠标指针指向 H3 单元格的填充柄，当鼠标指针变为“+”时，单击鼠标并向下拖动，将 H3 单元格的函数自动复制到其他单元格中。

提示　Excel 中的函数是一种预定义了计算功能的内置公式，它使用一些参数作为特定数值按特定的顺序或结构进行计算，然后返回结果。所有函数都包含函数名、参数和圆括号三部分。

步骤 2　“平均分”列单元格计算。

AVERAGE 函数是返回其参数的算术平均值，即求平均值函数。

语法格式为：AVERAGE(Number1, Number2,…)

只有 1 个参数，Number1，Number2…，用于计算 1 到 30 个数值参数的平均值。

（1）选择目标单元格 I3。

（2）单击“编辑栏”处的 *fx* 按钮，弹出“插入函数”对话框。

（3）在打开的“插入函数”对话框中选择 AVERAGE 函数，单击 确定 按钮。弹出“函数参数”对话框。

（4）在打开的“函数参数”对话框中，单击 Number1 输入框右侧的按钮，单击 D3 单元格，并拖动到 G3 单元格，选定这一单元格区域后，再次单击按钮，返回“函数参数”对话框，单击 确定 按钮。

（5）鼠标指针指向 I3 单元格的填充柄，当鼠标指针变为“+”时，单击鼠标并向下拖动，将 I3 单元格的函数自动复制到其他单元格中。

步骤 3　“等级”列单元格计算。

IF 函数是判断一个条件是否满足，如果满足返回一个值，如果不满足则返回另一个值。

语法格式为：IF(Logical_test,Value_if_true,Value_if_false)

共包括 3 个参数，其中：Logical_test 为任何一个可判断为真或假的条件；Value_if_true 为当条件为真时返回的值；Value_if_false 为条件为假时返回的值。

（1）选择目标单元格 J3。

（2）单击“编辑栏”处的 *fx* 按钮，弹出“插入函数”对话框。

（3）在打开的“插入函数”对话框中选择 IF 函数，单击 确定 按钮。弹出“函数参数”对话框。

（4）在打开的“函数参数”对话框中，单击 Logical_test 输入框，输入判断条件“I3>=60”，单击 Value_if_true 输入框，输入条件为真时的返回值“"及格"”（及格二字需用英文的双引号），单击 Value_if_false 输入框，输入条件为假时的返回值“"不及格"”，返回“函数参数”对话框，单击确定按钮。如图 3-43 所示。

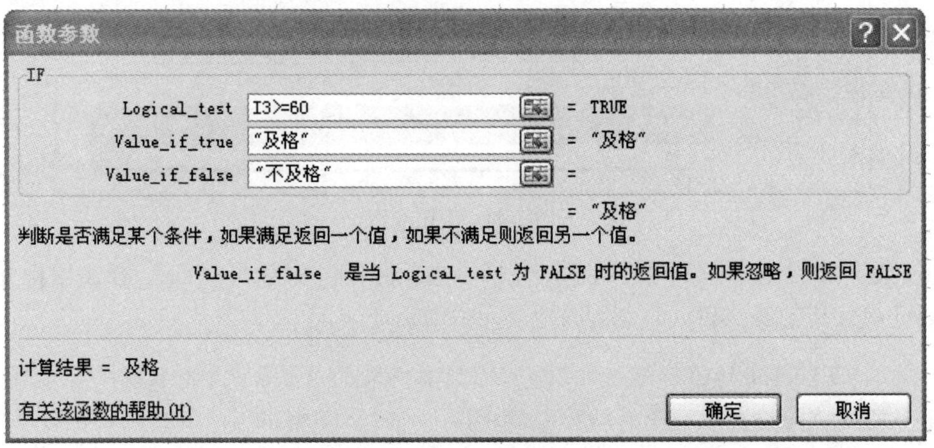

图 3-43 IF 函数参数

提示

单元格引用是指公式中指明的一个单元格或一组单元格的引用。公式中对单元格的引用分为相对引用、绝对引用和混合引用三种。

用 D3 这种方式表示的引用为相对引用，当公式在复制或移动时，相对引用单元格的地址会随着公式的移动而自动改变；用$D$3 这种方式表示的引用为绝对引用，它是指当公式在复制或移动时，公式中引用单元格的地址不会随着公式的移动而改变。混合引用是相对引用与绝对引用的混合使用。

（5）鼠标指针指向 J3 单元格右下角的填充柄，当鼠标指针变为"+"时，单击鼠标并向下拖动，将 J3 单元格的函数自动复制到其他单元格中。

步骤 4 "名次"列单元格计算。

RANK 函数是排定名次的函数，用于返回一个数值在一组数值中的排序，排序时不改变该数值原来的位置。

语法格式为：RANK(Number, Ref, Order)

共包括 3 个参数，其中：Number 为需要排位的数字；Ref 为数字列表数组或对数字列表的引用；Order 指明排位的方式，如 Order 值为 0 或省略，按照降序排列，如果 Order 值不为 0，按照升序排列。

（1）选择目标单元格 K3。

（2）单击"编辑栏"处的 *fx* 按钮，弹出"插入函数"对话框。

（3）在打开的"插入函数"对话框中选择 RANK 函数，单击确定按钮。弹出"函数参数"对话框。

（4）在打开的"函数参数"对话框中，单击 Number 输入框右侧的按钮，选择 H3 单元格；再单击 Ref 输入框右侧的按钮，选择列标 H，最后一个参数 Order 因为是降序排列，可以省略，单击确定按钮。如图 3-44 所示。

（5）鼠标指针指向 K3 单元格的填充柄，当鼠标指针变为"+"时，单击鼠标并向下拖动，将 K3 单元格的函数自动复制到其他单元格中。

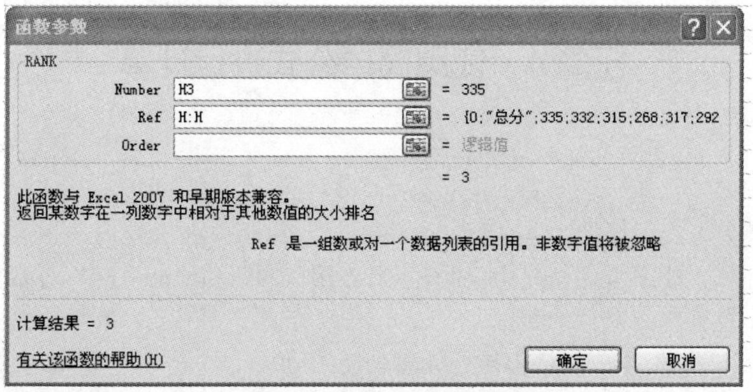

图 3-44　RANK 函数参数

步骤 5　各科“90～100”和“59 以下”分数段人数单元格计算。

COUNTIF 函数的功能是统计指定区域内满足给定条件的单元格数目。

语法格式为：COUNTIF(Range , Criteria)

其中，Range 指定单元格区域，Criteria 表示指定的条件表达式。

（1）在标签栏单击“成绩统计表”工作表。

（2）“成绩统计表”工作表中选择目标单元格 B3（90-100 人数）。

（3）单击“编辑栏”处的 *fx* 按钮，弹出“插入函数”对话框。

（4）在打开的“插入函数”对话框中，选择 COUNTIF 函数，单击 确定 按钮。

（5）在打开的“函数参数”对话框中，单击 Range 输入框右侧的按钮，单击“学生成绩表”工作表标签，在“学生成绩表”中选择参数范围 D3:D32。再单击 Criteria 输入框，输入统计条件“>=90”，单击 确定 按钮。如图 3-45 所示。

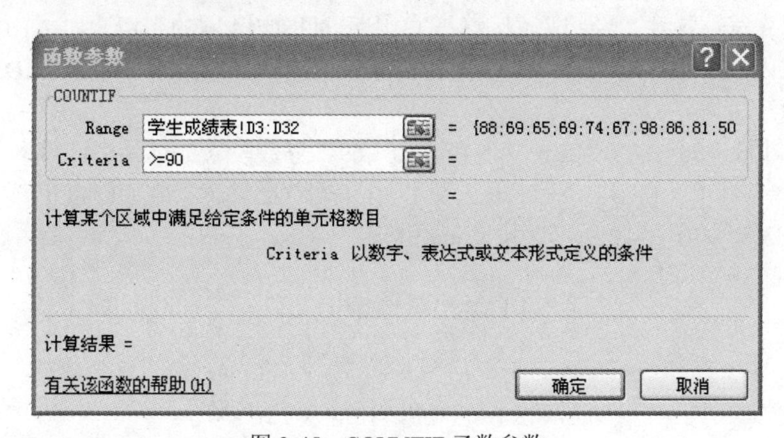

图 3-45　COUNTIF 函数参数

（6）鼠标指针指向 B3 单元格的填充柄，当鼠标指针变为“+”时，单击鼠标并向右拖动，将 B3 单元格中的函数复制到其余三学科所在的单元格中。

（7）选择目标单元格 B7（59 以下人数），当对函数的语法格式比较熟悉后，可以在编辑栏处直接输入“=COUNTIF(学生成绩表!D3:D32,"<60")”，按 Enter 键确定。

（8）鼠标指针指向 B7 单元格的填充柄，当鼠标指针变为“+”时，单击鼠标并向右拖动，将 B7 单元格中的函数复制到其余三学科所在的单元格中。

任务 4 使用简单公式进行计算

使用公式计算“成绩统计表”中“80～89”“70～79”和“60～69”分数段的人数，计算“总计”和“不及格比例”行的数据。

Excel 中的公式是指在单元格中执行计算功能的等式。

所有公式输入时都必须以“=”开头，“=”后面是参与计算的运算数和运算符。公式可以直接输入到目标单元格内，也可以在选中单元格后，将公式输入到“编辑栏”内，如图 3-46 所示。

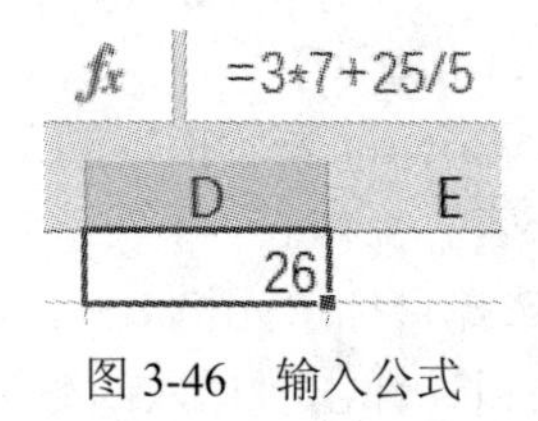

图 3-46 输入公式

常用运算符：

①算术运算符：+（加）、-（减）、*（乘）、/（除）、^（乘方）、%（百分号）等。

②比较运算符：=（等于）、<（小于）、>（大于）、<=（小于等于）、>=（大于等于）、<>（不等于）。

③引用运算符：冒号“:”（区域运算符），用于对指定区域的引用。如 A1:D3，引用它们之间矩形区域内的数据。逗号“,”（联合运算符），如 A1,D3 表示引用 A1、D3 单元格内的数据。

步骤 1 各科“80～89”“70～79”和“60～69”分数段人数单元格计算。

（1）选择目标单元格 B4（80～89 人数），在编辑栏处输入“=COUNTIF(学生成绩表!D3:D32,">=80")-B3”，如图 3-47 所示，按 Enter 键确定。

图 3-47 在编辑栏输入公式

（2）选择目标单元格 B5（70～79 人数），在编辑栏处输入“=COUNTIF(学生成绩表!D3:D32,">=70")-B4-B3”，按 Enter 键确定。

（3）选择目标单元格 B6（60～69 人数），在编辑栏处输入“=COUNTIF(学生成绩表!D3:D32,">=60")-B3-B4-B5”，按 Enter 键确定。

（4）鼠标指针分别指向 B4、B5 和 B6 单元格的填充柄，当鼠标指针变为“+”时，单击鼠标并向右拖动，将以上单元格中的函数复制到其余三学科所在的单元格中。

步骤 2　“总计”行单元格计算。

（1）选择目标单元格 B8。

（2）单击“编辑栏”处的 fx 按钮，弹出“插入函数”对话框。

（3）在打开的“插入函数”对话框中选择 SUM 函数，单击 确定 按钮。弹出“函数参数”对话框。

（4）在打开的“函数参数”对话框中，对函数参数进行引用，单击 Number1 输入框右侧的按钮，单击 B3 单元格，并拖动到 B7 单元格，选定这一单元格区域后，再次单击按钮，返回“函数参数”对话框，单击 确定 按钮。

（5）鼠标指针指向 B8 单元格的填充柄，当鼠标指针变为“+”时，单击鼠标并向右拖动，将 B8 单元格的函数自动复制到其他单元格中。

步骤 3　“不及格比例”行单元格计算。

（1）选择目标单元格 B9。

（2）在单元格内，或者在上方“编辑栏”处输入“=B7/B8”，如图 3-48 所示，按 Enter 键确认。

（3）鼠标指针指向 B9 单元格的填充柄，当鼠标指针变为“+”时，单击鼠标并向右拖动，将 B9 单元格的函数自动复制到其他单元格中。

B9　fx　=B7/B8

	A	B	C	D
8	总计	30	30	
9	不及格比例	0.13		

图 3-48　输入公式

任务 5　数据图表化

使用“成绩统计表”工作表中各分数段人数，创建“成绩统计图”图表。图表类型为“簇状柱形图”，数据系列产生在“行”，图表标题为“成绩统计图”，分类（X）轴为“科目”，分类（Y）轴为“人数”。

修改“成绩统计图”图表。将图表类型改为“三维簇状柱形图”，将图表标题设置为“22 号，蓝色，加粗”，将背景墙的填充效果设置为“蓝色面巾纸”。

步骤 1　制作成绩统计图。

（1）在“成绩统计表”工作表中，选择所需的数据单元格区域 A2:E7。

（2）选择“插入”选项卡中的“图表”组命令，单击“柱形图”下拉按钮，如图 3-49 所示。

（3）在“柱形图”下拉按钮中选择“二维柱形图”中的“簇状柱形图”可得到“成绩统计图”，如图 3-50 所示。

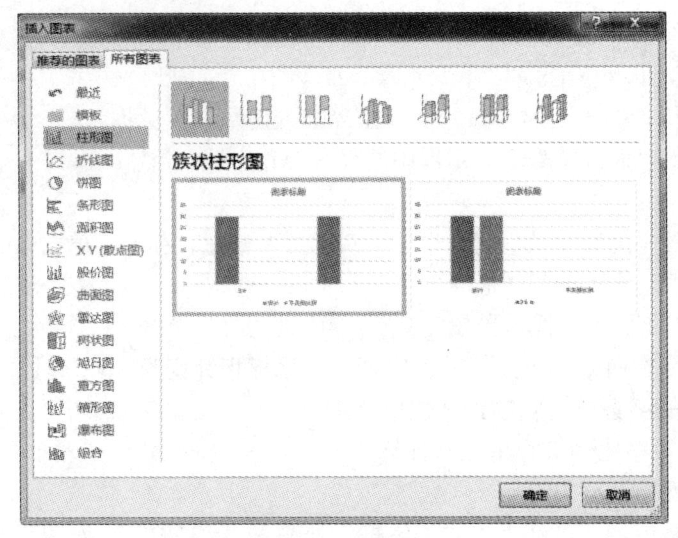

图 3-49　图表类型

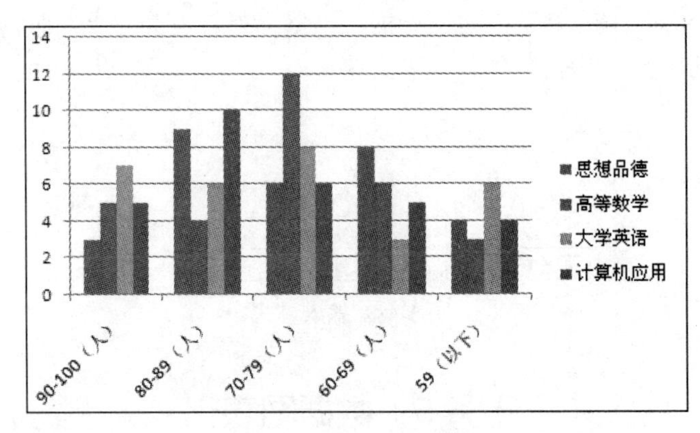

图 3-50　成绩统计图

（4）为图表添加标题。图表插入后会自动在选项卡上方出现“图表工具”，单击“设计”选项卡，单击 “图表布局”组中的“图表标题”下拉按钮，选择“图表上方”样式，如图 3-51 所示。双击“图表标题”添加标题为“成绩统计图”，如图 3-52 所示。

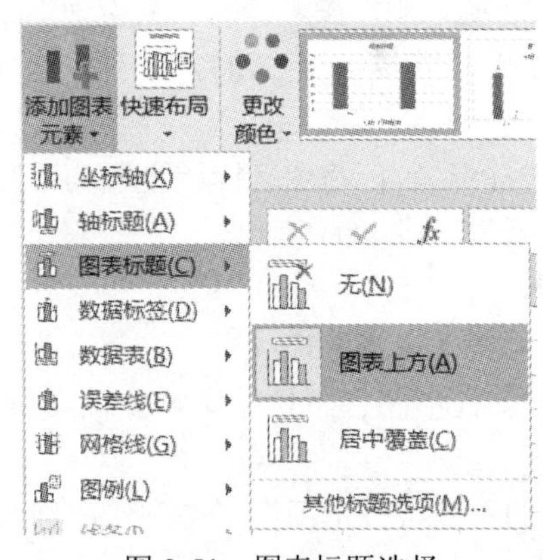

图 3-51　图表标题选择

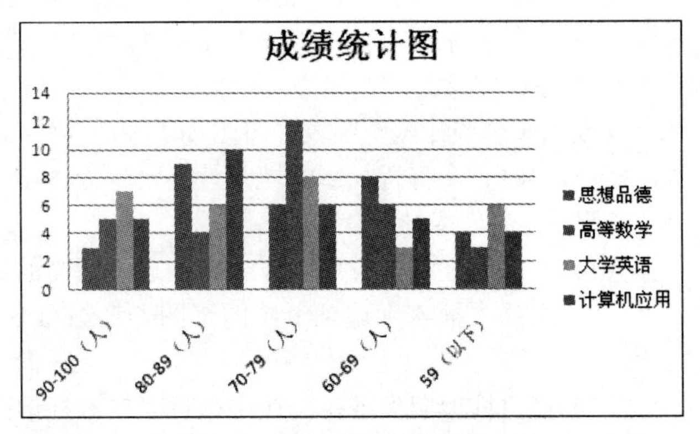

图 3-52　添加标题的成绩统计图

（5）添加横轴（X）、纵轴（Y）标题。单击“图表工具”中的“设计”选项卡，选择“图表布局”组中的“添加图表元素”下拉按钮，如图 3-53 所示。在　“轴标题”选择“主要横坐标轴”，添加标题为“分数段”；再选择“主要纵坐标轴标题”，在下拉列表中选择“竖排标题”添加标题为“人数”，如图 3-54 所示。

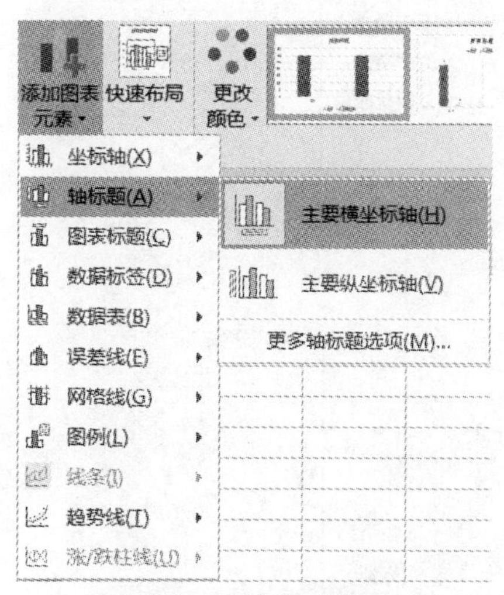

图 3-53　选择坐标轴标题

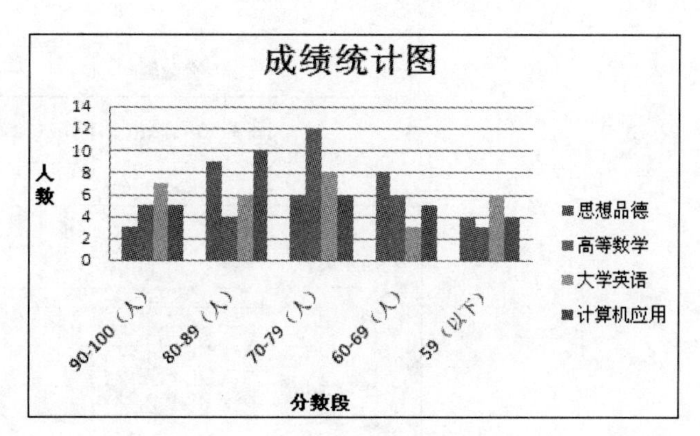

图 3-54　添加坐标轴标题后的统计图

步骤 2　修改图表。

（1）改变图表类型。鼠标指向图表区，右击鼠标，在弹出的快捷菜单中选择“更改图表类型”命令，如图 3-55 所示，在“更改图表类型”对话框中更改为“柱形图”，子图表类型为“三维簇状柱形图”，单击 确定 按钮，如图 3-56 所示。

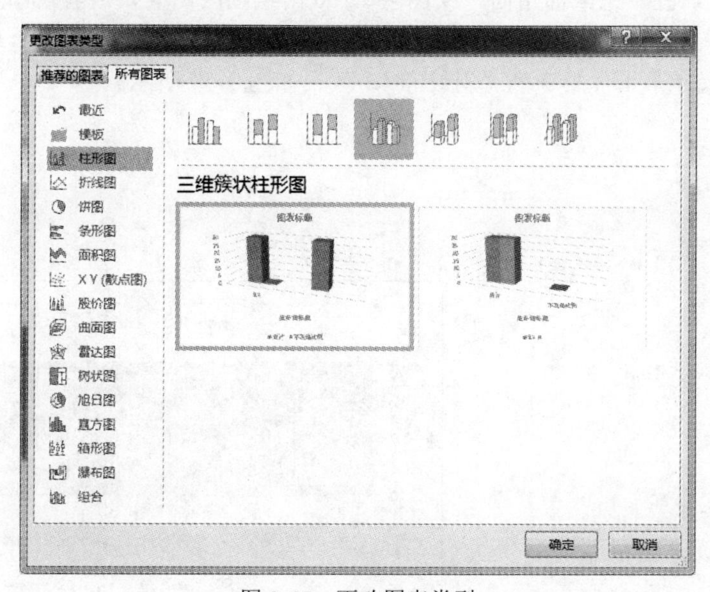

图 3-55　更改图表类型

（2）更改标题字体。在图表中，选中图表标题，单击“开始”选项卡“字体”组，选择字号为“24”、颜色为“蓝色”、字形为“加粗”，单击 确定 按钮，如图 3-57 所示。

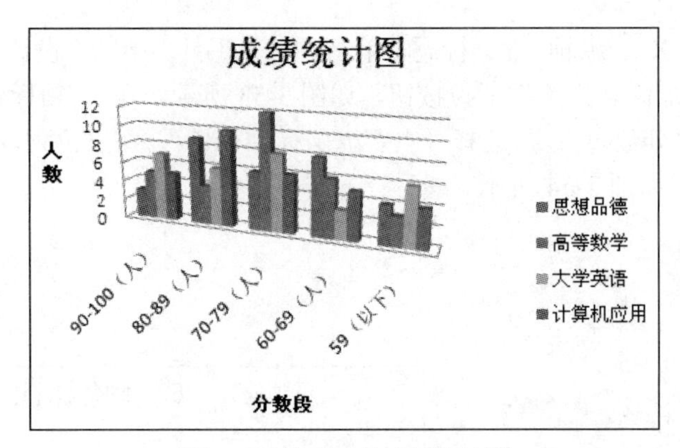

图 3-56 修改后的成绩统计图

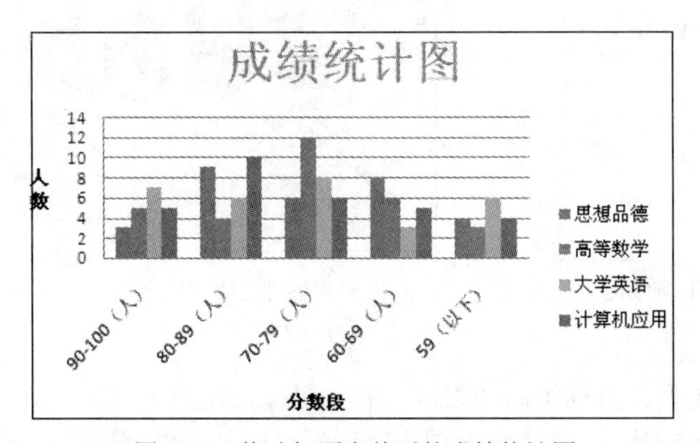

图 3-57 修改标题字体后的成绩统计图

（3）填充背景色。把鼠标指向“绘图区”，双击绘图区图表，或者右击鼠标，右侧显示“设置绘图区格式”窗格，如图 3-58 所示，在“填充”选项中选择“图片或纹理填充”，在“纹理”下拉列表中选择第 1 行第 3 列“斜纹布”，效果如图 3-59 所示。

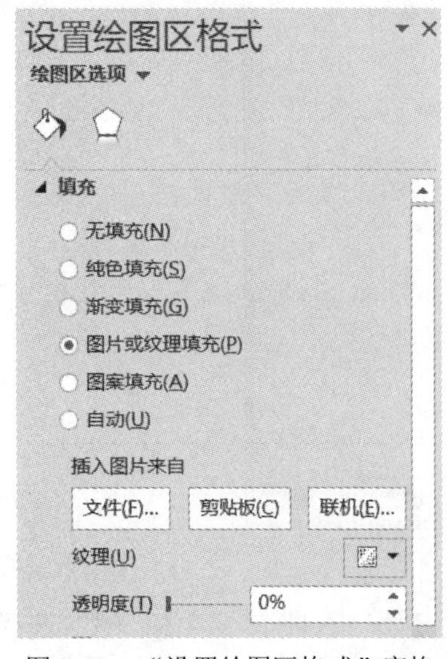

图 3-58 “设置绘图区格式”窗格

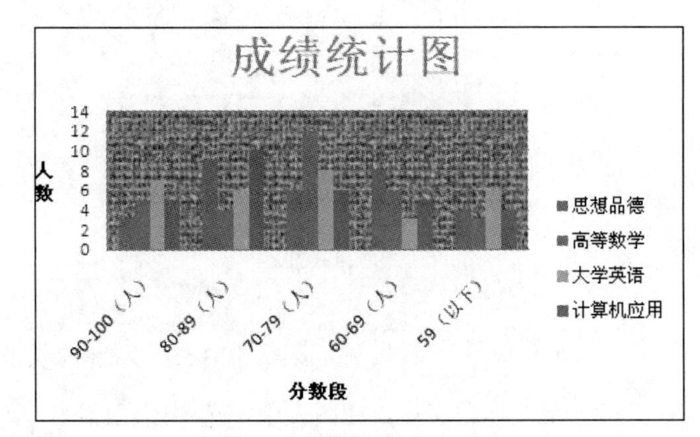

图 3-59 修改背景的统计图

提示

对于图表的修改，在图表建立后，Excel 会在上方功能选项卡的右侧出现“图表工具”，其中包括“设计”“布局”“格式”三个选项卡。

在“设计”选项卡下，有“类型”“数据”“图表布局”“图表样式”“位置”组，可对图表的类型、行列转换、源数据的选择、图表布局方式等进行修改。

在“布局”选项卡下，有“图表区”“插入”“标签”“坐标轴”等组，可对图表的标题、坐标轴等进行修改，也可插入图形、文本框、显示数据表等。

在“格式”选项卡下，有“形状样式”“艺术字样式”“排列”“大小”等组，可对图表的形状、大小进行修改，也可添加艺术字等。

通过制作学生成绩表、成绩统计表和成绩统计图，我们对 Excel 进行了深入的学习，掌握了公式和函数的应用、数据的图表化操作等内容。公式和函数能够帮助我们更好地完成数据的统计，图表可以更加清晰、生动地表现数据，更易于表达数据之间的关系以及数据变化的趋势。在操作过程中，需要注意以下几点：

- 公式是对单元格中数据进行计算的等式，输入公式前应先输入“=”。
- 复制公式时，公式中的单元格引用随着所在位置的不同而变化时，使用单元格的相对引用；不随所在位置的不同而变化时，使用单元格的绝对引用。
- 表现不同的数据关系时，要选择合适的图表类型，特别注意正确选择数据源。创建的图表既可以插入工作表中，生成嵌入图表，也可以生成一张单独的工作表。

拓展 1　制作　“纽约汇市开盘预测”表和“英镑阻力位”图。

效果如图 3-60 和图 3-61 所示。

	A	B	C	D	E	F	G
1	纽约汇市开盘预测						
2	预测项目	价位	英镑	马克	日元	瑞朗	加元
3	第一阻力位	阻力位	1.4860	1.6710	104.2500	1.4255	1.3759
4	第二阻力位	阻力位	1.4920	1.6760	104.6000	1.4291	1.3819
5	第三阻力位	阻力位	1.4960	1.6828	105.0500	1.4330	1.3840
6	第一支撑位	支撑位	1.4730	1.6635	103.8500	1.4127	1.3719
7	第二支撑位	支撑位	1.4680	1.6590	103.1500	1.4080	1.3680
8	第三支撑位	支撑位	1.4650	1.6545	102.5000	1.4040	1.3650
9	预计高位		1.4960	1.6828	105.0500	1.4330	1.3840
10	预计低位		1.4650	1.6545	102.5000	1.4040	1.3650

图 3-60　纽约汇市开盘预测

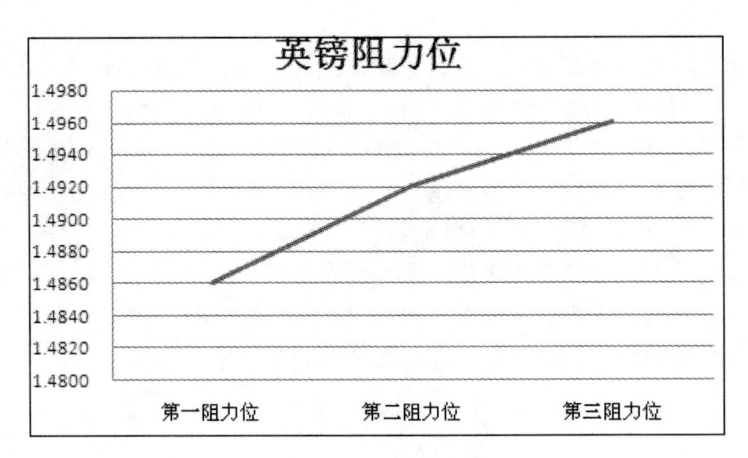

图 3-61 英镑阻力位

操作步骤：

步骤 1 新建 Excel 工作簿并输入数据。

（1）启动 Excel，即创建一个新的 Excel 工作簿。单击快速访问工具栏中的“保存”按钮，在“另存为”对话框中将文件名由“工作簿 1.xlsx”改为“汇市表.xlsx”，在对话框左侧选择“浏览”选项，单击对话框中的保存(S)按钮，将文件保存到桌面。

（2）将鼠标指针移到 Sheet1 工作表的标签上，右击鼠标，在弹出的快捷菜单中选择“重命名”命令，然后输入新名称“开盘预测”。

（3）单击 A1 单元格，直接输入“纽约汇市开盘预测”，按 Enter 键确认。从 A2 单元格依次输入表头内容以及表中数据。“预计高位”和“预计低位”两行内容暂不输入。

步骤 2 用函数计算“预计高位”和“预计低位”两行数据。

（1）选择目标单元格 C9。

（2）单击“编辑栏”处的 f_x 按钮，弹出“插入函数”对话框。

（3）在打开的“插入函数”对话框中选择 MAX 函数，单击确定按钮，弹出“函数参数”对话框。

（4）在打开的“函数参数”对话框中，对函数参数进行引用，单击 Number1 输入框右侧的按钮，单击 C3 单元格，并拖动到 C8 单元格，选定这一单元格区域后，再次单击按钮，返回“函数参数”对话框，单击确定按钮。

（5）鼠标指针指向 C9 单元格的填充柄，当鼠标指针变为“+”时，单击鼠标并向右拖动，将 C9 单元格的函数自动复制到其他单元格中。

（6）选择目标单元格 C10。

（7）单击“编辑栏”处的 f_x 按钮，弹出“插入函数”对话框。

（8）在打开的“插入函数”对话框中选择 MIN 函数，单击确定按钮。弹出“函数参数”对话框。

（9）在打开的“函数参数”对话框中，对函数参数进行引用，单击 Number1 输入框右侧的按钮，单击 C3 单元格，并拖动到 C8 单元格，选定这一单元格区域后，再次单击按钮，返回“函数参数”对话框，单击确定按钮。

（10）鼠标指针指向 C10 单元格的填充柄，当鼠标指针变为“+”时，单击鼠标并向右拖动，将 C10 单元格的函数自动复制到其他单元格中。

步骤 3　将 C 列至 G 列的列宽设置为“9”，并适当调整 A 列 B 列的列宽。

（1）将鼠标指针移到列标 C 处，按下鼠标左键并向右拖动直至列标 G，把第 C 列到第 G 列单元格全部选中。

（2）将鼠标指针移动到选中区域，在“开始”选项卡“单元格”组中，单击“格式”标签下拉按钮，选择“列宽”，输入列宽为“9”，单击[确定]按钮。

步骤 4　设置单元格格式。

（1）鼠标指针单击 A1 单元格。

（2）在“开始”选项卡“字体”组中，单击“字体”下拉按钮，字体选择为“黑体”，单击“字号”下拉按钮，选择“字号”为“16”。

（3）选中 A1:G1 单元格区域，在所选区域上右击鼠标，在弹出的快捷菜单中选择“设置单元格格式”命令。

（4）单击“设置单元格格式”对话框中“对齐”标签，在文本对齐方式中的“水平对齐”下拉列表中选择“跨列居中”命令。

（5）单击“开始”选项卡“字体”组中的下拉按钮，选择单元格底纹为“浅黄”。选中 A2:G2 单元格区域，单击下拉按钮，选择单元格底纹为“浅绿”。选中 A3:G10 单元格区域，单击下拉按钮，选择单元格底纹为“灰-25%”。

（6）选中“预计高位”和“预计低位”两行，单击“开始”选项卡“字体”组中的下拉按钮，选择字体颜色为“红色”。

（7）选择 C10:G10 单元格区域，在所选区域上右击鼠标，在弹出的快捷菜单中选择“设置单元格格式”命令，打开“设置单元格格式”对话框，选择“数字”标签，在“分类”列表下选择“会计专用”，保留 4 位小数，单击[确定]按钮。单击“开始”选项卡“对齐方式”组中的按钮，设置文字对齐方式为“右对齐”。

步骤 5　设置表格边框线。

对照图 3-60，选择 A1:G10 单元格区域，单击“开始”选项卡“字体”组中的下拉按钮，选择“所有框线”，为表格设置所有边框线，再选择“粗匣框线”，为表格设置外边框线。

步骤 6　定义单元格名称。

（1）选择“预计高位”所在的 A9 单元格。

（2）在名称框处输入“卖出价位”，按 Enter 键确认。

步骤 7　复制工作表。

（1）单击“开盘预测”工作表中的全选按钮（位于工作表的左上角，行号和列标交汇处）。

（2）复制所选整个工作表。

（3）单击“标签栏”处 Sheet2 工作表，单击 Sheet2 工作表中的 A1 单元格，进行粘贴。

步骤 8　使用“阻力位”和对应的“英镑”数据在 Sheet2 工作表中创建一个二维折线图。

（1）在 Sheet2 工作表中，选择所需用的数据单元格区域 A3:A5，按住 Ctrl 键，同时选择 C3:C5。

（2）单击“插入”选项卡“图表”组中的“折线图”下拉按钮，选择图表类型为“二维折线图”，子图表类型为“折线图”，单击[确定]按钮。

（3）图表插入后会自动在选项卡上方出现“图表工具”，单击“设计”选项卡，选择“图表布局”组中的“图表标题”下拉按钮，选择“布局一”样式，为图表添加标题，如图 3-62 所示。

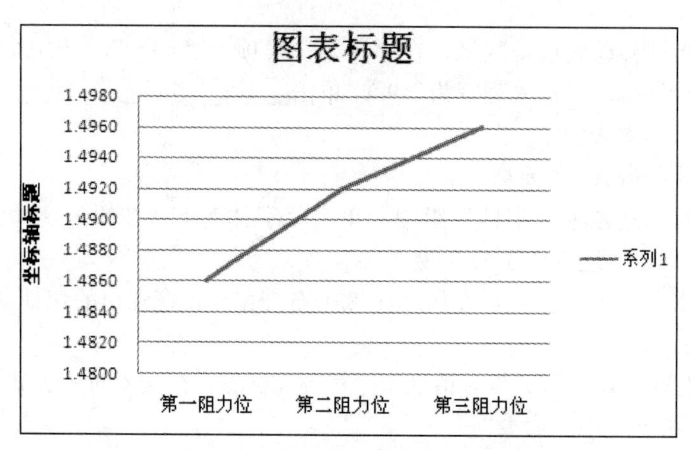

图 3-62　有标题样式的阻力位图

（4）双击上图中的“图表标题”，修改图表标题为“英镑阻力位”，双击“系列 1”和“坐标轴标题”删除这两项，图表创建完成，如图 3-61 所示。

拓展 2　制作“职员登记表”和“人数”饼图

效果如图 3-63 和图 3-64 所示。

	A	B	C	D	E	F	G	H
1	职员登记表							
2	员工编号	部门	性别	年龄	籍贯	工龄	工资	员工性质
3	1	开发部	男	30	陕西	5	¥2,000.00	老员工
4	2	测试部	男	32	江西	4	¥1,600.00	老员工
5	3	文档部	女	24	河北	2	¥1,200.00	新员工
6	4	市场部	男	26	山东	4	¥1,800.00	老员工
7	5	市场部	女	25	江西	2	¥1,900.00	新员工
8	6	开发部	女	26	湖南	2	¥1,400.00	新员工
9	7	文档部	男	24	广东	1	¥1,200.00	新员工
10	8	测试部	男	22	上海	5	¥1,800.00	老员工
11	9	开发部	女	32	辽宁	6	¥2,200.00	老员工
12	10	市场部	女	24	山东	4	¥1,800.00	老员工
13	11	市场部	女	25	北京	2	¥1,200.00	新员工
14	12	测试部	男	28	湖北	4	¥2,100.00	老员工
15	13	文档部	男	32	山西	3	¥1,500.00	新员工
16	14	开发部	男	36	陕西	6	¥2,500.00	老员工
17	15	测试部	女	25	江西	5	¥2,000.00	老员工
18	16	开发部	女	25	辽宁	3	¥1,700.00	新员工
19	17	市场部	男	26	四川	5	¥1,600.00	老员工
20	18	文档部	女	24	江苏	2	¥1,400.00	新员工
21								
22	部门	人数						
23	开发部	5						
24	测试部	4						
25	文档部	4						
26	市场部	5						

图 3-63　职员登记表

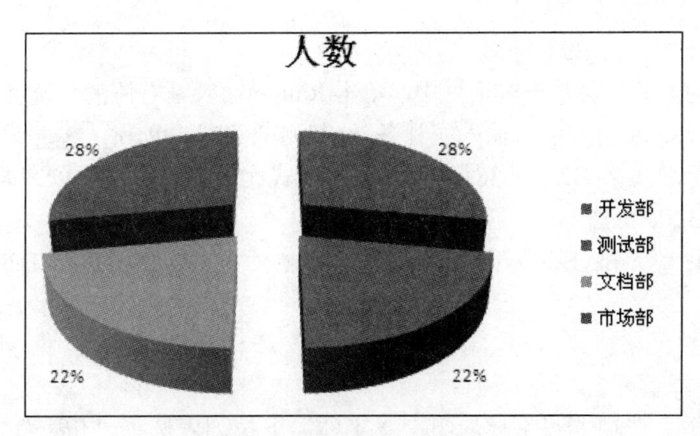

图 3-64　“人数”饼图

操作步骤：

步骤 1　新建 Excel 工作簿并输入数据。

（1）启动 Excel，即创建一个新的 Excel 工作簿。单击快速访问工具栏中的“保存”按钮，在“另存为”对话框中将文件名由“Book1.xlsx”改为“登记表.xlsx”，在对话框左侧选择“桌面”选项，单击对话框中的 保存(S) 按钮，将文件保存到桌面。

（2）将鼠标指针移到 Sheet1 工作表的标签上，右击鼠标，在弹出的快捷菜单中选择“重命名”命令，然后输入新名称“职员登记表”。

（3）单击 A1 单元格，直接输入“职员登记表”，按 Enter 键确认。从 A2 单元格依次输入表头内容以及表中数据。“员工编号”列数据利用填充柄和键盘上的 Ctrl 键设置递增填充输入。

（4）单击 A22 单元格，输入“部门”，其余单元格内容按照图 3-63 输入，图中“员工性质”和“人数”列浅绿色底纹数据暂不输入。

步骤 2　用函数计算“员工性质”列数据。

（1）选择目标单元格 H3。

（2）单击“编辑栏”处的 *fx* 按钮，弹出“插入函数”对话框。

（3）在打开的“插入函数”对话框中选择 IF 函数，单击 确定 按钮，弹出“函数参数”对话框。

（4）在打开的“函数参数”对话框中，单击 Logical_test 输入框，输入判断条件“F3>3”，单击 Value_if_true 输入框，输入条件为真时的返回值“"老员工"”，单击 Value_if_false 输入框，输入条件为假时的返回值“"新员工"”，返回“函数参数”对话框，单击 确定 按钮。

（5）鼠标指针指向 H3 单元格的填充柄，当鼠标指针变为“+”时，单击鼠标并向下拖动，将 H3 单元格的函数自动复制到其他单元格中。

步骤 3　用函数计算“人数”列数据。

（1）选择目标单元格 B23。

（2）单击“编辑栏”处的 *fx* 按钮，弹出“插入函数”对话框。

（3）在打开的“插入函数”对话框中，选择 COUNTIF 函数，单击 确定 按钮。

（4）在打开的“函数参数”对话框中，单击 Range 输入框右侧的按钮，选择参数范围 B3:B20。再单击 Criteria 输入框，输入统计条件“"开发部"”，单击 确定 按钮。

（5）选择目标单元格 B24。

（6）在打开的“函数参数”对话框中，单击 Range 输入框右侧的按钮，选择参数范围 B3:B20。再单击 Criteria 输入框，输入统计条件“"测试部"”，单击确定按钮。

（7）选择目标单元格 B25。当对函数的语法格式比较熟悉后，可以在编辑栏处直接输入“=COUNTIF(B3:B20,"文档部")”，按 Enter 键确定。

（8）选择目标单元格 B26。在编辑栏处直接输入“=COUNTIF(B3:B20,"市场部")”，按 Enter 键确定。

步骤 4 设置单元格格式。

（1）单击 A1 单元格。

（2）在“开始”选项卡“字体”组中“字体”下拉列表选择“仿宋”，在“字号”下拉列表选择“20”。

（3）选中 A1:H1 单元格区域，在所选区域上右击鼠标，在弹出的快捷菜单中选择“设置单元格格式”命令。

（4）单击“设置单元格格式”对话框中“对齐”标签，在文本对齐方式中的“水平对齐”下拉列表中选择“跨列居中”命令。

（5）单击“字体”组中的下拉按钮，选择单元格底纹为“黄色”。单击下拉按钮，选择字体颜色为“红色”。

（6）选择 G3:G20 单元格区域，在所选区域上右击鼠标，在弹出的快捷菜单中选择“设置单元格格式”命令，打开“设置单元格格式”对话框，选择“数字”标签，“分类”下选择“货币”，保留 2 位小数，应用货币符号“¥”，单击确定按钮。单击“对齐方式”工具框中的按钮，设置文字对齐方式为“右对齐”。

步骤 5 设置表格边框线。

对照图 3-63，选择 A2:H20 单元格区域，按住 Ctrl 键，同时选择 A22:B26 单元格区域，单击“字体”组中的下拉按钮，选择“所有框线”，为表格设置所有边框线。

步骤 6 条件格式。

（1）选中 B3:B20 单元格区域。

（2）单击“样式”组中的“条件格式”下拉列表，选择“突出显示单元格规则”中的“文本包含”选项，如图 3-65 所示。

（3）在该对话框的中第一个空白框中输入“市场部”，在“设置为”对话框下拉列表中选择“自定义格式”，在出现的“设置单元格格式”对话框中选“填充”标签，选择“背景色”下拉按钮中的颜色样表中第一排第三个“灰色”，为包含“市场部”三字的单元格添加灰色底纹。

步骤 7 使用“部门”和对应的“人数”数据在 Sheet2 工作表中创建一个分离型三维饼图。

（1）在“职员登记表”工作表中，选择所需的数据单元格区域 A22:B26。

（2）单击“插入”选项卡中的“图表”组，选择“饼图”下拉列表中的“三维饼图”。

（3）图表插入后会自动在选项卡上方出现“图表工具”，单击“设计”选项卡，选择“图表布局”组中“添加图表颜色”下拉列表中的“数据标签”→“其他数据标签”选项，在右侧“设置数据标签格式”窗格中“标签选项”选择数字“百分比”，为图表添加人数百分比数值，如图 3-66 所示。

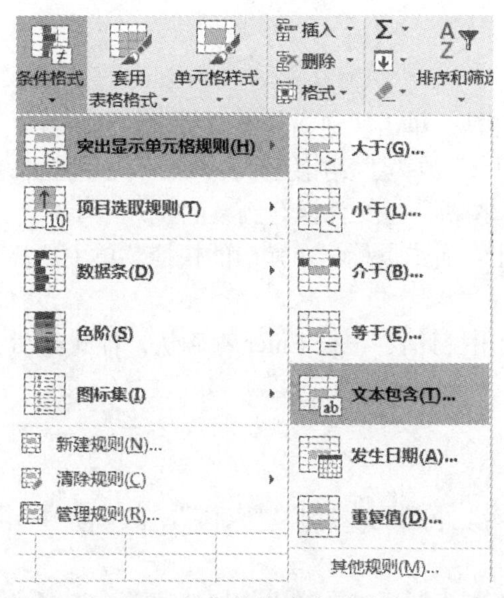

图 3-65　条件格式选项示例

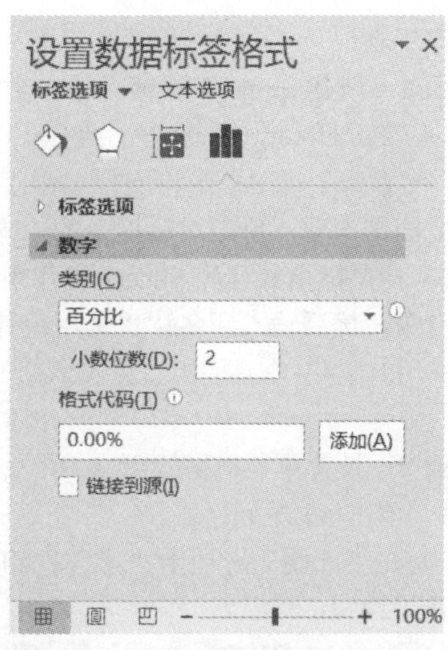

图 3-66　“设置数据标签格式”窗格

拓展 3　制作　“费用统计表”和“费用项目比例图”。

效果如图 3-67 所示和图 3-68 所示。

三月份费用统计表						
序号	费用分类	费用项目	明细			所占比率
			费率（元/人）	人数	小计金额	
1	工资	在编人员工资	¥1,500.00	24	¥36,000.00	26.47%
2		临时人员工资	¥800.00	30	¥24,000.00	17.65%
3		退休人员工资	¥1,000.00	22	¥22,000.00	16.18%
		小计			¥82,000.00	
5	福利计费	医疗保险	¥200.00	60	¥12,000.00	8.82%
6		养老保险	¥300.00	60	¥18,000.00	13.24%
7		住房公积金	¥400.00	60	¥24,000.00	17.65%
		小计			¥54,000.00	
合计					¥136,000.00	100.00%

图 3-67　三月份费用统计表

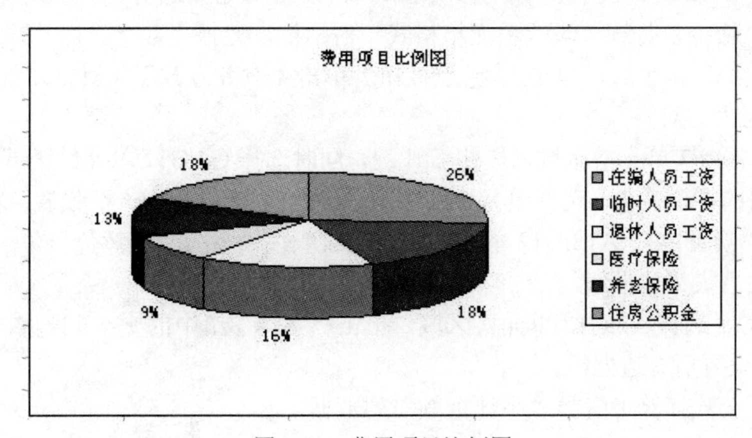

图 3-68　费用项目比例图

操作步骤：

步骤 1 新建 Excel 工作簿并输入数据。

（1）启动 Excel，即创建一个新的 Excel 工作簿。单击快速访问工具栏中的“保存”按钮，在“另存为”对话框中将文件名由“Book1.xlsx”改为“费用统计表.xlsx”，在对话框左侧选择“桌面”选项，单击对话框中的 保存(S) 按钮，将文件保存到桌面。

（2）将鼠标指针移到 Sheet1 工作表的标签上，右击鼠标，在弹出的快捷菜单中选择“重命名”命令，然后输入新名称“费用统计表”。

（3）单击 A1 单元格，直接输入“三月份费用统计表”，按 Enter 键确认，样式如图 3-67 所示。

步骤 2 设置单元格格式。

（1）单击 A1 单元格。

（2）在“开始”选项卡“字体”组中“字体”下拉列表选择“宋体”，在“字号”下拉列表选择“24”。

（3）选中 A1:G1 单元格区域，在所选区域上右击鼠标，在弹出的快捷菜单中选择“设置单元格格式”命令。单击“设置单元格格式”对话框中“对齐”标签，在文本对齐方式中的“水平对齐”下拉列表中选择“跨列居中”命令。单击“字体”组中的下拉按钮，选择单元格底纹为“蓝色”。单击下拉按钮，选择字体颜色为“白色”。

（4）选中 A2、A3 单元格，在所选区域上右击鼠标，在弹出的快捷菜单中选择“设置单元格格式”命令，单击“设置单元格格式”对话框中“对齐”标签，在文本控制方式中选择“合并单元格命令”。以相同方法合并 B2、B3 单元格，C2、C3 单元格，G2、G3 单元格，D1、E1、F1 单元格，并输入相应的文字。在“开始”选项卡“字体”组中“字体”下拉列表选择“黑体”，在“字号”下拉列表选择“20”。单击“字体”组中的下拉按钮，选择单元格底纹为“黄色”。单击下拉按钮，选择字体颜色为“黑色”，如图 3-67 所示。

（5）选中 D4:D11 单元格区域，按住 Ctrl 键，同时选择 F4:F12 单元格区域，在所选区域上右击鼠标，在弹出的快捷菜单中选择“设置单元格格式”命令，打开“设置单元格格式”对话框，选择“数字”标签，“分类”下选择“货币”，保留 2 位小数，应用货币符号“¥”，单击 确定 按钮。单击“对齐方式”工具框中的按钮，设置文字对齐方式为“右对齐”。

（6）选中 G4:G12 单元格区域，在所选区域上右击鼠标，在弹出的快捷菜单中选择“设置单元格格式”命令，打开“设置单元格格式”对话框，选择“数字”标签，“分类”下选择“百分比”，保留 2 位小数，单击 确定 按钮。单击“对齐方式”工具框中的按钮，设置文字对齐方式为“右对齐”。

（7）选中 A4:F7 单元格区域，按住 Ctrl 键，同时选择 G4:G11 单元格区域，单击“字体”组中的按钮的下拉箭头，选择单元格底纹为“淡蓝色”，以相同方法设置 A8:F11 单元格区域底纹颜色为“淡黄色”；A12:G12 单元格区域底纹颜色设置为“金黄色”。

步骤 3 设置表格边框线。

对照图 3-67，选择 A2:G12 单元格区域，单击“字体”组中的下拉按钮，选择“所有框线”，为表格设置所有边框线。

步骤 4 用公式计算工资类“小计金额”列数据。

（1）选择目标单元格 F4。

（2）在 F4 单元格输入“=D4*E4”。按 Enter 键确认，计算出 F4 单元格的“小计金额”

（3）鼠标指针指向 F4 单元格的填充柄，当鼠标指针变为“+”时，单击鼠标并向下拖动到 F6 单元格，将 F4 单元格的公式自动复制到 F6 单元格。

步骤 5　用函数计算工资类 F7 单元格“小计金额”数据。

（1）选择目标单元格 F7。

（2）单击“编辑栏”处的 fx 按钮，弹出“插入函数”对话框。

（3）在打开的“插入函数”对话框中，选择 SUM 函数，单击 确定 按钮。

（4）在打开的“函数参数”对话框中，单击 Number1 输入框右侧的按钮，选择参数范围 F4:F6。单击 确定 按钮。

步骤 6　用公式计算福利计费类“小计金额”列数据。

（1）选择目标单元格 F8。

（2）在 F8 单元格输入“=D8*E8”。按 Enter 键确认，计算出 F8 单元格的“小计金额”。

（3）鼠标指针指向 F8 单元格的填充柄，当鼠标指针变为“+”时，单击鼠标并向下拖动到 F10 单元格，将 F8 单元格的公式自动复制到 F10 单元格。

步骤 7　用函数计算福利类 F11 单元格“小计金额”数据。

（1）选择目标单元格 F11。

（2）单击“编辑栏”处的 fx 按钮，弹出“插入函数”对话框。

（3）在打开的“插入函数”对话框中，选择 SUM 函数，单击 确定 按钮。

（4）在打开的“函数参数”对话框中，单击 Number1 输入框右侧的按钮，选择参数范围 F8:F10。单击 确定 按钮。

步骤 8　用公式计算 F12 单元格“合计”数据。

（1）选择目标单元格 F12。

（2）在 F12 单元格输入“=F7+F11”。按 Enter 键确认，计算出 F12 单元格的“合计”数据。

步骤 9　用公式计算工资类“所占比率”列数据。

（1）选择目标单元格 G4。

（2）在 G4 单元格输入“=G4/F12”。按 Enter 键确认，计算出 G4 单元格的“所占比率”。

（3）鼠标指针指向 G4 单元格的填充柄，当鼠标指针变为“+”时，单击鼠标并向下拖动到 G6 单元格，将 G4 单元格的公式自动复制到 G6 单元格。

步骤 10　用公式计算福利类“所占比率”列数据。

（1）选择目标单元格 G8。

（2）在 G8 单元格输入“=G8/F12”。按 Enter 键确认，计算出 G8 单元格的“所占比率”。

（3）鼠标指针指向 G8 单元格的填充柄，当鼠标指针变为“+”时，单击鼠标并向下拖动到 G10 单元格，将 G8 单元格的公式自动复制到 G10 单元格。

步骤 11　用公式计算 G12 单元格“合计”数据。

（1）选择目标单元格 G12。

（2）在 G12 单元格输入“=G4+G5+G6+G8+G9+G10”。按 Enter 键确认，计算出 G12 单元格的“合计”数据。

步骤 12　根据“费用项目”与“所占比率”的数据在 Sheet2 工作表中创建一个三维饼图。

（1）在“费用统计表”工作表中，先选择数据区域 C4:C6，然后按住 Ctrl 键，再选择 C8:C10，

G4:G6，G8:G10。

（2）单击“插入”选项卡中的“图表”组，选择“饼图”下拉列表中的“三维饼图”中的“三维饼图”。

（3）图表插入后会自动在选项卡上方出现“图表工具”，单击“布局”选项卡，选择“标签”组的“数据标签”下拉列表中的“其他数据标签”选项，在“设置数据标签选项”对话框中“标签选项”选择“百分比”，为图表添加费用项目百分比数值，如图 3-68 所示。

（4）双击图表标题，输入标题为“费用项目比例图”。

IF 函数嵌套

本项目“学生成绩统计表”实现了对平均成绩的“及格”和“不及格”两等级划分，而在实际工作中多数情况下需要对学生成绩进行多等级划分。成绩的多等级划分需要用多个 IF 语句进行嵌套来实现。

仍以“学生成绩统计表”为例，假设我们的成绩等级划分是：0～59 为不及格，60～69 为及格，70～89 为良好，90～100 为优秀。如何用 IF 函数嵌套来实现这种多等级划分呢？

用 IF 函数嵌套对学生成绩进行四个等级的划分

（1）选择目标单元格 J3。

（2）单击“编辑栏”处的 *fx* 按钮，弹出“插入函数”对话框。

（3）在打开的“插入函数”对话框中选择 IF 函数，单击确定按钮。弹出“函数参数”对话框。

（4）在打开的“函数参数”对话框中，单击 Logical_test 输入框，输入判断条件“I3>=90”，单击 Value_if_true 输入框，输入条件为真时的返回值“"优秀"”。此时完成了 IF 函数条件的第一层测试，对学生成绩的“优秀”等级划分。在 Value_if_false 处需嵌套 IF 函数。

（5）第二层 IF 语句中的测试条件为“I3>=70”，若“I3”内的值大于等于 70，则输出真值“良好”，若测试条件不成立，则 I3 内的值小于 70，在假值的位置上嵌套第三层 IF 语句。第三层 IF 语句中的测试条件为“I3>=60”，若 C3 内的值大于等于 60，则输出真值“及格”，若测试条件不成立，则输出假值“不及格”。即在 Value_if_false 输入框，输入条件“IF(I3>=70,"良好",IF(I3>=60,"及格","不及格"))”，如图 3-69 所示，单击确定按钮。

（6）鼠标指针指向 J3 单元格的填充柄，当鼠标指针变为“+”时，单击鼠标并向下拖动，将 J3 单元格的函数自动复制到其他单元格中，如图 3-70 所示。

在应用 IF 函数多层嵌套过程中，要特别注意格式录入，不仅语句要对，标点符号也要录入正确。有时候往往因为不注意把标点符号录错，导致整个 IF 语句无法执行。

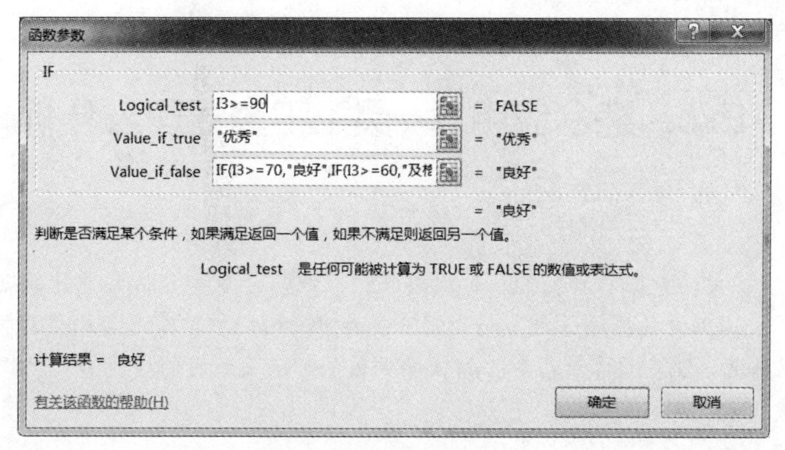

图 3-69　IF 函数嵌套参数

	A	B	C	D	E	F	G	H	I	J	K
1	学生成绩表										
2	学号	姓名	性别	思想品德	高等数学	大学英语	计算机应用	总分	平均分	等级	名次
3	2009040101	孙旭	男	88	76	93	78	335	84	良好	2
4	2009040102	姜云龙	男	69	82	96	85	332	83	良好	3
5	2009040103	李良平	男	65	71	80	99	315	79	良好	12
6	2009040104	陈明杰	男	69	84	35	80	268	67	及格	25
7	2009040105	高俊伟	男	74	75	78	90	317	79	良好	11
8	2009040106	李虹	女	67	79	47	99	292	73	良好	19
9	2009040107	王海迪	女	98	74	96	87	355	89	良好	1
10	2009040108	王维生	男	86	85	76	79	326	82	良好	7
11	2009040109	李星宇	男	81	94	94	60	329	82	良好	5
12	2009040110	刘文庄	男	50	56	91	51	248	62	及格	27
13	2009040111	闫迪	男	77	62	72	69	280	70	良好	23
14	2009040112	高月月	女	87	71	82	90	330	83	良好	4
15	2009040113	李新	女	81	72	92	79	324	81	良好	9
16	2009040114	李家伟	男	75	91	83	58	307	77	良好	14
17	2009040115	王萍	女	67	68	34	53	222	56	不及格	30
18	2009040116	李晓凡	女	96	68	74	67	305	76	良好	15
19	2009040117	刘洋	女	88	75	46	83	292	73	良好	19
20	2009040118	高博	男	54	62	49	81	246	62	及格	28
21	2009040119	孟敬涛	男	70	90	72	68	300	75	良好	17
22	2009040120	孙学亮	男	45	63	81	53	242	61	及格	29
23	2009040121	王雪	女	78	94	68	89	329	82	良好	5
24	2009040122	王哲	男	91	72	83	77	323	81	良好	10
25	2009040123	任娟	女	62	71	68	80	281	70	良好	21
26	2009040124	张金凤	女	87	46	71	66	270	68	及格	24
27	2009040125	高明远	男	68	93	55	83	299	75	良好	18
28	2009040126	姚晓林	女	82	77	85	81	325	81	良好	8
29	2009040127	韩东洋	男	55	43	91	71	260	65	及格	26
30	2009040128	孙心洁	女	73	72	62	74	281	70	良好	21
31	2009040129	李博	男	65	80	70	90	305	76	良好	15
32	2009040130	杨超	男	82	69	78	84	313	78	良好	13

图 3-70　效果图

Excel综合应用3　员工工资管理与分析

Excel具有强大的数据管理功能，可以方便地组织、管理和分析大量的数据信息。本任务通过对某公司员工工资数据的管理和分析，讲述如何使用记录单输入与浏览数据，如何使用数据排序、数据筛选、分类汇总等基本的数据管理方法，以及如何创建能够使数据产生立体分析效果的数据透视表。

1．熟练掌握Excel工作簿中记录单的编辑。
2．熟练掌握Excel工作簿中的数据排序、数据筛选、分类汇总。
3．熟练掌握Excel工作簿中数据透视表的创建和编辑。

张岩是某公司财务部的经理，为了提高工作效率和管理水平，她准备使用Excel工作表来管理公司员工的工资数据。张岩制作的“职员工资表”如图3-71所示。

	A	B	C	D	E	F	G	H
1	职员工资表							
2	职员编号	姓名	部门	职务	基本工资	津贴	扣款额	实发合计
3	KF12	杜超	开发部	技术员	¥2,100.00	¥1,578.00	¥166.00	¥3,512.00
4	KF01	贾丽红	开发部	技术员	¥2,300.00	¥1,780.00	¥182.00	¥3,898.00
5	KF02	李贺	开发部	经理	¥3,100.00	¥1,960.00	¥205.00	¥4,855.00
6	KF11	雷宁	开发部	工程师	¥3,000.00	¥1,780.00	¥188.00	¥4,592.00
7	SC21	李文育	市场部	业务员	¥2,000.00	¥1,550.00	¥105.00	¥3,445.00
8	SC20	刘忆静	市场部	业务员	¥1,930.00	¥1,480.00	¥110.50	¥3,299.50
9	SC14	宋文莉	市场部	业务员	¥2,180.00	¥1,788.00	¥170.00	¥3,798.00
10	SC22	王丽雯	市场部	业务员	¥2,700.00	¥2,060.00	¥186.50	¥4,573.50
11	SC17	徐磊	市场部	经理	¥2,600.00	¥1,750.00	¥175.00	¥4,175.00
12	CW24	李春丽	财务部	会计	¥2,460.00	¥1,460.00	¥183.50	¥3,736.50
13	CW08	张洪斌	财务部	出纳	¥2,000.00	¥1,460.00	¥120.00	¥3,340.00
14	CW29	张岩	财务部	经理	¥2,750.00	¥2,150.00	¥192.00	¥4,708.00

图3-71　职员工资表

因为工作表中的数据繁多，直接输入的工作比较繁重，所以张岩考虑使用记录单更准确、有效地输入和浏览数据。此外，张岩还需要定期对员工工资情况进行排序、筛选，统计分析不同部门员工的工资情况等。

任务 1　记录单的创建

创建一个 Excel 工作簿，以“工资表管理”命名并保存在桌面上，然后在 Sheet1 工作表中输入表标题、表头和数据，如图 3-71 所示，再使用记录单输入与浏览工资数据，最后将工作表 Sheet1 更名为“工资表”。

步骤 1　创建工作簿并输入标题和表头。

（1）新建一个 Excel 工作簿，以“工资表管理”命名并保存在桌面上。

（2）输入表标题“职员工资表”，设置字体为“黑体”，字号为“20”，并在 A1:H1 单元格区域居中。

（3）在 A2:H2 单元格区域中依次输入表头“职员编号”“姓名”“部门”“职务”“基本工资”“津贴”“扣款额”和“实发合计”，设置字体为“楷体”，字号为“12”，水平居中，单元格填充“茶色”。

步骤 2　使用记录单输入和浏览数据。

在 Excel 中输入大量数据时，需要不断地在行和列之间转换，这样不仅浪费时间，而且容易出错。使用记录单功能可以很方便、快速地输入数据。

记录单就是将 Excel 中一条记录的数据信息按字段分成几项，分别存储在工作表同一行中的几个单元格中。

（1）单击“快速访问工具栏”最右侧的下拉按钮，在弹出的下拉列表中单击“其他命令”，如图 3-72 所示，打开“Excel 选项”对话框。

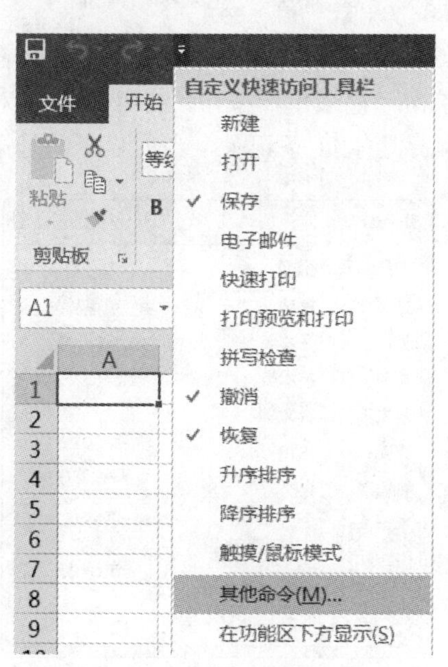

图 3-72　自定义快速访问工具栏

（2）在右侧“从下列位置选择命令”下拉列表中选择“不在功能区中的命令”。下拉滚动条，找到“记录单”，然后单击“添加”按钮，如图 3-73 所示，再单击“确定”按钮。这时，快速访问工具栏上已经添加了“记录单”按钮，如图 3-74 所示。

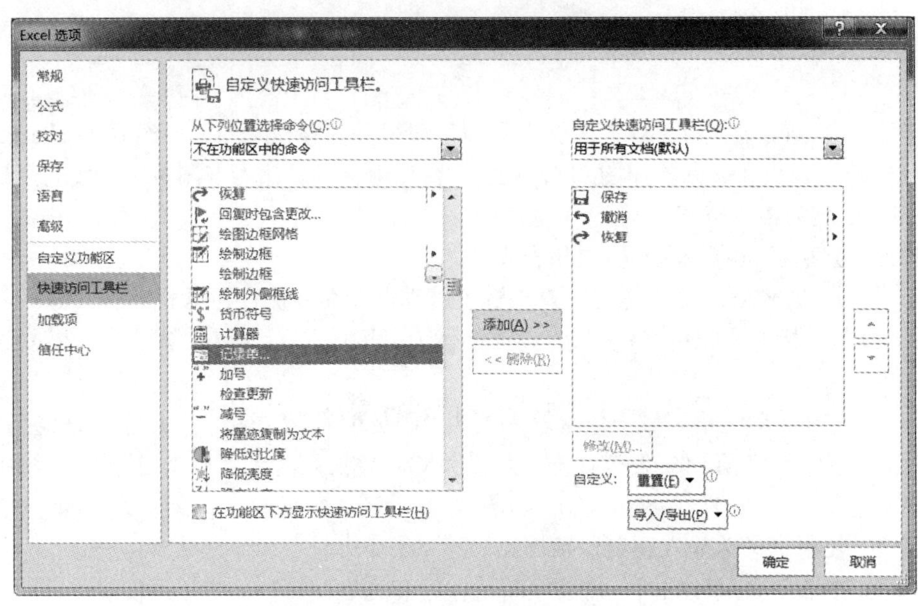

图 3-73 “Excel 选项”对话框

图 3-74 “记录单”按钮

（3）从 A3 单元格起至 G14 单元格先输入若干行数据，如图 3-71 所示，再选中已输入数据区域中任意一个单元格，单击“记录单”按钮，打开 Sheet1 对话框，如图 3-75 所示，对话框右上角“1/11”表示该工作表现有 11 条记录，当前显示的是第 1 条记录。

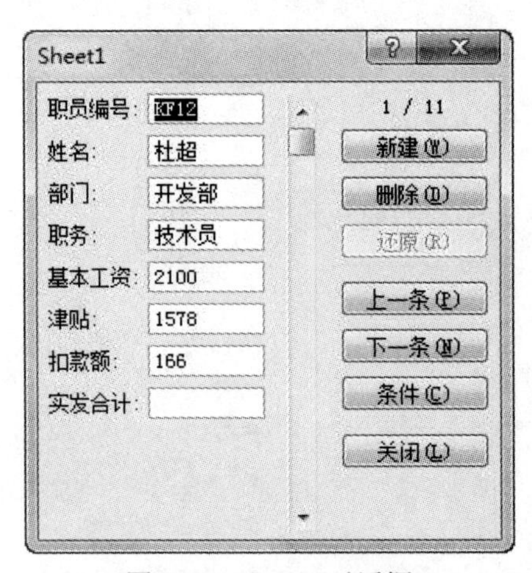

图 3-75 Sheet1 对话框

（4）单击“上一条”和“下一条”按钮，查看工作表中的记录。

（5）单击“新建”按钮，记录单会自动清空文本框，等待用户逐条地输入每个数据。输入的记录内容如图 3-76 所示，按 Tab 键可以在字段间切换，单击“新建”按钮或按 Enter 键，即可将记录写入工作表，并等待下一次输入。应用完毕后，单击“关闭”按钮关闭对话框。

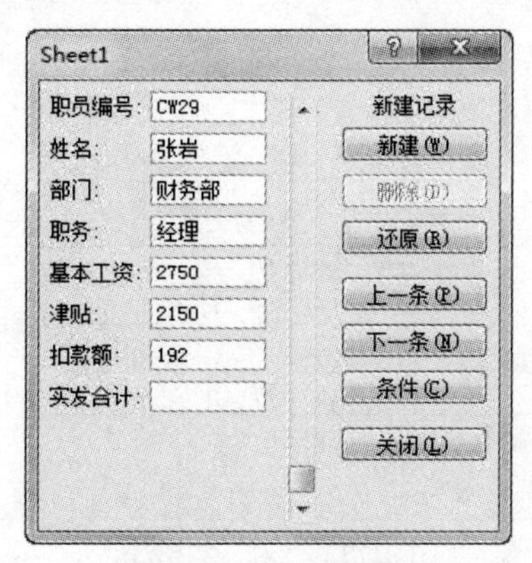

图 3-76　新建记录

步骤 3　设置数据格式。

（1）将 A 列到 G 列数据全部输入完成后，计算 H 列“实发合计”下的数据。选中 H3 单元格，在编辑栏中输入公式：=E3+F3-G3，得到第一条记录的结果，再使用填充柄得到下面每位员工的实发合计结果。

（2）选中 E3:H14 单元格区域，设置“货币”格式，添加货币符号，保留两位小数；再为 A2:H14 单元格区域添加边框，A2:H2 单元格区域填充“金色”底纹，标题设置相应格式，如图 3-71 所示。

（3）将 Sheet1 工作表重命名为“工资表”。

任务 2　数据排序

按照“实发合计”字段进行降序排序。

步骤 1　将“工资表”工作表中的数据复制到 Sheet2 工作表中并将其重命名为“排序”。

步骤 2　在“排序”工作表中按照“实发合计”字段降序排序。

（1）在“排序”工作表中，选中数据区域中任意一个单元格，单击“数据”选项卡的“排序”按钮，如图 3-77 所示，打开“排序”对话框，在“主要关键字”下拉列表中选择“实发合计”，并将次序设置为“降序”，如图 3-78 所示，单击 确定 按钮，结果如图 3-79 所示。

（2）也可在需要进行排序的“实发合计”列中选择任意单元格，然后单击“数据”选项卡的按钮，即可看到排序结果。

（3）也可右击需要进行排序的“实发合计”列中任意单元格，在弹出的快捷菜单中选择“排序”命令，然后在其子菜单中选择“降序”命令。

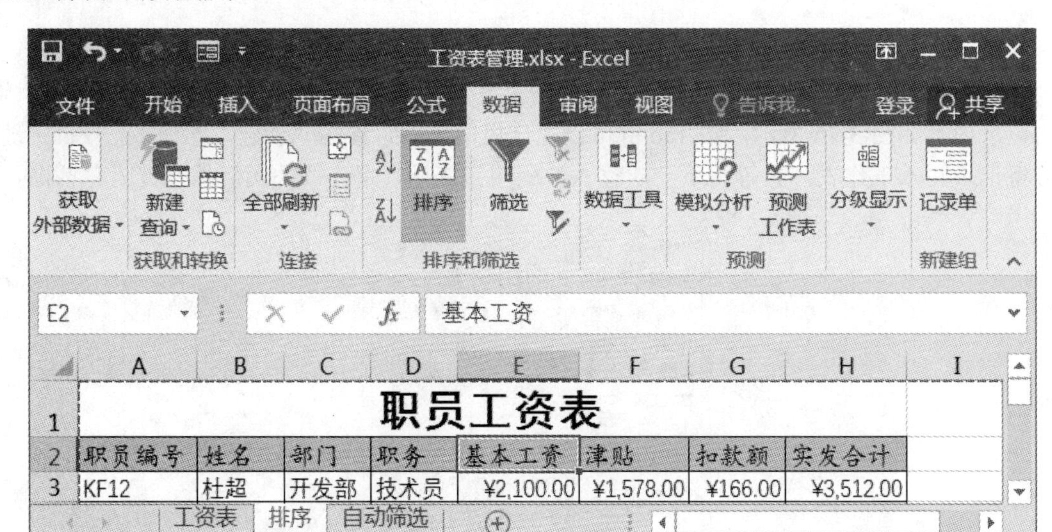

图 3-77 “排序”按钮

图 3-78 “排序”对话框

	A	B	C	D	E	F	G	H
1	职员工资表							
2	职员编号	姓名	部门	职务	基本工资	津贴	扣款额	实发合计
3	KF02	李贺	开发部	经理	¥3,100.00	¥1,960.00	¥205.00	¥4,855.00
4	CW29	张岩	财务部	经理	¥2,750.00	¥2,150.00	¥192.00	¥4,708.00
5	KF11	雷宁	开发部	工程师	¥3,000.00	¥1,780.00	¥188.00	¥4,592.00
6	SC22	王丽雯	市场部	业务员	¥2,700.00	¥2,060.00	¥186.50	¥4,573.50
7	SC17	徐磊	市场部	经理	¥2,600.00	¥1,750.00	¥175.00	¥4,175.00
8	KF01	贾丽红	开发部	技术员	¥2,300.00	¥1,780.00	¥182.00	¥3,898.00
9	SC14	宋文莉	市场部	业务员	¥2,180.00	¥1,788.00	¥170.00	¥3,798.00
10	CW24	李春丽	财务部	会计	¥2,460.00	¥1,460.00	¥183.50	¥3,736.50
11	KF12	杜超	开发部	技术员	¥2,100.00	¥1,578.00	¥166.00	¥3,512.00
12	SC21	李文育	市场部	业务员	¥2,000.00	¥1,550.00	¥105.00	¥3,445.00
13	CW08	张洪斌	财务部	出纳	¥2,000.00	¥1,460.00	¥120.00	¥3,340.00
14	SC20	刘忆静	市场部	业务员	¥1,930.00	¥1,480.00	¥110.50	¥3,299.50

图 3-79 排序结果

任务 3　数据筛选

使用自动筛选显示“开发部”中职务是“技术员”的职员工资记录；使用自定义筛选显示“实发合计”金额在“¥3000.00～¥4000.00”的职员工资记录；使用高级筛选显示“开发部基本工资<¥3000.00 或财务部基本工资>¥3000.00”的职员工资记录。

利用数据筛选功能可以在工作表中选择性地显示满足指定条件的记录。常用的筛选功能包括自动筛选、自定义筛选和高级筛选三种方式。

步骤 1　使用自动筛选显示“开发部”中职务是“技术员”的职员工资记录。

（1）将“工资表”工作表中的数据复制到 Sheet3 工作表中，将 Sheet3 工作表重命名为“自动筛选”。

（2）在“自动筛选”工作表中，选中数据区域中任意一个单元格，单击“数据”选项卡的“筛选”按钮，此时 Excel 会自动在每个列标题右侧出现按钮，如图 3-80 所示。

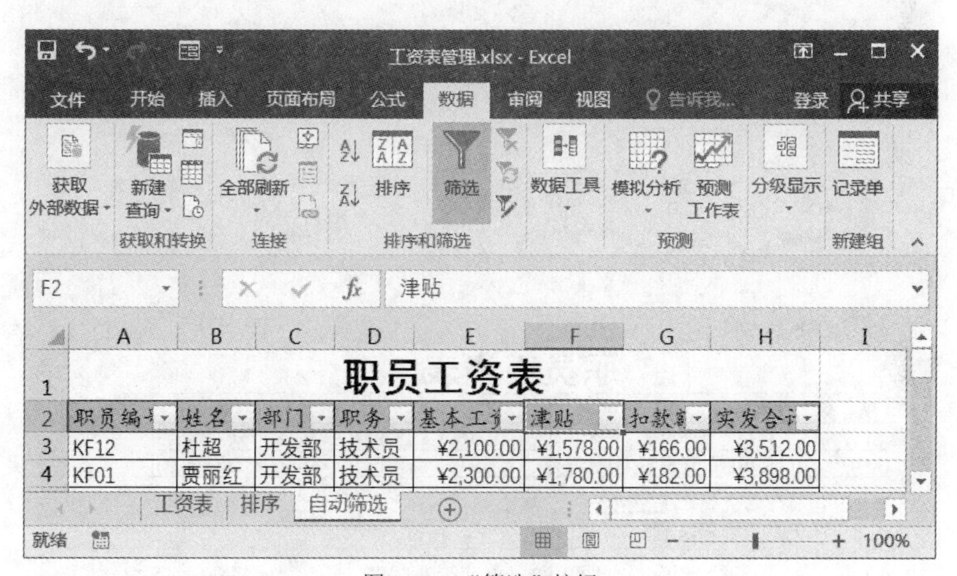

图 3-80　“筛选”按钮

（3）单击“部门”右侧的按钮，在列表中取消选择“全选”复选项，再选择“开发部”，单击“确定”按钮，如图 3-81 所示。

（4）单击“职务”右侧的按钮，在列表中取消选择“全选”复选框，再选择“技术员”，单击“确定”按钮，如图 3-82 所示。

（5）工作表的筛选结果如图 3-83 所示。可见，执行过筛选操作的列标题“部门”和“职务”右侧由黑色三角形变成按钮。如果要还原工作表，可单击按钮，在弹出的列表框中选择“全选”复选框即可。也可以单击“数据”选项卡的“筛选”按钮，显示工作表中的所有记录。

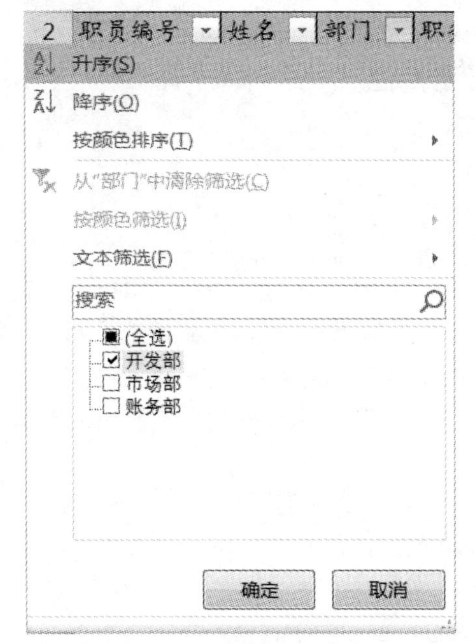

图 3-81 筛选“开发部”

图 3-82 筛选“技术员”

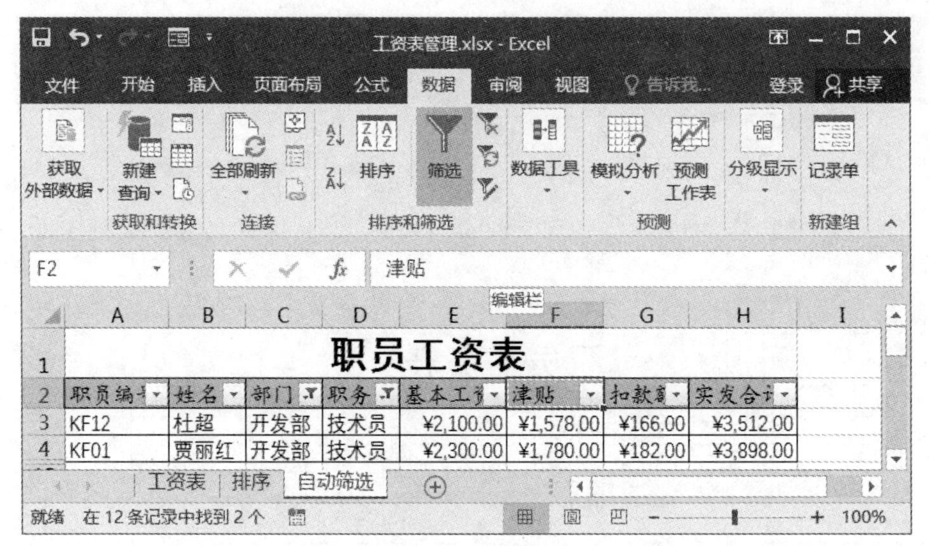

图 3-83 自动筛选结果

步骤 2 使用自定义筛选显示“实发合计”金额在“¥3000.00～¥4000.00”的职员工资记录。

（1）将“工资表”工作表中的数据复制到 Sheet4 工作表中，将 Sheet4 工作表重命名为“自定义筛选”。

（2）在“自定义筛选”工作表中，选中数据区域中任意一个单元格，单击“数据”选项卡的“筛选”按钮，此时 Excel 会自动在每个列标题右侧出现▾按钮。

（3）单击“实发合计”右侧的▾按钮，指向“数字筛选”，在其下拉列表中选择“自定义筛选”命令，如图 3-84 所示，打开“自定义自动筛选方式”对话框，如图 3-85 所示。

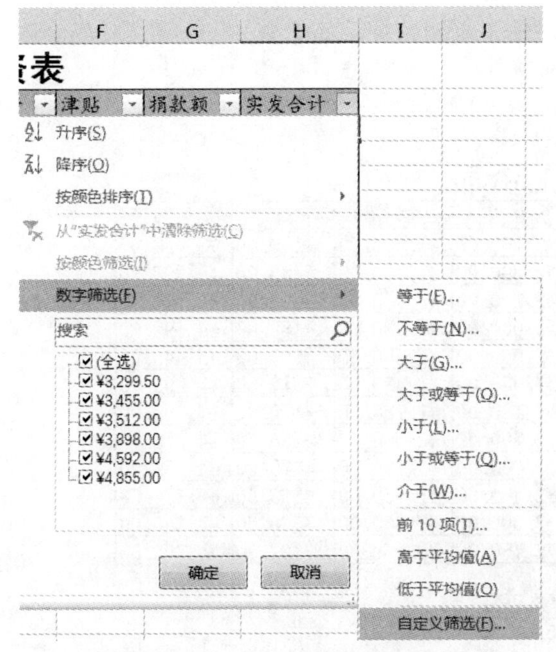

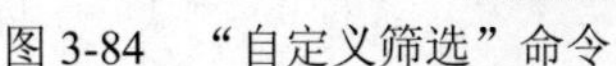

图 3-84 “自定义筛选”命令

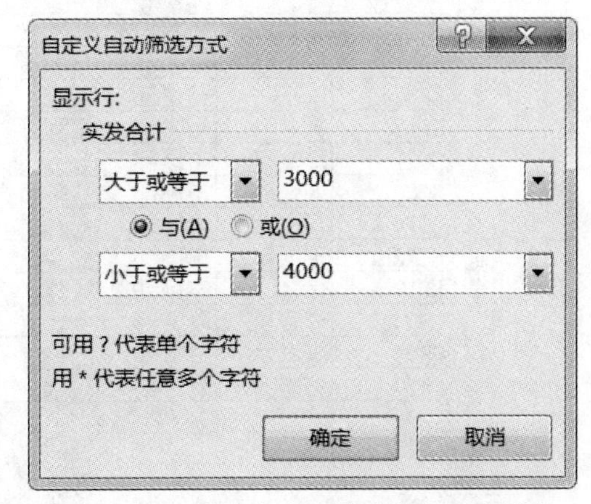

图 3-85 “自定义自动筛选方式”对话框

（4）设置筛选条件，如图 3-85 所示，“实发合计”下面的左侧下拉列表中选择“大于或等于”，右侧下拉列表中输入“3000”，默认选中“与”单选项，并在其下面的左侧下拉列表中选择“小于或等于”，右侧下拉列表中输入“4000”，单击 确定 按钮，满足条件的筛选结果如图 3-86 所示。

	A	B	C	D	E	F	G	H
1	职员工资表							
2	职员编	姓名	部门	职务	基本工资	津贴	扣款额	实发合计
3	KF12	杜超	开发部	技术员	¥2,100.00	¥1,578.00	¥166.00	¥3,512.00
4	KF01	贾丽红	开发部	技术员	¥2,300.00	¥1,780.00	¥182.00	¥3,898.00
7	SC21	李文育	市场部	业务员	¥2,000.00	¥1,550.00	¥105.00	¥3,445.00
8	SC20	刘忆静	市场部	业务员	¥1,930.00	¥1,480.00	¥110.50	¥3,299.50
9	SC14	宋文莉	市场部	业务员	¥2,180.00	¥1,788.00	¥170.00	¥3,798.00
12	CW24	李春丽	财务部	会计	¥2,460.00	¥1,460.00	¥183.50	¥3,736.50
13	CW08	张洪斌	财务部	出纳	¥2,000.00	¥1,460.00	¥120.00	¥3,340.00

图 3-86 自定义筛选结果

步骤 3 使用高级筛选显示“开发部基本工资<¥3000.00 或财务部基本工资>¥3000.00”的职员工资记录。

在 Excel 中，用户可以自己在工作表中输入新的筛选条件，并将其与表格的基本数据分隔开，即输入的筛选条件与基本数据间至少要保持一个空行或一个空列的距离。建立多行条件区域时，行与行的条件之间是“或”的关系，而同一行内的多个条件之间是“与”的关系。其中“与”关系用于筛选同时满足多个条件的数据结果，而“或”关系用于筛选只满足其中一个条件的数据结果。

（1）将“工资表”工作表中的数据复制到 Sheet5 工作表中，将 Sheet5 工作表重命名为“高级筛选”。

（2）进入“高级筛选”工作表，在空白区域输入筛选条件，其中第一行为筛选项的字段名，第二行开始为对应的筛选条件，如图 3-87 所示。

	A	B	C	D	E	F	G	H
1	职员工资表							
2	职员编号	姓名	部门	职务	基本工资	津贴	扣款额	实发合计
3	KF12	杜超	开发部	技术员	¥2,100.00	¥1,578.00	¥166.00	¥3,512.00
4	KF01	贾丽红	开发部	技术员	¥2,300.00	¥1,780.00	¥182.00	¥3,898.00
5	KF02	李贺	开发部	经理	¥3,100.00	¥1,960.00	¥205.00	¥4,855.00
6	KF11	雷宁	开发部	工程师	¥3,000.00	¥1,780.00	¥188.00	¥4,592.00
7	SC21	李文育	市场部	业务员	¥2,000.00	¥1,550.00	¥105.00	¥3,445.00
8	SC20	刘忆静	市场部	业务员	¥1,930.00	¥1,480.00	¥110.50	¥3,299.50
9	SC14	宋文莉	市场部	业务员	¥2,180.00	¥1,788.00	¥170.00	¥3,798.00
10	SC22	王丽雯	市场部	业务员	¥2,700.00	¥2,060.00	¥186.50	¥4,573.50
11	SC17	徐磊	市场部	经理	¥2,600.00	¥1,750.00	¥175.00	¥4,175.00
12	CW24	李春丽	财务部	会计	¥2,460.00	¥1,460.00	¥183.50	¥3,736.50
13	CW08	张洪斌	财务部	出纳	¥2,000.00	¥1,460.00	¥120.00	¥3,340.00
14	CW29	张岩	财务部	经理	¥2,750.00	¥2,150.00	¥192.00	¥4,708.00
15								
16				部门	基本工资			
17				开发部	<3000			
18				财务部	>3000			
19								

图 3-87　输入筛选条件

（3）选中数据区域 A2:H14 任意一个单元格，单击“数据”选项卡的“高级”按钮，如图 3-88 所示，打开“高级筛选”对话框。

（4）在“高级筛选”对话框中，如图 3-89 所示，选择“方式”选项中的“在原有区域显示筛选结果”，在“列表区域”文本框中选择整个数据单元格区域 A2:H14，在“条件区域”文本框中选择输入筛选条件的单元格区域 D16:E18，单击 确定 按钮，满足条件的筛选结果如图 3-90 所示。

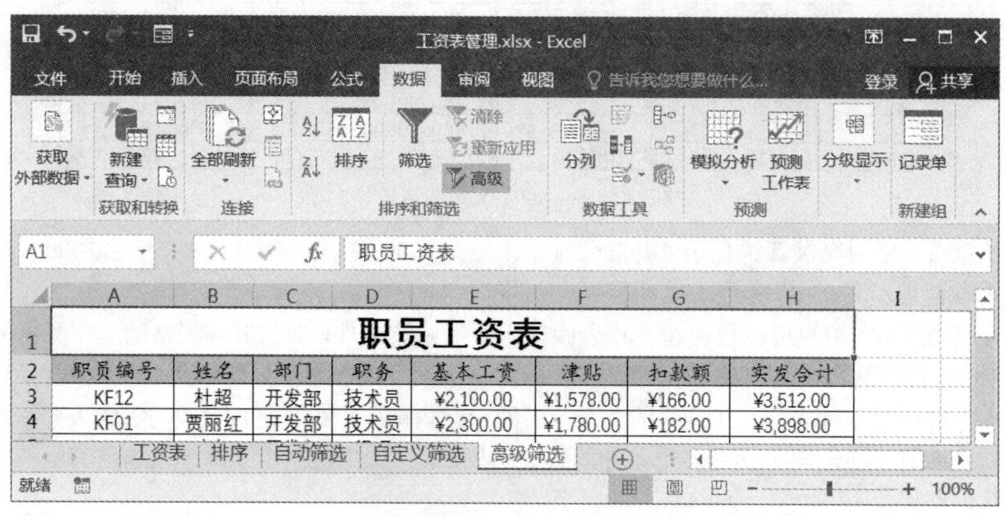

图 3-88　“高级”按钮

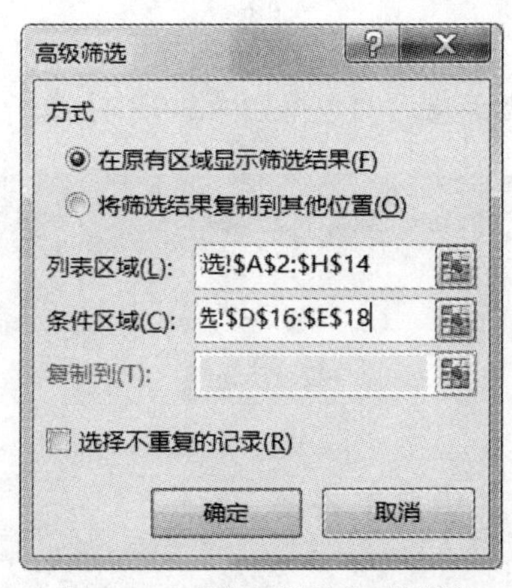

图 3-89　“高级筛选”对话框

	A	B	C	D	E	F	G	H
1				职员工资表				
2	职员编号	姓名	部门	职务	基本工资	津贴	扣款额	实发合计
3	KF12	杜超	开发部	技术员	¥2,100.00	¥1,578.00	¥166.00	¥3,512.00
4	KF01	贾丽红	开发部	技术员	¥2,300.00	¥1,780.00	¥182.00	¥3,898.00
15								
16				部门	基本工资			
17				开发部	<3000			
18				财务部	>3000			
19								

图 3-90　高级筛选结果

任务 4　数据分类汇总

以“部门”字段为分类字段，汇总出各部门职工工资实发合计的总数，再使用数据条查看全部职工扣款额。

Excel 的分类汇总功能可以帮助用户更好地掌握数据所显示的信息，在对数据进行分类的同时，还可以对数据进行求和等统计。

步骤 1　以“部门”字段为分类字段汇总出各部门职工工资实发合计的总数。

（1）将“工资表”工作表中的数据复制到 Sheet6 工作表中，将 Sheet6 工作表重命名为“分类汇总”。

（2）在“分类汇总”工作表中，按“部门”升序排序，选中数据区域中的任意一个单元格，单击“数据”选项卡的“排序”按钮，打开“排序”对话框，在“主要关键字”下拉列表中选择“部门”，并将排序方式设置为“升序”，单击 确定 按钮。

（3）再选中数据区任意一个单元格，单击“数据”选项卡的“分类汇总”按钮，如图 3-91 所示，打开“分类汇总”对话框。在“分类字段”下拉列表中选择“部门”，在“汇总方式”

下拉列表中选择“求和”，在“选定汇总项”下拉列表中选择“实发合计”复选项，如图 3-92 所示，单击 确定 按钮，分类汇总后的数据如图 3-93 所示。

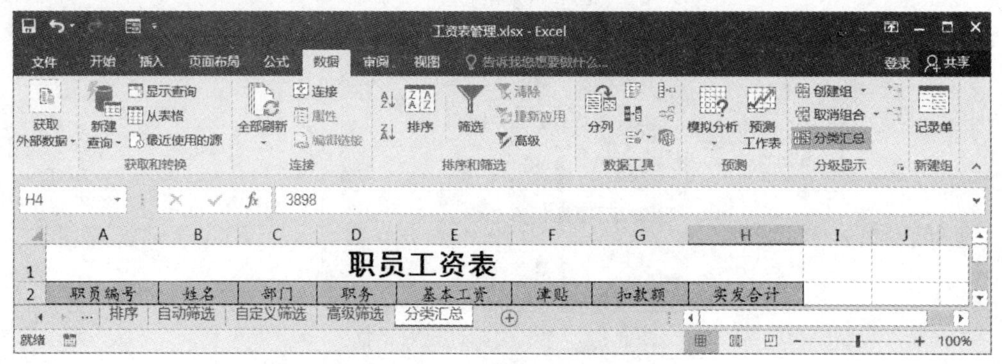

图 3-91 “分类汇总”按钮

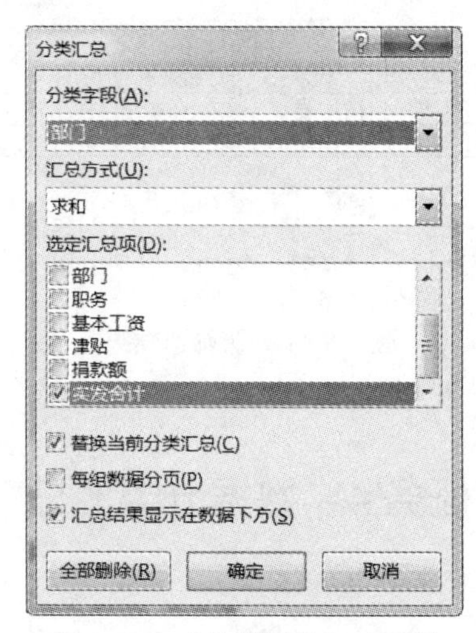

图 3-92 “分类汇总”对话框

行	A	B	C	D	E	F	G	H
1				职员工资表				
2	职员编号	姓名	部门	职务	基本工资	津贴	扣款额	实发合计
3	CW24	李春丽	财务部	会计	¥2,460.00	¥1,460.00	¥183.50	¥3,736.50
4	CW08	张洪斌	财务部	出纳	¥2,000.00	¥1,460.00	¥120.00	¥3,340.00
5	CW29	张岩	财务部	经理	¥2,750.00	¥2,150.00	¥192.00	¥4,708.00
6			**财务部 汇总**					¥11,784.50
7	KF12	杜超	开发部	技术员	¥2,100.00	¥1,578.00	¥166.00	¥3,512.00
8	KF01	贾丽红	开发部	技术员	¥2,300.00	¥1,780.00	¥182.00	¥3,898.00
9	KF02	李贺	开发部	经理	¥3,100.00	¥1,960.00	¥205.00	¥4,855.00
10	KF11	雷宁	开发部	工程师	¥3,000.00	¥1,780.00	¥188.00	¥4,592.00
11			**开发部 汇总**					¥16,857.00
12	SC21	李文育	市场部	业务员	¥2,000.00	¥1,550.00	¥105.00	¥3,445.00
13	SC20	刘忆静	市场部	业务员	¥1,930.00	¥1,480.00	¥110.50	¥3,299.50
14	SC14	宋文莉	市场部	业务员	¥2,180.00	¥1,788.00	¥170.00	¥3,798.00
15	SC22	王丽雯	市场部	业务员	¥2,700.00	¥2,060.00	¥186.50	¥4,573.50
16	SC17	徐磊	市场部	经理	¥2,600.00	¥1,750.00	¥175.00	¥4,175.00
17			**市场部 汇总**					¥19,291.00
18			**总计**					¥47,932.50

图 3-93 分类汇总结果

步骤 2 隐藏、显示或清除分类汇总。

（1）单击汇总后表格左侧的-按钮可隐藏相应级别的数据，且-按钮变为+按钮，再单击+按钮可显示相应级别的数据。

（2）如果需要清除分类汇总后的表格，又不影响原有的数据，可单击“数据”选项卡的“分类汇总”按钮，打开“分类汇总”对话框，单击 全部删除(R) 按钮即可。

步骤 3 使用数据条查看全部职工扣款额。

（1）在“分类汇总”工作表中，选择“扣款额”列数据区域 G3:G16。

（2）单击“开始”选项卡中的“条件格式”按钮，指向“数据条”命令，单击红色实心填充方式，如图 3-94 所示。

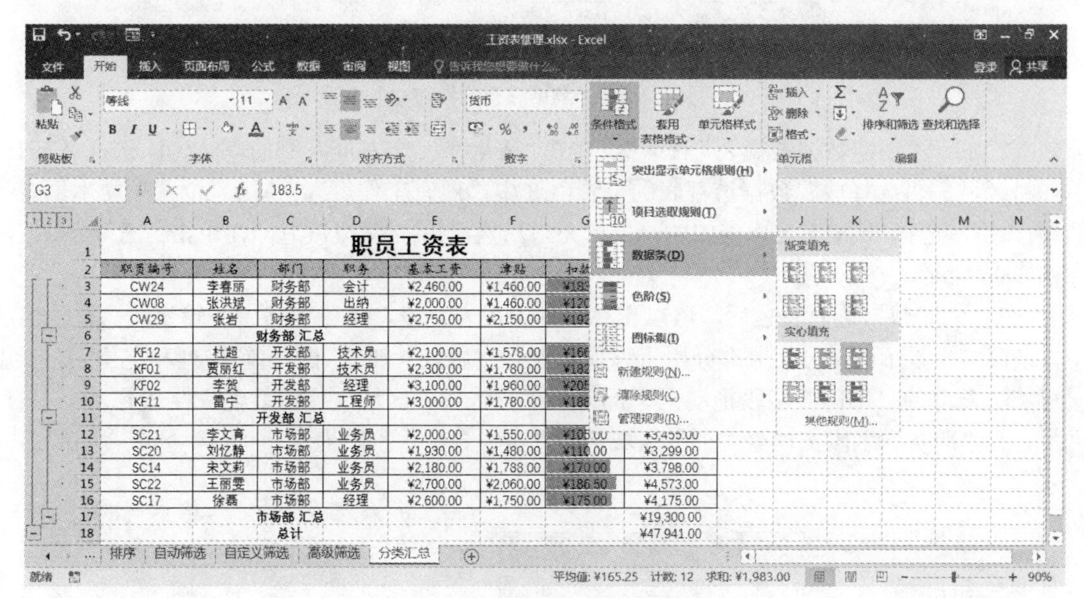

图 3-94 数据条条件格式

任务 5 创建数据透视表

以“工资表”工作表中的数据为数据源，以“部门”为筛选项，以“姓名”为行标签，以“职务”为列标签，以“实发合计”为求和项，在 Sheet7 工作表中创建数据透视表。在数据透视表中，只显示“开发部”相关的数据。

数据透视表是交互式报表，可以快速合并和比较大量数据。通过数据透视表能够方便地查看原数据的不同汇总，而且还可以显示感兴趣区域的明细数据。

步骤 1 在 Sheet7 工作表中创建数据透视表。

（1）在“工资表”工作表中，选中数据区域任意一个单元格，选择“插入”选项卡的“表格”组，单击“数据透视表”命令，如图 3-95 所示。

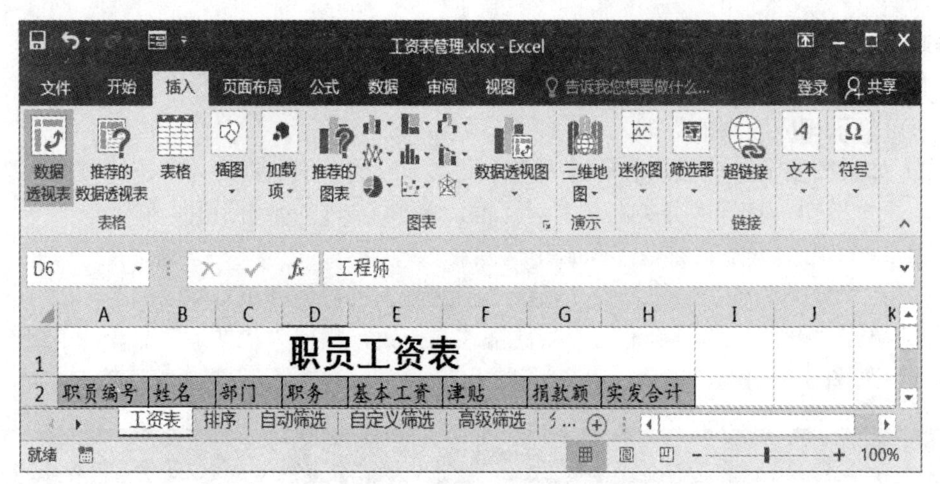

图 3-95 “数据透视表”命令

（2）打开“创建数据透视表”对话框，单击“表/区域”文本框右侧的按钮，选择 A2:H14 单元格区域。再选择放置数据透视表的位置，选中“现有工作表”，单击“位置”文本框右侧的按钮，选择 Sheet7 工作表中的 A3 单元格，然后单击按钮返回，单击 确定 按钮，如图 3-96 所示。

（3）创建数据透视表之后，可以在“数据透视表字段”任务窗格中编辑字段。默认情况下，该窗格中显示两部分：上部分用于添加和删除字段，下部分用于重新排列和定位字段。用鼠标将上部分的“部门”字段拖动至下部分的“筛选器”区域，将“姓名”字段拖动至“行”区域，将“职务”字段拖动至“列”区域，将“实发合计”字段拖动至“值”区域，如图 3-97 所示。

图 3-96 “创建数据透视表”对话框

图 3-97 编辑字段

（4）为数据透视表套用样式，单击“设计”选项卡，选择需要套用的样式，如果默认列表中的样式不符合要求，可以单击按钮选择更多的样式，如图 3-98 所示。

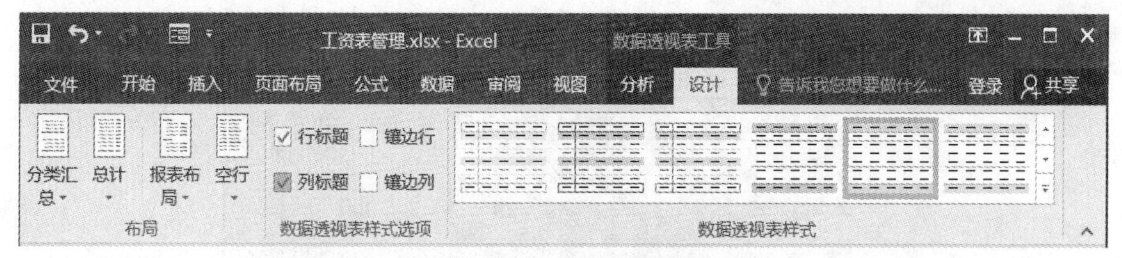

图 3-98　数据透视表样式

步骤 2　在数据透视表中只显示“开发部”相关的数据。

（1）单击数据透视表中“部门”后“(全部)”单元格右侧的按钮，在弹出的列表框中取消选择“全部”，选中“开发部”，单击 确定 按钮。

（2）数据透视表显示“开发部”所对应的数据，并求出总和，如图 3-99 所示。

	A	B	C	D	E
1	部门	开发部			
2					
3	求和项:实发合计	列标签			
4	行标签	工程师	技术员	经理	总计
5	杜超		3512		3512
6	贾丽红		3898		3898
7	雷宁	4592			4592
8	李贺			4855	4855
9	**总计**	**4592**	**7410**	**4855**	**16857**

图 3-99　数据透视表结果

项目总结

通过员工工资管理与分析案例，学习了在 Excel 中管理大量数据的应用方法，主要包括：

（1）“记录单”功能可以对大量数据进行添加、浏览、删除和查找等操作。

（2）“排序”功能可以将数据按照一定顺序进行调整。

（3）“筛选”功能可以将指定条件的数据显示出来。

（4）“分类汇总”功能可以按照指定的类别对相关数据进行汇总和统计。

（5）“数据透视表”功能可以使数据产生立体交互式的分析、统计结果。

项目拓展

拓展 1　公司销售统计与分析

操作步骤：

步骤 1　新建一个工作簿，命名为“销售管理”，在 Sheet1 工作表中编辑“5 月手机销售统计表”，并将 Sheet1 工作表重命名为“销售统计”，如图 3-100 所示。

	A	B	C	D	E
1	5月手机销售统计表				
2	品牌	型号	单价	销售数量	销售额
3	HTC	G12	¥1,850.00	16	¥29,600.00
4	三星	I9008L	¥2,310.00	15	¥34,650.00
5	MOTO	XT912	¥3,100.00	12	¥37,200.00
6	三星	S5830i	¥1,700.00	23	¥39,100.00
7	三星	I9100	¥3,150.00	18	¥56,700.00
8	MOTO	ME525+	¥1,750.00	33	¥57,750.00
9	MOTO	XT681	¥1,500.00	42	¥63,000.00
10	MOTO	XT928	¥4,300.00	19	¥81,700.00
11	HTC	G21	¥2,780.00	30	¥83,400.00
12	三星	I9228	¥4,099.00	25	¥102,475.00
13	HTC	G22	¥2,800.00	38	¥106,400.00
14	HTC	G23	¥4,800.00	45	¥216,000.00

图 3-100 “销售统计”工作表

（1）输入表标题“5 月手机销售统计表”，设置为楷体、24 磅、加粗、深蓝色，并在 A1:E1 单元格区域居中。

（2）输入表头“品牌”“型号”“单价”“销售数量”和“销售额”，设置为楷体、18 磅、加粗、居中、底纹橙色。

（3）输入“品牌”“型号”“单价”和“销售数量”四列数据。

（4）计算“销售额”列数据：销售额=单价×销售数量。

（5）“单价”和“销售额”两列数据为货币格式，右对齐，其余各列数据水平居中。

（6）设置 A3:E14 单元格区域底纹浅绿色。为 A2:E14 单元格区域添加外粗内细的边框。

步骤 2 将“销售统计”工作表中的数据复制到 Sheet2 工作表中，将 Sheet2 工作表重命名为“排序”，在“排序”工作表中，按“单价”由高到低调整数据顺序。

（1）将“销售统计”工作表中的数据复制到 Sheet2 工作表中，将 Sheet2 工作表重命名为“排序”。

（2）在“排序”工作表中，选中数据区域中任意一个单元格，单击“数据”选项卡的“排序”按钮，打开“排序”对话框，在“主要关键字”下拉列表中选择“单价”，并将次序设置为“降序”，单击 确定 按钮，结果如图 3-101 所示。

	A	B	C	D	E
1	5月手机销售统计表				
2	品牌	型号	单价	销售数量	销售额
3	HTC	G23	¥4,800.00	45	¥216,000.00
4	MOTO	XT928	¥4,300.00	19	¥81,700.00
5	三星	I9228	¥4,099.00	25	¥102,475.00
6	三星	I9100	¥3,150.00	18	¥56,700.00
7	MOTO	XT912	¥3,100.00	12	¥37,200.00
8	HTC	G22	¥2,800.00	38	¥106,400.00
9	HTC	G21	¥2,780.00	30	¥83,400.00
10	三星	I9008L	¥2,310.00	15	¥34,650.00
11	HTC	G12	¥1,850.00	16	¥29,600.00
12	MOTO	ME525+	¥1,750.00	33	¥57,750.00
13	三星	S5830i	¥1,700.00	23	¥39,100.00
14	MOTO	XT681	¥1,500.00	42	¥63,000.00

图 3-101 “排序”结果

步骤 3　将“销售统计”工作表中的数据复制到 Sheet3 工作表中，将 Sheet3 工作表重命名为“自动筛选”，在“自动筛选”工作表中，筛选出销售数量最多的前 5 条数据记录。

（1）将“销售统计”工作表中的数据复制到 Sheet3 工作表中，将 Sheet3 工作表重命名为“自动筛选”。

（2）在“自动筛选”工作表中，选中数据区域中任意一个单元格，单击“数据”选项卡的“筛选”按钮，此时 Excel 会自动在每个列标题右侧出现▾按钮。

（3）单击“销售数量”右侧的▾按钮，指向“数字筛选”，单击“10 个最大的值”命令，如图 3-102 所示，打开“自动筛选前 10 个”对话框。设置筛选条件，在“显示”选项最左侧的下拉列表中选择“最大”，中间的下拉列表中选择“5”，如图 3-103 所示，单击 确定 按钮，满足条件的筛选结果如图 3-104 所示。

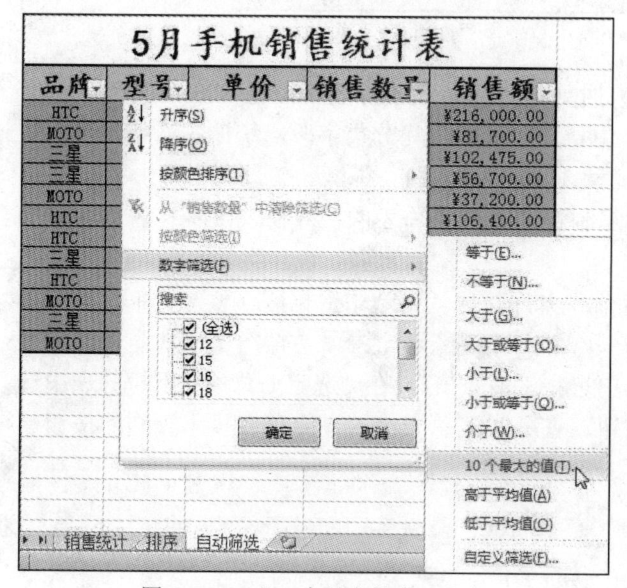

图 3-102　“10 个最大的值”命令

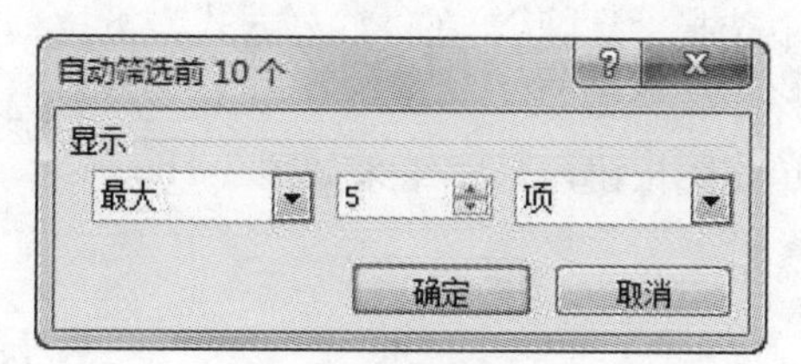

图 3-103　“自动筛选前 10 个”对话框

	A	B	C	D	E
1	5月手机销售统计表				
2	品牌	型号	单价	销售数量	销售额
3	HTC	G23	¥4,800.00	45	¥216,000.00
8	HTC	G22	¥2,800.00	38	¥106,400.00
9	HTC	G21	¥2,780.00	30	¥83,400.00
12	MOTO	ME525+	¥1,750.00	33	¥57,750.00
14	MOTO	XT681	¥1,500.00	42	¥63,000.00

图 3-104　“自动筛选”结果

步骤 4　将“销售统计”工作表中的数据复制到 Sheet4 工作表中，将 Sheet4 工作表重命名为“自定义筛选”，在“自定义筛选”工作表中，筛选出销售额高于 10 万元的数据记录。

（1）将“销售统计”工作表中的数据复制到 Sheet4 工作表中，将 Sheet4 工作表重命名为“自定义筛选”。

（2）在“自定义筛选”工作表中，选中数据区域中任意一个单元格，单击“数据”选项卡的“筛选”按钮，单击“销售额”右侧的按钮，指向“数字筛选”，单击“自定义筛选”命令，打开“自定义自动筛选方式”对话框。设置筛选条件，在“销售额”下面的左侧下拉列表框中选择“大于”，在右侧下拉列表中输入“100000”，单击确定按钮，满足条件的筛选结果如图 3-105 所示。

	A	B	C	D	E
1	5月手机销售统计表				
2	品牌	型号	单价	销售数量	销售额
12	三星	I9228	¥4,099.00	25	¥102,475.00
13	HTC	G22	¥2,800.00	38	¥106,400.00
14	HTC	G23	¥4,800.00	45	¥216,000.00

图 3-105 “自定义筛选”结果

步骤 5 将“销售统计”工作表中的数据复制到 Sheet5 工作表中，将 Sheet5 工作表重命名为“分类汇总”，在“分类汇总”工作表中，以“品牌”为分类字段，统计各品牌手机销售数量的最大值。

（1）将“销售统计”工作表中的数据复制到 Sheet5 工作表中，将 Sheet5 工作表重命名为“分类汇总”。

（2）在“分类汇总”表中，先按“品牌”升序排序。再选中数据区任意一个单元格，单击“数据”选项卡的“分类汇总”按钮，打开“分类汇总”对话框。在“分类字段”下拉列表中选择“品牌”，在“汇总方式”下拉列表中选择“最大值”，在“选定汇总项”下拉列表中选择“销售数量”复选项，单击确定按钮，在分类汇总表格的左上角有显示级别的按钮，单击2按钮，显示结果如图 3-106 所示。

	A	B	C	D	E
1	5月手机销售统计表				
2	品牌	型号	单价	销售数量	销售额
7	HTC 最大值			45	
12	MOTO 最大值			42	
17	三星 最大值			25	
18	总计最大值			45	

图 3-106 “分类汇总”结果

步骤 6 在新工作表中创建数据透视表，以“销售统计”工作表为数据源，以“品牌”为行标签，以“型号”为列标签，对“销售额”求和。在数据透视表中只显示 MOTO 品牌的相关数据。

（1）在“销售统计”工作表中，选中数据区域任意一个单元格，选择“插入”选项卡的“表格”组，单击“数据透视表”命令。

（2）打开“创建数据透视表”对话框，单击“表/区域”文本框右侧的按钮，选择 A2:E14 单元格区域。再选择放置数据透视表的位置，选中“新工作表”，单击确定按钮。

（3）创建数据透视表之后，可以在“数据透视表字段”任务窗格中编辑字段。用鼠标将“品牌”字段拖动至“行”区域，将“型号”字段拖动至“列”区域，将“销售额”字段拖动至“值”区域，如图 3-107 所示。

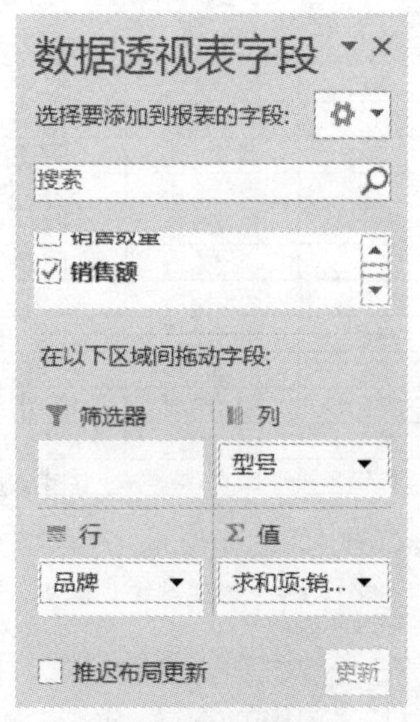

图 3-107　编辑字段

（4）为数据透视表套用样式，单击“设计”选项卡，选择需要套用的样式。

（5）单击数据透视表中“行标签”单元格右侧的下拉按钮，在弹出的列表框中先取消选择“全选”，再选中 MOTO，单击 确定 按钮，数据透视表显示结果如图 3-108 所示。

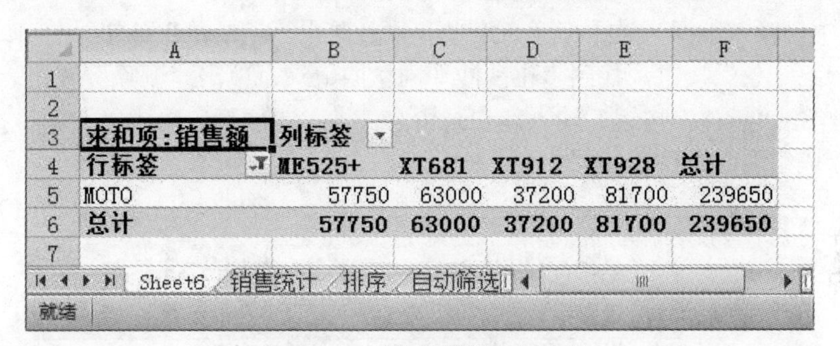

图 3-108　“数据透视表”结果

拓展 2　学生成绩统计与分析

操作步骤：

步骤 1　新建一个工作簿，命名为“成绩管理”，在 Sheet1 工作表中编辑“2013—2014 学年第二学期成绩统计表”，并将 Sheet1 工作表重命名为“成绩表”，如图 3-109 所示。

（1）输入表标题“2013—2014 学年第二学期成绩统计表”，设置为黑体、18 磅，并在 A1:E1 单元格区域居中。

（2）输入表头“姓名”“学号”“班级”“科目”和“成绩”，设置为楷体、16 磅、居中、底纹浅蓝色。

（3）输入 A3:E14 单元格区域数据，全部设置水平居中。

（4）为 A2:E14 单元格区域添加边框。

	A	B	C	D	E
1	2013-2014学年第二学期成绩统计表				
2	姓名	学号	班级	科目	成绩
3	毕晓慧	101	英语1班	思想品德	81
4	陈飞达	102	英语1班	计算机基础	86
5	陈磊	113	英语1班	思想品德	91
6	崔沙沙	128	英语1班	应用文写作	82
7	方雪娇	202	英语2班	计算机基础	90
8	高巍	204	英语2班	思想品德	74
9	韩旭	215	英语2班	应用文写作	94
10	姜成云	218	英语2班	计算机基础	96
11	康晓明	308	日语3班	应用文写作	73
12	梁慧	309	日语3班	思想品德	82
13	孟范新	316	日语3班	应用文写作	78
14	刘洋	319	日语3班	计算机基础	80
15					

成绩表 Sheet2 Sheet3

图 3-109 “成绩表”结果

步骤 2 使用记录单功能删除“崔沙沙”同学的记录，再添加一条新记录“姓名：王伟、学号：109、班级：英语 1 班、科目：应用文写作、成绩：83”。

（1）单击“快速访问工具栏”最右侧的下拉按钮，在弹出的下拉列表中单击“其他命令”，打开“Excel 选项”对话框。在右侧“从下列位置选择命令”下拉列表框中选择“不在功能区中的命令”。下拉滚动条，找到“记录单”，然后单击“添加”按钮，再单击“确定”按钮。这时，快速访问工具栏上已经添加了“记录单”按钮。

（2）选中已输入数据区域中任意一个单元格，单击“记录单”按钮，打开“成绩表”对话框。单击“下一条”按钮，找到“崔沙沙”同学的记录，单击“删除”按钮。

（3）再单击“新建”按钮，输入新记录内容，输入完成后，单击“关闭”按钮即可。数据修改后的“成绩表”工作表如图 3-110 所示。

	A	B	C	D	E
1	2013-2014学年第二学期成绩统计表				
2	姓名	学号	班级	科目	成绩
3	毕晓慧	101	英语1班	思想品德	81
4	陈飞达	102	英语1班	计算机基础	86
5	陈磊	113	英语1班	思想品德	91
6	方雪娇	202	英语2班	计算机基础	90
7	高巍	204	英语2班	思想品德	74
8	韩旭	215	英语2班	应用文写作	94
9	姜成云	218	英语2班	计算机基础	96
10	康晓明	308	日语3班	应用文写作	73
11	梁慧	309	日语3班	思想品德	82
12	孟范新	316	日语3班	应用文写作	78
13	刘洋	319	日语3班	计算机基础	80
14	王伟	109	英语1班	应用文写作	83

图 3-110 “记录单”输入后结果

步骤 3 将“成绩表”工作表中的数据复制到 Sheet2 工作表中，将 Sheet2 工作表重命名为“排序”，在“排序”工作表中，按“成绩”由高到低的顺序进行调整，结果如图 3-111 所示。

	A	B	C	D	E
1	2013-2014学年第二学期成绩统计表				
2	姓名	学号	班级	科目	成绩
3	姜成云	218	英语2班	计算机基础	96
4	韩旭	215	英语2班	应用文写作	94
5	陈磊	113	英语1班	思想品德	91
6	方雪娇	202	英语2班	计算机基础	90
7	陈飞达	102	英语1班	计算机基础	86
8	王伟	109	英语1班	应用文写作	83
9	梁慧	309	日语3班	思想品德	82
10	毕晓慧	101	英语1班	思想品德	81
11	刘洋	319	日语3班	计算机基础	80
12	孟范新	316	日语3班	应用文写作	78
13	高巍	204	英语2班	思想品德	74
14	康晓明	308	日语3班	应用文写作	73

图 3-111　“排序”结果

步骤 4　将“成绩表”工作表中的数据复制到 Sheet3 工作表中，将 Sheet3 工作表重命名为“自定义筛选”，在“自定义筛选”工作表中，筛选出“计算机基础”成绩“大于 90（含 90）”的数据记录，结果如图 3-112 所示。

	A	B	C	D	E
1	2013-2014学年第二学期成绩统计表				
2	姓名	学号	班级	科目	成绩
6	方雪娇	202	英语2班	计算机基础	90
9	姜成云	218	英语2班	计算机基础	96

图 3-112　“自定义筛选”结果

步骤 5　将“成绩表”工作表中的数据复制到 Sheet4 工作表中，将 Sheet4 工作表重命名为“高级筛选”，在“高级筛选”工作表中，高级筛选出“思想品德成绩高于 85 或应用文写作成绩高于 85”的数据记录。

（1）将“成绩表”工作表中的数据复制到 Sheet4 工作表中，将 Sheet4 工作表重命名为“高级筛选”。

（2）在“高级筛选”工作表的空白区域中输入筛选条件，其中第一行为筛选项的字段名，第二行和第三行为对应的筛选条件，如图 3-113 所示。

	A	B	C	D	E
1	2013-2014学年第二学期成绩统计表				
2	姓名	学号	班级	科目	成绩
3	毕晓慧	101	英语1班	思想品德	81
4	陈飞达	102	英语1班	计算机基础	86
5	陈磊	113	英语1班	思想品德	91
6	方雪娇	202	英语2班	计算机基础	90
7	高巍	204	英语2班	思想品德	74
8	韩旭	215	英语2班	应用文写作	94
9	姜成云	218	英语2班	计算机基础	96
10	康晓明	308	日语3班	应用文写作	73
11	梁慧	309	日语3班	思想品德	82
12	孟范新	316	日语3班	应用文写作	78
13	刘洋	319	日语3班	计算机基础	80
14	王伟	109	英语1班	应用文写作	83
15					
16			科目	成绩	
17			思想品德	>85	
18			应用文写作	>85	
19					

图 3-113　“高级筛选”条件

（3）再选中数据区域 A2:E14 中任意一个单元格，单击“数据”选项卡的“高级”按钮，打开“高级筛选”对话框。在“高级筛选”对话框中，选择“方式”选项中的“在原有区域显示筛选结果”，在“列表区域”文本框中选择整个数据区域 A2:E14，在“条件区域”文本框中选择输入筛选条件的单元格区域 C16:D18，单击 确定 按钮，满足条件的筛选结果如图 3-114 所示。

	A	B	C	D	E
1	2013-2014学年第二学期成绩统计表				
2	姓名	学号	班级	科目	成绩
5	陈磊	113	英语1班	思想品德	91
9	韩旭	215	英语2班	应用文写作	94
15					
16			科目	成绩	
17			思想品德	>85	
18			应用文写作	>85	
19					

图 3-114 “高级筛选”结果

步骤 6 将“成绩表”工作表中的数据复制到 Sheet5 工作表中，将 Sheet5 工作表重命名为“分类汇总”，在“分类汇总”工作表中，以“科目”为分类字段，统计各个科目的平均成绩，结果如图 3-115 所示。

	A	B	C	D	E
1	2013-2014学年第二学期成绩统计表				
2	姓名	学号	班级	科目	成绩
7				计算机基础 平均值	88
12				思想品德 平均值	82
17				应用文写作 平均值	82
18				总计平均值	84

图 3-115 “分类汇总”结果

步骤 7 在新工作表中创建数据透视表，以“成绩表”工作表为数据源，以“班级”为报表筛选项，以“科目”为行标签，以“姓名”为列标签，对“成绩”求平均值。在数据透视表中显示“英语 2 班”的相关数据，结果如图 3-116 所示。

	A	B	C	D	E	F
1	班级	英语2班				
2						
3	平均值项:成绩	列标签				
4	行标签	方雪娇	高巍	韩旭	姜成云	总计
5	计算机基础	90			96	93
6	思想品德		74			74
7	应用文写作			94		94
8	总计	90	74	94	96	88.5

图 3-116 “数据透视表”结果

提示　要将默认的“成绩”求和项修改为平均值项，首先单击“求和项：成绩”单元格，再选择“分析”选项卡“活动字段”组中的“字段设置”按钮，如图 3-117 所示；或直接单击“数值”区的“求和项：成绩”按钮，在弹出的菜单中选择“值字段设置”即可。在“值字段汇总方式”列表框中选择“平均值”，单击 确定 按钮。

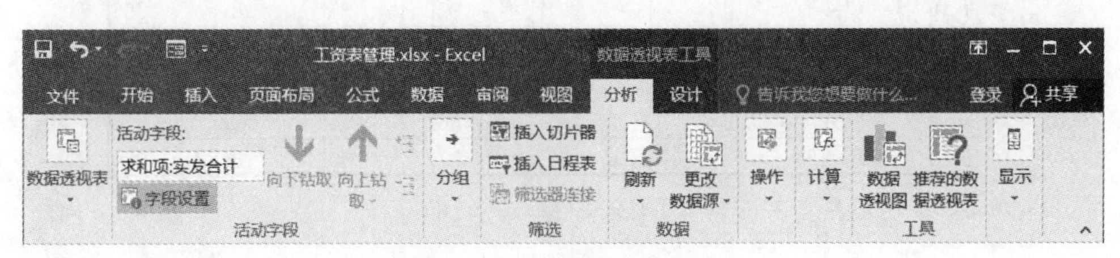

图 3-117　“字段设置”按钮

拓展 3　员工年度考核成绩统计表

操作步骤：

步骤 1　新建一个工作簿，命名为“员工考核表”，在 Sheet1 工作表中编辑“员工年度考核成绩统计表”，再将 Sheet1 工作表重命名为“考核表”，如图 3-118 所示。

	A	B	C	D	E	F	G	H
1	员工年度考核成绩统计表							
2	员工姓名	所属部门	小组	出勤考核	工作态度	工作能力	业务考核	考核成绩
3	王小华	市场部	A组	95	89	90	98	372
4	阎锐	财务部	A组	90	95	83	95	363
5	孙武斌	供应部	A组	93	83	76	93	345
6	孙明	行政部	B组	96	96	94	94	380
7	陈波	市场部	B组	92	94	82	83	351
8	孔详	供应部	B组	97	82	83	91	353
9	陆朋朋	财务部	C组	83	86	94	72	335
10	白雪	市场部	C组	82	82	80	86	330

图 3-118　“考核表”结果

（1）使用函数计算“考核成绩”列数据：考核成绩=出勤考核+工作态度+工作能力+业务考核。

（2）标题格式：黑体、18 磅、加粗、跨列居中。

（3）表头行填充黄色。

（4）从第 2 行到第 10 行的行高设为 18。

（5）条件格式：为“业务考核”分数在 95（含 95）以上的单元格设置蓝底白字。

（6）为表格添加如图 3-118 所示的边框。

步骤 2　将“考核表”工作表中的数据复制到 Sheet2 工作表中，将 Sheet2 工作表重命名为“排序”，在“排序”工作表中，按“考核成绩”进行降序排序，如图 3-119 所示。

步骤 3　将“考核表”工作表中的数据复制到 Sheet3 工作表中，将 Sheet3 工作表重命名为“自定义筛选”，在“自定义筛选”工作表中，只查看“A 组”成员中“考核成绩”>350 的记录，如图 3-120 所示。

	A	B	C	D	E	F	G	H
1	员工年度考核成绩统计表							
2	员工姓名	所属部门	小组	出勤考核	工作态度	工作能力	业务考核	考核成绩
3	孙明	行政部	B组	96	96	94	94	380
4	王小华	市场部	A组	95	89	90	98	372
5	阎锐	财务部	A组	90	95	83	95	363
6	孔详	供应部	B组	97	82	83	91	353
7	陈波	市场部	B组	92	94	82	83	351
8	孙武斌	供应部	A组	93	83	76	93	345
9	陆朋朋	财务部	C组	83	86	94	72	335
10	白雪	市场部	C组	82	82	80	86	330

图 3-119 “排序”结果

	A	B	C	D	E	F	G	H
1	员工年度考核成绩统计表							
2	员工姓名	所属部门	小组	出勤考核	工作态度	工作能力	业务考核	考核成绩
3	王小华	市场部	A组	95	89	90	98	372
4	阎锐	财务部	A组	90	95	83	95	363

图 3-120 “自定义筛选”结果

步骤 4 将“考核表”工作表中的数据复制到 Sheet4 工作表中，将 Sheet4 工作表重命名为“分类汇总”，在“分类汇总”工作表中，统计出每个小组中业务考核分数的最高值，如图 3-121 所示。

	A	B	C	D	E	F	G	H
1	员工年度考核成绩统计表							
2	员工姓名	所属部门	小组	出勤考核	工作态度	工作能力	业务考核	考核成绩
6			A组 最大值				98	
10			B组 最大值				94	
13			C组 最大值				86	
14			总计最大值				98	

图 3-121 “分类汇总”结果

步骤 5 在新工作表中创建数据透视表，以“考核表”工作表为数据源，以“所属部门”为报表筛选项，以“员工姓名”为行标签，以“小组”为列标签，对“考核成绩”求最大值。在数据透视表中显示“供应部”的相关数据，结果如图 3-122 所示。

	A	B	C	D
1	所属部门	供应部		
2				
3	最大值项:考核成绩	列标签		
4	行标签	A组	B组	总计
5	孔详		353	353
6	孙武斌	345		345
7	总计	345	353	353

图 3-122 “数据透视表”结果

步骤 6 使用“考核表”工作表中 B 组员工姓名及其四项考核成绩创建如图 3-123 所示的三维簇状柱形图。

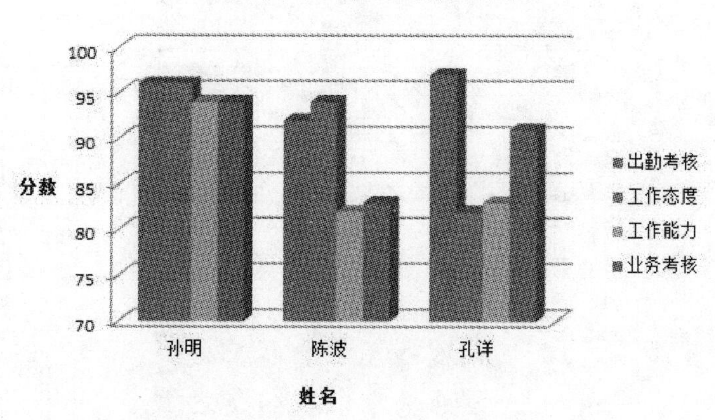

图 3-123 “图表”结果

拓展 4 教师基本情况统计表

操作步骤：

步骤 1 新建一个工作簿，命名为“教师基本情况表”，在 Sheet1 工作表中编辑“教师基本情况统计表”，再将 Sheet1 工作表重命名为“基本情况表”，如图 3-124 所示。

	A	B	C	D	E	F	G	H	I
1	教师基本情况统计表								
2	姓名	性别	任教学科	职称	学历	入职日期	获奖级别	获奖金额	备注
3	王小华	女	语文	中一	专科	2003/6/5	市级	800	
4	阎锐	男	语文	小一	硕士	2013/3/7	省级	1200	
5	孙武斌	男	数学	小一	本科	2008/6/8			
6	孙明	男	语文	小一	本科	2013/12/15			
7	陈波	男	数学	小高	本科	2008/10/20	县级	600	
8	孔详	女	语文	小高	专科	2004/6/23	县级	600	
9	陆朋朋	女	数学	小一	专科	2007/12/10	县级	400	
10	白雪	女	数学	小一	本科	2011/3/15	县级	600	
11	陈武	男	语文	小一	本科	2010/8/21	县级	600	
12	辛晓利	女	语文	小一	专科	2009/5/26	市级	800	

图 3-124 “基本情况表”结果

（1）工作表标题设置为：黑体、20 磅、蓝色，并在 A1:I1 单元格区域跨列居中。

（2）表头行设置为：楷体、14 磅、红色，列宽 10。

（3）表格区域填充“橙色 淡色 80%”底纹。

（4）为表格添加边框线：外粗内细，蓝色。

步骤 2 利用 IF 函数，根据入职时间填充“备注”列信息。2013 年入职的备注为“新聘”，其他情况为空白。结果如图 3-125 所示。

备注=IF(YEAR(F3)=2013,"新聘","")

步骤 3 将“基本情况表”工作表中的数据复制到 Sheet2 工作表中，将 Sheet2 工作表重命名为“排序”，在“排序”工作表中，按入职时间先后排序，如图 3-126 所示。

步骤 4 将“基本情况表”工作表中的数据复制到 Sheet3 工作表中，将 Sheet3 工作表重命名为“自动筛选”，在“自动筛选”工作表中，筛选出学历为“专科”，任教学科为“语文”的教师记录，结果如图 3-127 所示。

	A	B	C	D	E	F	G	H	I
1	教师基本情况统计表								
2	姓名	性别	任教学科	职称	学历	入职日期	获奖级别	获奖金额	备注
3	王小华	女	语文	中一	专科	2003/6/5	市级	800	
4	阎锐	男	语文	小一	硕士	2013/3/7	省级	1200	新聘
5	孙武斌	男	数学	小一	本科	2008/6/8			
6	孙明	男	语文	小一	本科	2013/12/15			新聘
7	陈波	男	数学	小高	本科	2008/10/20	县级	600	
8	孔详	女	语文	小高	专科	2004/6/23	县级	600	
9	陆朋朋	女	数学	小一	专科	2007/12/10	县级	400	
10	白雪	女	数学	小一	本科	2011/3/15	县级	600	
11	陈武	男	语文	小一	本科	2010/8/21	县级	600	
12	辛晓利	女	语文	小一	专科	2009/5/26	市级	800	

图 3-125 填充“备注”列信息结果

	A	B	C	D	E	F	G	H	I
1	教师基本情况统计表								
2	姓名	性别	任教学科	职称	学历	入职日期	获奖级别	获奖金额	备注
3	王小华	女	语文	中一	专科	2003/6/5	市级	800	
4	孔详	女	语文	小高	专科	2004/6/23	县级	600	
5	陆朋朋	女	数学	小一	专科	2007/12/10	县级	400	
6	孙武斌	男	数学	小一	本科	2008/6/8			
7	陈波	男	数学	小高	本科	2008/10/20	县级	600	
8	辛晓利	女	语文	小一	专科	2009/5/26	市级	800	
9	陈武	男	语文	小一	本科	2010/8/21	县级	600	
10	白雪	女	数学	小一	本科	2011/3/15	县级	600	
11	阎锐	男	语文	小一	硕士	2013/3/7	省级	1200	新聘
12	孙明	男	语文	小一	本科	2013/12/15			新聘

图 3-126 “排序”结果

	A	B	C	D	E	F	G	H	I
1	教师基本情况统计表								
2	姓名	性别	任教学科	职称	学历	入职日期	获奖级别	获奖金额	备注
3	王小华	女	语文	中一	专科	2003/6/5	市级	800	
8	孔详	女	语文	小高	专科	2004/6/23	县级	600	
12	辛晓利	女	语文	小一	专科	2009/5/26	市级	800	

图 3-127 “自动筛选”结果

步骤 5 将“基本情况表”工作表中的数据复制到 Sheet4 工作表中，将 Sheet4 工作表重命名为“高级筛选”，在“高级筛选”工作表中，高级筛选出任课为“语文”，且获奖级别为“省级”或“市级”的数据记录，结果如图 3-128 所示。

	A	B	C	D	E	F	G	H	I
1	教师基本情况统计表								
2	姓名	性别	任教学科	职称	学历	入职日期	获奖级别	获奖金额	备注
3	王小华	女	语文	中一	专科	2003/6/5	市级	800	
4	阎锐	男	语文	小一	硕士	2013/3/7	省级	1200	新聘
12	辛晓利	女	语文	小一	专科	2009/5/26	市级	800	
13									
14				任教学科	获奖级别				
15				语文	省级				
16				语文	市级				

图 3-128 “高级筛选”结果

步骤 6 将“基本情况表”工作表中的数据复制到 Sheet5 工作表中，将 Sheet5 工作表重命名为“分类汇总”，在“分类汇总”工作表中，汇总出每种学科的获奖金额之和，如图 3-129 所示。

姓名	性别	任教学科	职称	学历	入职日期	获奖级别	获奖金额	备注
		数学 汇总					1600	
		语文 汇总					4000	
		总计					5600	

教师基本情况统计表

图 3-129　“分类汇总”结果

步骤 7　在新工作表中创建数据透视表，以“基本情况表”工作表为数据源，以“任教学科”为行标签，以“职称”为列标签，对“学历”计数，结果如图 3-130 所示。

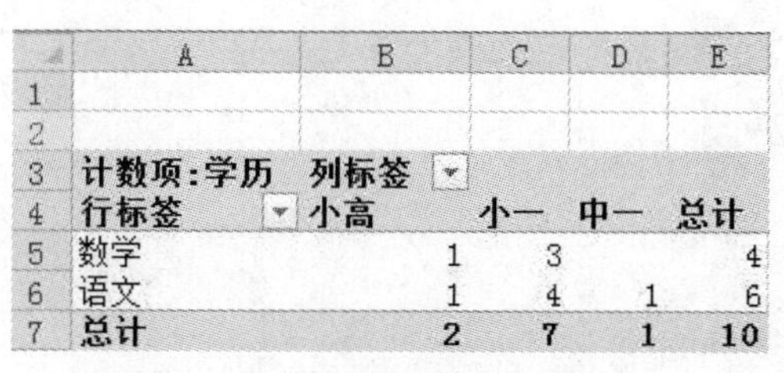

计数项:学历	列标签			
行标签	小高	小一	中一	总计
数学	1	3		4
语文	1	4	1	6
总计	2	7	1	10

图 3-130　“数据透视表”结果

如何在多张工作表之间实现数据的链接和引用

在 Excel 中，用户可以在同一工作簿中实现各个工作表之间的链接，在查看工作表时，只需在总表中单击工作表名称，即可跳转到相应的工作表。

例：将“公司总表”工作簿 Sheet1 工作表中“考核记录表”单元格超链接到“考核表”工作表。

（1）单击需要链接到工作表的 B2 单元格“考勤记录表”，再单击“插入”选项卡的“超链接”按钮，如图 3-131 所示，打开“插入超链接”对话框。

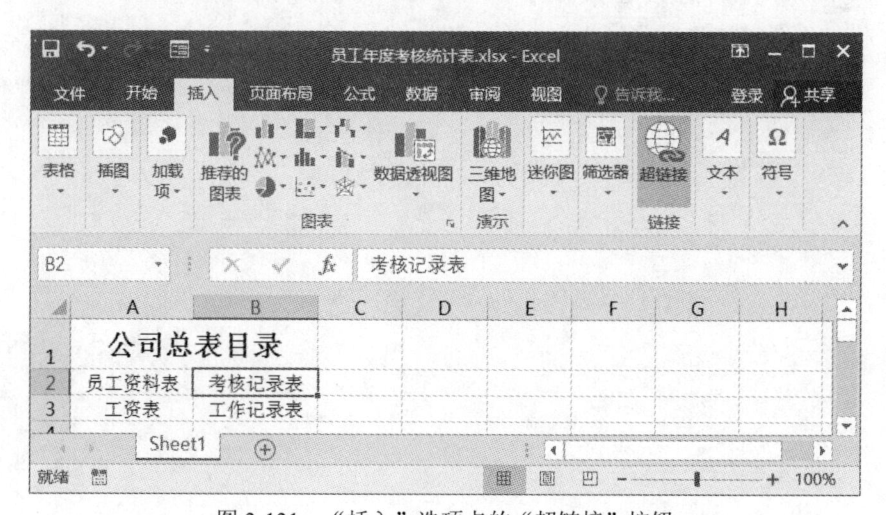

图 3-131　“插入”选项卡的“超链接”按钮

（2）单击“本文档中的位置”按钮，再单击需要链接的工作表名称“考核表”，最后单击 确定 按钮，如图 3-132 所示。

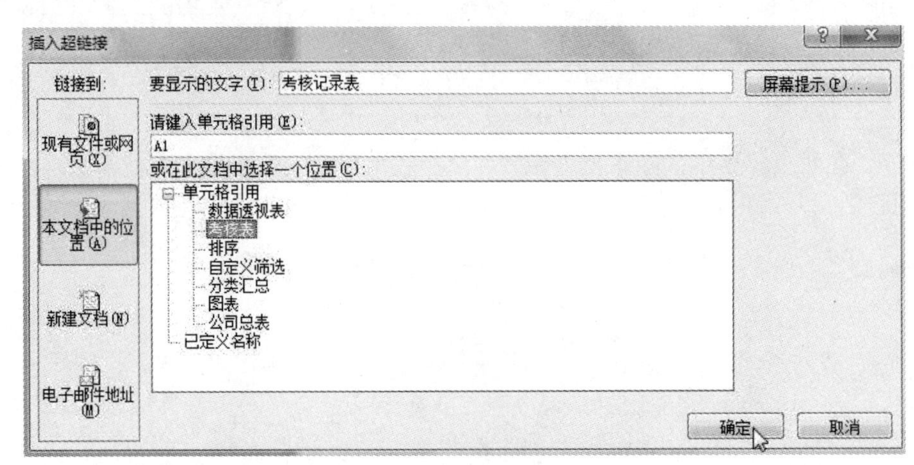

图 3-132 “插入超链接”对话框

（3）设置了超链接后，单元格中的文本呈蓝色显示并带有下划线，如图 3-133 所示。用鼠标单击单元格中设置了超链接的文本即可跳转到相应的工作表。

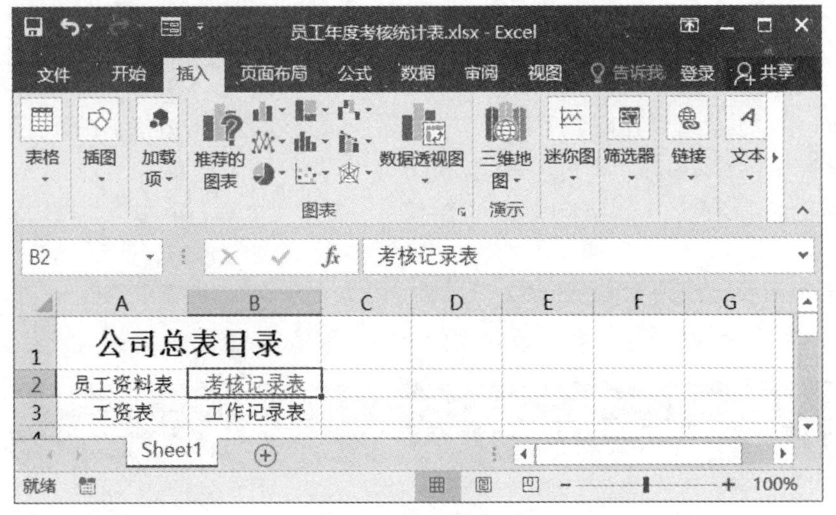

图 3-133 “超链接”结果

习题篇

习　题

一、填空题

1．打开 Excel 2016，按__________组合键可快速打开“文件”清单。

2．在 Excel 2016 中，一个工作簿可以含有__________张工作表。

3．运行 Excel 2016，此时有__________个工作标签。

4．在对数字格式进行修改时，如出现“#######”，其原因为__________。

5．在 Excel 中，要求在使用分类汇总之前，先对__________字段进行排序。

6．在 Excel 中，要统计一行数值的总和，可以用__________函数。

7．在 Excel 中，若要对 A3 至 B7、D3 至 E7 两个矩形区域中的数据求平均数，并把所得结果置于 A1 中，则应在 A1 中输入函数__________。

8．在 Excel 工作表中，先用鼠标单击 C4 单元格；然后按住 Shift 键，单击 G8 单元格；再按住 Ctrl 键，单击 D11 单元格。则选定的区域有__________单元格。

9．在 Excel 中已输入的数据清单含有字段：编号、姓名和工资，若希望只显示最高工资前 5 名的职工信息，可以使用__________功能。

10．Excel 2016 中正在处理的单元格称为__________单元格。

11．Excel 2016 中__________引用的含义是：在一个单元格地址中，既有相对地址引用，又有绝对地址引用。

12．当 Excel 2016 工作表数据区域中的数据发生变化时，相应的图表将__________。

13．设定高级筛选条件时，写在不同行中的所有条件就是__________，写在同一行中的所有条件就是__________的方式来合并。

14．在 B2 单元格中引用 E3 单元格地址，有三种形式：相对地址引用为__________，绝对地址引用为__________，混合地址引用为__________。

15．如果 A1=2、A2=1、A3=3、A4=6，则=SUM(A1:A4)的结果为__________；公式=(A1+A2+A3)/A4 的结果为__________。

16．默认情况下，一个 Excel 2016 工作簿有 1 个工作表，其中工作表的默认表名是__________。为了改变工作表的名字，可以右击__________，弹出快捷菜单，选择“重命名”命令。

17．选择连续的单元格区域，只要在单击第一个单元格后，按住__________键，再单击最后一个单元格；间断选择单元格则需按住__________键同时选择各单元格。

18．在 Excel 2016 中，公式都是以__________开始的，后面由__________或__________和__________构成。

19．在 Excel 2016 中，清除是指__________；删除是指__________。

20．在 Excel 2016 中，单元格内强行换行的组合键是__________。

二、选择题

1．下列关于 Excel 图表的说法，正确的是（　　）。

A．图表不能嵌入在当前工作表中，只能作为新工作表保存

B．无法从工作中产生图表

C．图表只能嵌入在当前工作表中，不能作为新工作表保存

D．图表既可以嵌入在当前工作表中，也能作为新工作表保存

2．Excel 的启动方式可以是（　　）。

A．使用“开始”菜单，单击“程序”菜单中的“Microsoft Excel”命令

B．使用资源管理器打开工作簿

C．使用文档模板创建或打开工作簿

D．此三项都是

3．在 Excel 2016 中，要显示表格中符合某个条件要求的记录，采用（　　）命令。

A．排序　　B．有效性　　C．筛选　　D．条件格式

4．下列概念中最小的单位是（　　）。

A．工作簿　　B．单元格　　C．工作表　　D．文件

5．某个单元格中的数值大于 0 的数，但其显示却是“######”。下列操作中，可以正常显示数据而又不影响该单元格的数据内容的是（　　）。

A．加大该单元格的行高　　B．使用复制命令复制数据

C．加大该单元格的的列宽　　D．重新输入数据

6．在表格中一次性插入 3 行，正确的方法是（　　）。

A．选定 3 行，在“表格”菜单中选择“插入行”命令

B．无法实现

C．选择“表格”菜单中的“插入行”命令

D．把插入点放在行尾部，按回车

7．一个 Excel 工作表可包含最多（　　）列。

A．250　　B．256　　C．300　　D．400

8．在 Excel 中，下面关于分类汇总的叙述，错误的是（　　）。

A．分类汇总前必须按关键词段排序数据库

B．汇总方式只能是求和

C．分类汇总的关键词只能是一个字段

D．分类汇总可以被删除，但删除汇总后排序操作不能撤消

9．（　　）是绝对地址。

A．BD　　B．$E5　　C．*B7　　D．以上都不对

10．Excel 图表是动态的，当在图表中修改了数据系列的值时，与图表相关的工作表中的数据（　　）。

A．自动修改　　B．不变

C．出现错误值　　D．用特殊颜色显示

11．如果要在单元格内输入 002，正确的方法是（　　）。

A．直接输入 002　　　　　　　　B．在 002 前后加上英文的单引号
C．在 002 前面加上英文的单引号　D．在 002 前后加上英文的双引号

12．输入公式时，由于输入错误，使系统不能识别输入的公式，此时会出现一个错误信息，#REF！表示：（　　）。

A．没有可用的数值　　　　　　　B．在不相交的区域中指定一个交集
C．公式中某个数字有问题　　　　D．引用了无效的单元格

13．下面说法正确的是（　　）。

A．一个工作簿可以包含多个工作表
B．一个工作簿只能包含一个工作表
C．工作簿就是工作表
D．一个工作表可以包含多个工作簿

14．Excel 广泛的应用于（　　）。

A．统计分析、财务管理分析、股票分析和管理、行政管理等各个方面
B．工业设计、机械制造、建筑工程
C．美术设计、装潢、图片制作等各个方面
D．多媒体制作

15．在 Excel 中，关于“筛选”的正确叙述是（　　）。

A．自动筛选和高级筛选都可以将结果筛选至另外的区域中
B．不同字段之间进行“或”运算的条件必须使用高级筛选
C．自动筛选的条件只能是一个，高级筛选的条件可以是多个
D．如果所选条件出现在多列中，并且条件间有“与”的关系，必须使用高级筛选

16．在 Excel 中，关于“删除”和“清除”的正确叙述是（　　）。

A．删除指定区域是将该区域的数据连同单元格一起从工作表中删除；清除指定区域仅清除该区域中的数据，而单元格保留
B．删除内容不可以恢复，清除的内容可以恢复
C．删除和清除均不移动单元格本身，但删除操作将单元格清空；而清除操作将原单元格中的内容变为 0
D．Delete 键的功能相当于删除命令

17．下列（　　）是日期填充的单位。

A．以天数填充　　　　　　　　　B．以工作日填充
C．以月填充　　　　　　　　　　D．以年填充

18．在 Excel 中“编辑”菜单上的“恢复”命令能够（　　）。

A．重复上次操作　　　　　　　　B．恢复对文档进行的最后几次操作前的样子
C．显示上一次操作　　　　　　　D．显示二次的操作内容

19．如果删除了公式中使用的单元格，则该单元格显示（　　）。

A．###　　　　B．？　　　　C．#REF！　　　　D．以上都不对

20．在 Excel 2016 排序中，下列对默认的升序的说法不正确的是（　　）。

A．西文按 A 到 Z（不区分大小写）升序排序，其中数字起头的文本排最前，空格排最后

B．数值从最小负数到最大正数

C．日期从最早到最近

D．中文按汉字的笔画从少到多

21．使用数据清单，能（　　）记录。

A．增加　　B．删除　　C．寻找　　D．以上都正确

22．操作时，如果将某些单元格选中（抹黑），然后再按 Delete 键，将删除单元中的（　　）。

A．批注

B．数据或公式但是保留格式

C．输入的内容（数值或公式），包括格式和批注

D．全部内容（包括格式和批注）

23．在 Excel 2016 中，关于“选择性粘贴”的叙述错误的是（　　）。

A．选择性粘贴可以只粘贴格式

B．选择性粘贴可以只粘贴公式

C．选择性粘贴可以将源数据的排序旋转 90 度，即“转置”粘贴

D．选择性粘贴只能粘贴数值型数据

24．在“开始”→“编辑”菜单中选择“清除”子菜单后，各选项叙述错误的是（　　）。

A．选择其中的“全部清除”选项，可以清除被选定单元格的格式、内容和批注

B．选择其中的“清除格式”选项，可以清除被选定单元格的格式

C．选择其中的“清除内容”选项，可以清除被选定单元格的内容

D．选择其中的“清除批注”选项，可以清除被选定单元格的内容和批注

25．若 A1 数值为 8，B1 数值为 10，其他单元格为空，C1 单元格的公式为=SUM(A1,B1)，将 C1 单元格复制到 C2，则 C2 中的数值为（　　）。

A．5　　B．0　　C．18　　D．10

26．若 A1 数值为 8，B1 数值为 10，其他单元格为空，C1 单元格的公式为=SUM（$A$1,$B$1)，将 C1 单元格复制到 C2，则 C2 中的数值为（　　）。

A．5　　B．0　　C．18　　D．10

27．当鼠标移到填充柄上，鼠标指针变为（　　）。

A．双键头　　B．白十字　　C．黑十字　　D．黑矩型

28．在单元格中输入数字字符串 150025（邮政编码）时，应输入（　　）。

A．150025　　B．"150025"　　C．'150025　　D．150025'

29．已知工作表 A1 单元格与 B1 单元格的值分别为"中国"、"北京"，要在 C1 单元格中显示"中国北京"，正确的公式为（　　）。

A．=A1+B1　　B．=A1，B1　　C．=A1&B1　　D．=A1；B1

30．若要选定区域 A1:C5 和 D3:E5，应（　　）。

A．按鼠标左键从 A1 拖动到 C5，然后按鼠标左键从 D3 拖动到 E5

B．按鼠标左键从 A1 拖动到 C5，然后按住 Ctrl 键，并按鼠标左键从 D3 拖动到 E5

C．按鼠标左键从 A1 拖动到 C5，然后按住 Shift 键，并按鼠标左键从 D3 拖动到 E5

D．按鼠标左键从 A1 拖动到 C5，然后按住 Tab 键，并按鼠标左键从 D3 拖动到 E5

31．若 B1 单元格存有一公式为：=A$5，将其复制到 D1 后，公式变为（　　）。

A. =D$5　　B. =D$1　　C. 不变　　D. =C$5

32. 在同一工作簿中复制一张工作表，只要选中要复制的工作表标签，按住（　　）键，然后沿着标签行拖动工作表标签到目标位置即可。

A. Ctrl　　B. Tab　　C. Alt　　D. Shift

33. 将行号和列号设为绝对地址时，须在其左边附加（　　）字符。

A. ?　　B. &　　C. $　　D. @

34. 要在某单元格中输入时间 19 点 15 分，其正确的格式是（　　）。

A. 19-15　　B. 19：15　　C. 7：15　　D. 19，15

35. 在 Excel 2016 中提供了一整套功能强大的（　　），使得我们对数据的管理变得非常容易。

A. 数据集　　B. 程序集　　C. 对象集　　D. 命令集

36. Excel 2016 中，不是在公式中可以使用的运算符是（　　）。

A. *　　B. ÷　　C. -　　D. +

37. Excel 2016 中，使用填充柄完成自动填充功能，填充柄位于单元格的（　　）。

A. 右下角　　B. 左上角　　C. 下角　　D. 右上角

38. 下列有关 Excel 工作表单元格的说法中，错误的是（　　）。

A. 每个单元格都有固定的地址　　B. 同列不同单元格的宽度可以不同

C. 若干单元格构成工作表　　D. 同列不同单元格可以选择不同的数字分类

39. &表示（　　）。

A. 算术运算符　　B. 文字运算符

C. 引用运算符　　D. 比较运算符

40. 打开工作簿的快捷键是（　　）。

A. Ctrl+O　　B. Alt+O　　C. Shift+D　　D. Shift+D

41. 有关“保存”和“另存为”命令说法错误的是（　　）。

A.“保存”可以用来保存文件

B.“另存为”命令也可以用来保存文件

C.“保存”将会改变文件的名字

D.“另存为”命令可以重新保存在新的文件里

42. 编辑栏中的公式栏显示的是（　　）。

A. 删除的数据　　B. 当前单元格的数据

C. 被复制的数据　　D. 没有显示

43. 在 Excel 2016 中单元格中的内容还会在（　　）显示。

A. 编辑栏　　B. 标题栏　　C. 工具栏　　D. 菜单栏

44.“对齐”标签属于（　　）对话框中。

A. 单元格属性　　B. 单元格格式　　C. 单元格删除　　D. 以上都不是

45.“复制”命令的快捷键是（　　）。

A. Ctrl+C　　B. Shift+C　　C. Alt+C　　D. Shift+Alt+C

46.“排序”对话框中的“主要关键字”的排序方式有（　　）。

A. 递增和递减　　B. 递减和不变

C．递减和不变　　　　　　　　　　D．递增、递减和不变

47．在 Excel 2016 工作表中，数值型数据的默认对齐格式是（　　）。

A．左对齐　　B．居中对齐　　C．跨列居中　　D．右对齐

48．在某一列有 0、1、2、3、…、15 共 16 个数据，单击“自动筛选”后出现下拉按钮，如果选择下拉列表中的“全部”，则（　　）

A．16 个数据保持不变　　　　　　B．16 个数据全部消失

C．16 个数据只剩下 10 个　　　　D．16 个数据只剩下“0”

49．“页面设置”对话框中的“页面”标签的页面方向有（　　）两种。

A．纵向和垂直　　　　　　　　　B．纵向和横向

C．横向和垂直　　　　　　　　　D．垂直和平行

50．“页面设置”对话框中有（　　）四个标签。

A．页面、页边距、页眉/页脚、打印

B．页边距、页眉/页脚、打印工作表

C．页面、页边距、页眉/页脚、工作表

D．页面、页边距、页眉/页脚、打印预览

51．下列在单元格中输入分数的方法中正确的是（　　）。

A．四分之一　　B．3/4　　C．0 3/4　　D．+3/4

52．用图表呈现某三位同学四年来历次考试成绩变化情况并分析比较，应该选用（　　）。

A．柱形图　　B．条形图　　C．饼图　　D．折线图

53．对 Excel 的数据清单进行分类汇总时，首先按分类标准（　　）。

A．排序　　B．选定汇总项　　C．确认汇总方式　　D．筛选

54．下列有关在同一单元格中同时输入日期和时间的说法中，正确的是（　　）。

A．如果要在同一单元格中同时输入日期和时间，需要用括号括起来

B．直接输入即可

C．如果在同一单元格中同时输入日期和时间，需要在中间用逗号分隔

D．如果在同一单元格中同时输入日期和时间，需要在中间用空格分隔

55．要将 Excel 工作表不相邻单元格中的所有的“Computer”均改为“电脑”，最高效的方法是（　　）。

A．逐个重新输入　　　　　　　　B．用“替换”命令进行“全部替换”

C．先“复制”后逐个“粘贴”　　D．使用填充柄填充

56．筛选满足条件“语文>70 或总分>200”记录时，筛选结果为显示（　　）。

A．语文分数高于 70 分的所有记录

B．语文分数高于 70 分或总分高于 200 分的所有记录

C．总分高于 200 分的所有记录

D．语文分数高于 70 分且总分高于 200 分的所有记录

57．下列有关 Excel 公式的说法中，错误的是（　　）。

A．公式必须以“=”开头

B．公式中的乘除号必须用*、/表示

C．在公式中可以引用函数

D．公式被复制后，被引用的单元格地址绝对不变

58．在 Excel 中，可用于输入或编辑公式的是（　　）。

A．菜单栏　　B．工具栏　　C．编辑栏　　D．状态栏

59．在 Excel 工作表中插入图表最主要的作用是（　　）。

A．更精确地表示数据　　B．减少文件占用的存储空间

C．更直观地表示数据　　D．使工作表显得更美观

60．在 Excel 成绩表中共有 10000 条记录，要找出“总分”较高的前 20 个记录时，最简便高效的做法是（　　）。

A．进行分类汇总　　B．以“总分”为关键字进行升序排列

C．用“查找”命令查找　　D．以“总分”为关键字进行降序排列

三、判断题

1．“撤消”命令可以用来撤消前面所做的所有操作。（　　）

2．如果对 5 个同列数据求和，那么只要用鼠标选中包含这 5 个数据的 5 个单元格就可以了。（　　）

3．Excel 只能对同一列的数据进行求和。（　　）

4．对工作表数据进行排序，如果在数据清单中的第一行包含列标记，在“当前数据清单”框中单击“有标题行”按钮，以使该行排除在排序之外。（　　）

5．执行“格式”菜单中的“排序”命令，可以实现对工作表数据的排序功能。（　　）

6．选定数据列表中的某个单元格，单击数据菜单中的筛选命令，选择自动筛选，此时系统会在数据列表的每一行标题的旁边插入下拉菜单。（　　）

7．选中某个数据，单击“筛选”后，首行的数据会出现一个下拉按钮，单击下拉按钮，则只出现“全部”“前十个”“自定义”三个选项。（　　）

8．设置页面的页边距只能设置左右两边。（　　）

9．Excel 2016 只能对整张工作表进行打印。（　　）

10．“页面设置”对话框的“工作表”选项卡中的“打印区域”的作用是选择要打印的区域。（　　）

11．每个标题栏的最右端有三个显示按钮，它们的作用是改变 Excel 2016 窗口。（　　）

12．在 Excel 2016 中单元格是最小的单位，所以不可以在多个单元格中输入数据。（　　）

13．如果字体过大，将占 2 个或更多的单元格。（　　）

14．在单元格格式对话框中可以设置字体。（　　）

15．当前窗口是 Excel 2016 窗口，按下 Alt+F4 组合键就能关闭该窗口。（　　）

16．双击某单元格，则该单元格被激活。（　　）

17．在 Excel 中若要删除工作表，应首先选定工作表，然后选择“开始”选项卡“编辑”组中的“清除”命令。（　　）

18．单元格中若显示“#######”，则表示数据太长不能显示。（　　）

19．在 Excel 2016 中要清除一个图表，可单击图表后按 Delete 键。（　　）

20．在 Excel 2016 中，单元格不能被删除。（　　）

参考答案

一、填空题

1．Ctrl+O
2．255
3．1
4．列宽不够
5．分类
6．SUM
7．AVERAGE(A3:B7,D3:E7)
8．26
9．筛选
10．活动单元格
11．混合
12．自动更新
13．或　与
14．B2　$B$2　$B2 或 B$2
15．12　1
16．Sheet1　工作表标签
17．Shift　Ctrl
18．=　函数　单元格　运算符
19．单元格内容的清除　单元格的删除
20．Alt+Enter

二、单选题

1．D	2．D	3．C	4．B	5．C	6．A	7．B	8．B	9．D	10．B
11．C	12．D	13．A	14．A	15．B	16．A	17．A	18．B	19．C	20．D
21．D	22．B	23．D	24．D	25．B	26．C	27．C	28．C	29．C	30．B
31．D	32．A	33．C	34．B	35．D	36．B	37．A	38．B	39．B	40．A
41．C	42．B	43．A	44．B	45．A	46．A	47．D	48．A	49．B	50．C
51．C	52．D	53．A	54．D	55．B	56．B	57．D	58．C	59．C	60．D

三、判断题

1．×	2．×	3．×	4．×	5．×	6．×	7．×	8．×	9．×	10．√
11．×	12．×	13．√	14．√	15．√	16．×	17．×	18．√	19．√	20．×

附录　Excel 快捷键汇总

下面总结 Excel 电子表格的常用快捷键，这些快捷键适用于 Excel 2003、Excel 2007、Excel 2010、Excel 2013、Excel 2016 等版本。

1. 操作工作表的快捷键

快捷键	作用	快捷键	作用
Shift+F1 或 Alt+Shift+F1	插入新工作表	Alt+O H R	对当前工作表重命名
Ctrl+PageUp	移至当前数据区域顶行	Ctrl+PageDown	移至当前数据区域底行
Shift+Ctrl+PageUp	选定当前鼠标定位单元格至数据顶行区域	Shift+Ctrl+PageDown	选定当前鼠标定位单元格至数据底行区域
Alt+E M	移动或复制当前工作表	Alt+E L	删除当前工作表

2. 单元格插入、复制和粘贴操作快捷键

快捷键	作用	快捷键	作用
Ctrl+Shift+ +	插入空白单元格	Ctrl+ -	删除选定的单元格
Delete	清除选定单元格的内容	Ctrl+Shift+=	插入单元格
Ctrl+X	剪切选定的单元格	Ctrl+V	粘贴复制的单元格
Ctrl+C	复制选定的单元格		

3. 选择单元格、行或列的快捷键

快捷键	作用	快捷键	作用
Shift+空格键	选定整行	Alt+;	选取当前选定区域中的可见单元格
Ctrl+A	选择工作表中的所有单元格	Shift+Backspace	在选定了多个单元格的情况下，只选定活动单元格
Ctrl+Shift+ *	选定活动单元格周围的数据区域	Ctrl+/	选定包含活动单元格的数组
Ctrl+Shift+O	选定含有批注的所有单元格		

4．通过“边框”对话框设置边框的快捷键

快捷键	作用	快捷键	作用
Alt+T	应用或取消上框线	Alt+B	应用或取消下框线
Alt+L	应用或取消左框线	Alt+R	应用或取消右框线
Alt+H	如果选定了多行中的单元格，则应用或取消水平分隔线	Alt+V	如果选定了多列中的单元格，则应用或取消垂直分隔线
Alt+D	应用或取消下对角线	Alt+U	应用或取消上对角线

5．数字格式设置快捷键

快捷键	作用	快捷键	作用
Ctrl+1	打开“设置单元格格式”对话框	Ctrl+Shift+～	应用“常规”数字格式
Ctrl+Shift+$	应用带有两个小数位的“货币”格式（负数放在括号中）	Ctrl+Shift+%	应用不带小数位的“百分比”格式
Ctrl+Shift+^	应用带两位小数位的“科学记数”数字格式	Ctrl+Shift+#	应用含有年、月、日的“日期”格式
Ctrl+Shift+@	应用含小时和分钟并标明上午（AM）或下午（PM）的“时间”格式	Ctrl+Shift+!	应用带两位小数位、使用千位分隔符且负数用负号（–）表示的“数字”格式

6．输入与编辑数据的快捷键

快捷键	作用	快捷键	作用
Ctrl+;（分号）	输入日期	Ctrl+Shift+:（冒号）	输入时间
Ctrl+D	向下填充	Ctrl+R	向右填充
Ctrl+K	插入超链接	Ctrl+F3	定义名称
Alt+Enter	在单元格中换行	Ctrl+Delete	删除插入点到行末的文本

7．输入并计算公式的快捷键

快捷键	作用	快捷键	作用
=	输入公式或函数	F2	关闭单元格的编辑状态后，将插入点移动到编辑栏内
Enter	在单元格或编辑栏中完成单元格输入	Ctrl+Shift+ Enter	将公式作为数组公式输入
Shift+F3	在公式中，打开“插入函数”对话框	F3	将定义的名称粘贴到公式中

续表

快捷键	作用	快捷键	作用
Ctrl+Shift+A	当插入点位于公式中函数名称的右侧时，插入参数名和括号	Alt+=	用 SUM 函数插入“自动求和”的公式
Ctrl+'（重音符）	将活动单元格上方单元格中的公式复制到当前单元格或编辑栏	F9	计算所有打开的工作簿中的所有工作表
Shift+ F9	计算活动工作表	Ctrl+Shift+F9	重新检查公式，计算打开的工作簿中的所有单元格，包括未标记而需要计算的单元格

8．筛选操作快捷键

快捷键	作用	快捷键	作用
Ctrl+Shift+L	添加自动筛选	Enter	根据“自动筛选”列表中的选项筛选区域
↑	选择“自动筛选”列表中的下一项	↓	选择“自动筛选”列表中的上一项
Alt+↑	关闭当前列的“自动筛选”列表	Alt+↓	在包含下拉箭头的单元格中，显示当前列的“自动筛选”列表
Home	选择“自动筛选”列表中的第一项（“全部”）	End	选择“自动筛选”列表中的最后一项

9．创建图表和选定图表元素的快捷键

快捷键	作用	快捷键	作用
F11 或 Alt+F1	创建当前区域中数据的图表	Shift+F10+V	移动图表
↑	选定图表中的上一组元素	↓	选定图表中的下一组元素
←	选定图表中的上一组元素	→	选定图表中的下一组元素
Ctrl+ PageUp	选择工作簿中的上一张工作表	Ctrl+ PageDown	选择工作簿中的下一张工作表

10．显示、隐藏和分级显示数据的快捷键

快捷键	作用	快捷键	作用
Alt+Shift+→	对行或列分组	Alt+Shift+←	取消行或列分组
Ctrl+8	显示或隐藏分级显示符号	Ctrl+9	隐藏选定的行
Ctrl+Shift+(	取消选定区域内的所有隐藏行的隐藏状态	Ctrl+0	隐藏选定的列
Ctrl+Shift+)	取消选定区域内的所有隐藏列的隐藏状态		